BIBLIOTHEK DER SCIENCE FICTION LITERATUR

Herausgegeben von Wolfgang Jeschke

In derselben Aufmachung erschienen in der
BIBLIOTHEK DER SCIENCE FICTION LITERATUR:

WEGE ZUR SCIENCE FICTION,
hrsg. von James Gunn

Band 1: Von Gilgamesch bis Hawthorne · 06/90
Band 2: Von Poe bis Wells · 06/91
Band 3: Von Wells bis Stapledon · 06/92
Band 4: Von Huxley bis Heinlein · 06/93
Band 5: Von Heinlein bis Farmer · 06/94
Band 6: Von Clement bis Dick · 06/95
Band 7: Von Ellison bis Haldeman · 06/96

(weitere 4 Bände, 06/97—06/100, sind in Vorbereitung)

VON POE BIS WELLS

Wege zur Science Fiction

ZWEITER BAND

herausgegeben
von
James Gunn

Deutsche Erstausgabe

WILHELM HEYNE VERLAG
MÜNCHEN

BIBLIOTHEK DER SCIENCE FICTION LITERATUR
Band 06/91

Titel der amerikanischen Originalausgabe
THE ROAD TO SCIENCE FICTION 1
(Zweiter Teil)

Aus dem Amerikanischen übersetzt von Rosemarie Hundertmarck
und Jürgen Langowski, aus dem Englischen von Helmut Degner
und Werner Kortwich, aus dem Französischen von Angelika Schlenk
Die Zwischentexte von Professor Gunn übersetzte Werner Bauer

Das Umschlagbild schuf Eric Bach

Redaktion: Wolfgang Jeschke
Copyright © 1977 by James Gunn
(Einzelrechte jeweils am Schluß der Texte)
Copyright © 1989 der deutschen Übersetzungen
(sofern nicht anders angegeben)
by Wilhelm Heyne Verlag GmbH & Co. KG, München
Printed in Germany 1989
Umschlaggestaltung: Atelier Ingrid Schütz, München
Satz: Schaber, Wels
Druck und Bindung: Presse-Druck, Augsburg

ISBN 3-453-03122-9

INHALT

Vorgriff auf die Zukunft
EDGAR ALLAN POE

Mellonta Tauta
(MELLONTA TAUTA)
Seite 7

Die Entfaltung des Visionären
FITZ-JAMES O'BRIEN

Die Diamanten-Linse
(THE DIAMOND LENS)
Seite 33

Der unverzichtbare Franzose
JULES VERNE

Zwanzigtausend Meilen unter dem Meer
(VINGT MILLE LIEUES SOUS LES MERS)
und

Reise um den Mond
(AUTOUR DE LA LUNE)
Seite 71

**Untergegangene Zivilisationen und
uraltes Wissen**

HENRY RIDER HAGGARD

Sie
(SHE)
Seite 135

INHALT

Zu neuen Ufern
EDWARD BELLAMY

Ein Rückblick aus dem Jahr 2000
auf das Jahr 1887
(LOOKING BACKWARD, 2000—1887)
Seite 167

Neue Magazine, neue Leser, neue Autoren
AMBROSE BIERCE

Das verfluchte Ding
(THE DAMNED THING)
Seite 215

Ein fliegender Start
RUDYARD KIPLING

Mit der Nachtpost
(WITH THE NIGHT MAIL)
Seite 233

Der Vater der modernen Science Fiction
HERBERT GEORGE WELLS

Der Stern
(THE STAR)
Seite 269

VORGRIFF
AUF DIE ZUKUNFT

Edgar Allan Poe
(1809—1849)

Edgar Allan Poe (1809—1849) hatte wesentlichen Einfluß auf die amerikanische wie auch auf die europäische Literatur, und dies gilt genauso für die sich eben entwickelnde Science Fiction-Literatur. Nervenkrank, innerlich zerrissen und vom Alkohol abhängig, war er dennoch ein Mensch von genialer Schöpferkraft, der in dichterischer und journalistischer Hinsicht Hervorragendes leistete. Einige Kritiker sehen in ihm den Begründer der Science Fiction.

Sam Moskowitz, der dieses Verdienst allerdings Mary Shelley zuerkennt, schrieb in EXPLORERS OF THE INFINITE (1963): »Die gesamte Tragweite von Poes Einfluß auf die Science Fiction läßt sich nur schwer abschätzen, doch sein wichtigster Beitrag zur Förderung des Genres war seine Forderung, daß jegliche Abweichung von der Norm einer wissenschaftlichen Erklärung bedarf.«

Poe war einer jener drei Schriftsteller, auf die Hugo Gernsback verwies — bei seinem Versuch, das zu beschreiben, was er 1926 im ersten SF-Magazin, seinem ›Amazing Stories‹, veröffentlichen wollte.

Poe versuchte mit dem Schreiben seinen Lebensunterhalt zu verdienen, weshalb denn auch vieles, was er schrieb, von oberflächlicher und rein kommerzieller Machart war. All jene, die unser technisches Zeitalter kritisieren und die Rückkehr zu einfacheren, angenehmeren Zeiten predigen, sollten dabei vielleicht nicht vergessen, wie die Position des Schreibenden während der fast gesamten Entwicklungsgeschichte der Menschheit in der Praxis aussah: in vielen Epochen sind Autoren wegen ihrer Werke im Gefängnis gelandet oder mußten zumindest sehr vorsichtig sein bei dem, was sie schrieben und veröffentlichten, um nicht doch noch eingesperrt zu werden; auch konnte ihre Kunst sie möglicherweise deshalb nicht ernähren, weil nur wenige Menschen lesen und noch weniger es sich leisten konnten, ihr Geld für Literatur auszugeben.

Bis zur Mitte des neunzehnten Jahrhunderts war es

der Ausnahmefall, wenn jemand, der kein sonstiges Einkommen oder einen freigebigen Gönner hatte, mit dem Schreiben finanziell erfolgreich wurde.

Poe, das Kind von Schauspielern, kam nach dem Tod der Eltern in die Obhut des Kaufmanns John Allan aus Richmond. Das Verhältnis zwischen beiden war gespannt wegen Poes Nachlässigkeit sowie Spielschulden am College, aber auch wegen Allans Unfähigkeit, Verständnis zu zeigen für die von Poe angestrebte berufliche Laufbahn. So kam es zum Bruch, Poe verließ Richmond; sein weiterer Werdegang bestand aus Existenzkampf, häufigem Wechsel der Arbeitsstelle, einer unglücklichen Ehe und am Ende — literarischem Erfolg. Einige Zeit diente er in der Armee und wollte dann West Point* absolvieren, hielt es allerdings nicht einmal ein Jahr lang dort aus; danach veröffentlichte er drei Bände mit Gedichten und versuchte fortan, ein Leben als Lohnschreiber zu führen.

Seine ersten Kurzgeschichten wurden 1832 veröffentlicht, ein Jahr später seine erste pseudowissenschaftliche Story: »MS. Found in a Bottle« (1833, dt. »Das Manuskript in der Flasche«). Sie gewann einen vom ›Baltimore Saturday Visitor‹ gestifteten Preis.

Angesichts der kleinen Auflagen der literarischen Zeitschriften jener Zeit nahm Poe des öfteren eine Tätigkeit als Herausgeber an und leistete als solcher auch hervorragende Arbeit, verlor aber wegen Trunksucht und persönlicher Probleme jede Anstellung sehr schnell wieder. 1836 heiratete er die vierzehnjährige Virginia Clemm, eine an Tuberkulose leidende Cousine. Sie starb 1847.

Schließlich errang er Aufmerksamkeit durch die Veröffentlichung von »The Gold Bug« (1843, dt. »Der Goldkäfer«), wiederum eine preisgekrönte Story; es folgte das Gedicht »The Raven« (1845, dt. »Der Rabe«) sowie ein umfangreicher Band mit Gedichten. Ab 1840 erschienen

---

* Militärakademie im Staat New York. — Anm. d. Übers.

auch Sammlungen seiner Geschichten. Seine Kritiken und Rezensionen, insbesondere seine umfangreiche Besprechung von Hawthornes TWICE-TOLD TALES (1837, dt. »Zweimal erzählte Geschichten«), gaben den Anstoß für ein neues Verständnis der Dichtkunst und des Schreibens von Short Stories, was sich als höchst signifikanter Beitrag zur Literaturgeschichte erweisen sollte.

1849 hielt er um die Hand seiner Jugendliebe an, die in der Zwischenzeit zur Witwe geworden war und ihn nun nicht mehr abwies; doch zwei Monate später, als er geschäftlich in Philadelphia zu tun hatte, verschwand er plötzlich spurlos, um sechs Tage später bewußtlos auf den Straßen Baltimores aufgefunden zu werden; geistig verwirrt starb er kurz danach im Krankenhaus.

Sein Beitrag zur Literatur war die Betonung des kreativen Akts unter Ausschluß jeglicher anderer Ziele. Hawthorne war oft etwas zu didaktisch, Poes Geschichten enthielten keinerlei moralische Aussagen; etwas Einzelnes sollte die gesuchte Wirkung erzielen, dementsprechend wurde alles umgeformt. Das Gedicht sollte auf Schönheit bedacht sein und wachsende Begeisterung hervorrufen, die Short Story sollte auf Genauigkeit abzielen.

Poe erfand die Detektivgeschichte, öffnete der Dichtkunst neue Wege und bestimmte maßgeblich die Form der Kurzgeschichte. Sein Beitrag zur Science Fiction war allerdings fast genauso wichtig.

Er schrieb diverse Arten von Geschichten: Detektivgeschichten wie »The Gold Bug« und jene um Auguste Dupin, den ersten fiktiven Detektiv; Terrorgeschichten, in denen es meistens um den Tod ging, wie etwa in »The Fall of the House of Usher« (1839, dt. »Der Fall des Hauses Ascher«), »The Tell-Tale Heart« (1843, dt. »Das verräterische Herz«), »The Premature Burial« (1844, dt. »Das vorzeitige Begräbnis«), »The Pit and the Pendulum« (1843, dt. »Grube und Pendel«) oder »The Black Cat« (1843, dt. »Der schwarze Kater«); darüber hinaus waren

10

es allegorische Geschichten wie »The Masque of the Red Death« (1842, dt. »Die Maske des Roten Todes«) und solche mit phantastischem Gehalt, die mehr oder weniger der Science Fiction ähnelten.

Einige dieser phantastischen Geschichten zeigten nur eine Spur jener Betrachtungsweise, die auf Science Fiction schließen läßt. In »MS. Found in a Bottle« zum Beispiel geht es um eine Seereise, in der das phantastische Thema vom Fliegenden Holländer variiert wird; erst zum Ende hin sieht sich der Protagonist gefangen am Südpol, in einem gigantischen Strudel, der ihn einem ungewissen Schicksal entgegentreibt. Das einzig ungewöhnliche Element in »A Descent into the Maelstrom« (1841, dt. »Ein Sturz in den Mahlstrom«) ist die Größe und Kraft dieses Strudels. THE NARRATIVE OF ARTHUR GORDON PYM (1837/38, dt. »Die denkwürdigen Erlebnisse des Arthur Gordon Pym«, späterer Titel: »Unverständlicher Bericht des Arthur Gordon Pym aus Nantucket«) ist eine Abenteuergeschichte, in der ein blinder Passagier an Bord eines Schiffes auftaucht, auf dem es Meuterei und Kannibalismus gibt, einen heftigen Sturm und einen Angriff von Eingeborenen und schließlich die Flucht mit einem selbstgebauten Boot; erst wieder am Schluß — wie in »MS. Found in a Bottle« — nimmt das Geschehen einen phantastischen Charakter an, als beide Überlebenden dem Südpol zutreiben.

Andere Geschichten waren geprägt von der aufkommenden Wissenschaft, und im Gegensatz zu Hawthorne war Poe in der Lage, dem Wissenschaftler und den Ergebnissen seiner Arbeit unvoreingenommen gegenüberzustehen. Der Mesmerismus lieferte die Ideen für etliche Geschichten, darunter »A Tale of the Ragged Mountains« (1844, dt. »Eine Geschichte aus den Rauhen Bergen«), »The Facts in the Case of Mr. Valdemar« (1845, dt. »Die Tatsachen im Falle Waldemar«), auch »Mesmeric Revelation« (1844, dt. »Mesmerische Offenbarung«) zählt dazu. »The Unparalleled Adventure of One Hans Pfaall«

(1835, dt. »Hans Pfaalls Mondfahrt«, späterer Titel: »Das unvergleichliche Abenteuer eines gewissen Hans Pfaall«) ist die lange Story von einem bankrotten Holländer, der — um seinen Gläubigern zu entgehen — mittels eines Ballons zum Mond gelangt, wobei er sich mit einer speziellen Ausrüstung gegen die dünner werdende Luft schützt. Als »Moon Hoax« (1835?, dt. »Der Mond-Schwindel«) von Richard Adams Locke erschien, beschuldigte Poe diesen, sein Material, das er als Fortsetzung konzipiert hatte, gestohlen zu haben. Bezeichnenderweise veröffentlichte Poe später eine Story, die bekannt wurde unter dem Titel »The Balloon-Hoax« (1844, dt. »Der Ballon-Jux«), in der die Atlantiküberquerung mit einem Ballon geschildert wurde.

Einige von Poes Erzählungen zeugen von einem bemerkenswerten Verständnis der Struktur jeglichen Wandels, möglicherweise das einzige wirklich wichtige Charakteristikum der nachfolgenden Science Fiction. »The Thousand-and-Second Tale of Scheherazade« (1845, dt. »Die tausendzweite Erzählung der Schehrezad«) geht vom wissenschaftlichen und technischen Stand der damaligen Zeit aus, wenn Poe beschreibt, wie Sindbad dies wahrgenommen haben mochte: wunderbarer, für den König gar noch phantastischer als jede der anderen Geschichten.

»Mellonta Tauta« (1849, dt. »Mellonta Tauta«) ist möglicherweise die erste wahrhaftige Zukunftsstory. Zeitlich ist sie eintausend Jahre später als ihr Entstehungsdatum angesiedelt, und sie geht von der wichtigen Erkenntnis aus, daß die Zukunft derart anders sein wird, daß sie uns vergessen haben wird, und was bleibt, wird verworren und oftmals falsch sein. Die überraschende Wirkung auf den Leser bildet den intellektuellen Gegenpol zwischen unserem Wissen und Mellonta Tautas Verständnis, und die Erkenntnis, warum zwischen beiden ein so großer Unterschied besteht.

EDGAR ALLAN POE

Mellonta Tauta

AN BORD DES BALLONS »FELDLERCHE«
1. April 2848

Nun, meine liebe Freundin — nun mußt Du Dir Deiner
Sünden wegen einen langen, schwatzhaften Brief gefal-
lenlassen. Ich sage Dir geradeheraus, ich will Dich für all
Deine Ungezogenheiten bestrafen, indem ich so lang-
weilig, so weitschweifig, so unzusammenhängend und
so unbefriedigend wie möglich sein werde. Außerdem,
hier sitze ich, zusammen mit einigen ein- oder zweihundert von der *canaille* eingesperrt in einem schmutzigen
Ballon, wir alle sind auf einer *Vergnügungs*reise (was für
eine komische Vorstellung manche Leute von Vergnügen
haben!), und ich habe zumindest einen Monat lang keine Aussicht, die *terra firma* zu berühren. Niemanden,
mit dem ich reden könnte. Nichts zu tun. Wenn einer
nichts zu tun hat, ist es die richtige Zeit, mit seinen
Freunden zu korrespondieren. Du begreifst jetzt sicher,
warum ich Dir diesen Brief schreibe — es ist wegen meines *ennui* und Deiner Sünden.

Hol Deine Brille und bereite Dich darauf vor, geärgert
zu werden. Ich habe vor, Dir jeden Tag dieser widerwär-
tigen Reise zu beschreiben.

Hei-ho! Wann wird irgendeine *Erfindung* die menschliche Schädelhaut besuchen? Sind wir auf ewig zu den
tausend Unbequemlichkeiten des Ballons verdammt?
Wird *niemand* eine zügigere Art des Transportes entwik-
keln? In meinen Augen ist diese gemächliche Bewegung
wenig besser als eine echte Folter. Auf mein Wort, seit
wir von daheim aufgebrochen sind, haben wir noch

nicht mehr als hundert Meilen die Stunde geschafft! Sogar die Vögel schlagen uns — zumindest einige von uns. Ich versichere Dir, daß ich nicht im geringsten übertreibe. Unsere Bewegung scheint zweifellos langsamer, als sie in Wirklichkeit ist. Das liegt daran, daß wir keine Objekte um uns haben, an denen sich unsere Geschwindigkeit abschätzen ließe, und daran, daß wir *mit* dem Wind fahren. Nur wenn wir einem anderen Ballon begegnen, haben wir Gelegenheit, unser Tempo zu erkennen, und dann, das muß ich einräumen, sieht die Sache gar nicht so schlecht aus. Obwohl ich an diese Art des Reisens gewöhnt bin, überkommt mich doch jedesmal eine Art Schwindel, wenn ein Ballon in einer Strömung direkt über uns dahinzieht. Er kommt mir immer wie ein gewaltiger Raubvogel vor, der gleich auf uns herabstoßen und uns in seinen Klauen davontragen wird. Einer kam heute morgen bei Sonnenaufgang vorbei, und zwar so dicht, daß sein Schleppseil das unseren Korb haltende Netzwerk streifte, was in uns sehr ernsthafte Befürchtungen hervorrief. Unser Kapitän sagte, hätte das Material der Hülle aus der wenig haltbaren lackierten »Seide« bestanden, die man vor fünfhundert oder tausend Jahren benutzte, wäre eine Havarie unvermeidlich gewesen. Diese Seide, so erklärte er mir, war ein Gewebe aus den Innereien eines bestimmten Erdenwurms. Der Wurm wurde sorgfältig mit Maulbeeren gefüttert — Früchten, die Ähnlichkeit mit Wassermelonen haben — und, wenn er fett genug war, in einer Mühle zermalmt. Die daraus entstehende Paste, in ihrem Urzustand *papyrus* genannt, durchlief eine Vielzahl von Prozessen, bis sie schließlich »Seide« wurde. Merkwürdigerweise wurde sie damals als Material für *weibliche Kleidungsstücke* sehr geschätzt! Auch Ballons wurden durchwegs daraus gemacht. Ein besseres Material, sollte man meinen, wurde später in den Daunen entdeckt, die die Samenkapseln einer im Volksmund *euphorbium* genannten Pflanze umgeben, zu jener Zeit unter der botanischen Bezeichnung Wolfsmilch bekannt. Diese letztere Seidenart wurde wegen ihrer überlegenen Haltbarkeit als Seiden-Buckingham bezeichnet und für gewöhnlich zur Verwendung präpariert, indem man sie mit einer Lösung von Gummikautschuk überzog, einer Substanz, die in mancher Hinsicht der jetzt in allgemeinem Gebrauch befindlichen Guttapercha geglichen haben muß. Dieser Kautschuk wurde gelegentlich auch Radiergummi oder Whist-Robber genannt und war zweifellos einer der zahlreichen *fungi*. Glaubst Du mir jetzt, daß ich im Herzen Altertumswissenschaftlerin bin?

Da wir gerade von Schleppseilen sprechen — unser eigenes hat, wie es aussieht, in diesem Augenblick von einem der kleinen magnetischen Schraubenschiffe, die auf dem Meer unter uns herumschwärmen, einen Mann über Bord geworfen. Es ist ein Boot von etwa sechstausend Tonnen und, soviel zu sehen ist, schändlich überbelegt. Man sollte verbieten, daß diese winzigen Barken mehr als eine festgelegte Zahl von Passagieren befördern. Natürlich wurde dem Mann nicht erlaubt, wieder an Bord zu kommen, und er und sein Rettungsring gerieten bald außer Sicht. Wie froh bin ich, meine liebe Freundin, daß wir in diesem erleuchteten Zeitalter leben, in dem so etwas wie ein Individuum offiziell nicht existiert! Die wahre Humanität kümmert sich um die Masse. Übrigens, da wir gerade von Humanität reden, weißt Du, daß unser unsterblicher Wiggins in seinen Ansichten über die soziale Kondition und so weiter nicht so originell ist, wie seine Zeitgenossen geneigt sind zu glauben? Pundit versichert mir, vor rund tausend Jahren sei ein irischer Philosoph namens Furrier in seinem Ladengeschäft für Katzen- und andere Felle auf die gleichen Ideen gekommen und habe sie auf fast die gleiche Weise formuliert. Pundit *kennt sich aus,* verstehst Du, das steht einmal fest. Wie wundervoll erleben wir täglich die Bestätigung der scharfsinnigen Beobachtungen des Hindu Aries (was im Etruskischen »Bock« bedeutet) Tottel (wie Pundit ihn zitierte): »Also müssen wir sagen, daß die gleichen Ansichten unter den Menschen nicht ein- oder zweimal und auch nicht mehrere Male, sondern in beinahe unendlichen Wiederholungen im Kreis herumlaufen.«

2. April. — Tauschten heute Signale mit dem magnetischen Kutter, der für den mittleren Abschnitt der schwimmenden Telegraphendrähte verantwortlich ist. Ich erfuhr, daß, als diese Art von Telegraphen von Horse in Betrieb genommen wurde, man es als unmöglich ansah, die Drähte über das Meer zu führen. Jetzt begreifen wir nicht mehr, wo eigentlich die Schwierigkeit lag! So verändert sich die Welt. *Tempora mutantur* — verzeih mir, daß ich den Etrusker zitiere. Was sollten wir denn ohne den atalantischen Telegraphen anfangen? (Pundit sagt, das alte Adjektiv laute »atlantisch«.) Wir drehten für einige Minuten bei, um dem Kutter ein paar Fragen zu stellen, und erfuhren unter anderen großartigen Neuigkeiten, daß in Afrika ein Bürgerkrieg tobt, während die Seuche ihr gutes Werk sehr schön in Oiropa und Asien tut. Ist es nicht wirklich bemerkenswert, daß die Welt, bevor das herrliche Licht der Humanität auf die Philosophie fiel, Krieg und Pestilenz als Katastrophen zu betrachten pflegte? Weißt Du, daß tatsächlich Gebete in den alten Tempeln abgehalten wurden, damit die Menschheit von diesen *Übeln* (!) verschont bleiben würde? Ist es nicht wirklich schwer zu verstehen, aufgrund welcher Interessenprinzipien unsere Vorfahren handelten? Waren sie so blind, daß sie nicht erkannten, welchen Vorteil für die Masse die Vernichtung einer Myriade von Individuen darstellt?

3. April. — Es ist ein großer Spaß, die Strickleiter hinaufzuklettern, die zum höchsten Punkt der Ballonhülle führt, und von da die Welt ringsum zu betrachten. Vom

Korb unten ist die Aussicht nicht so umfassend, weißt Du — vertikal sieht man wenig. Aber wenn man hier sitzt (wo ich dies schreibe), auf der luxuriös mit Kissen ausgelegten offenen Piazza das Gipfels, sieht man alles, was in allen Richtungen vor sich geht. Im Augenblick ist eine ganze Masse von Ballons in Sicht, und sie bieten ein sehr bewegtes Bild, während die Luft vom Summen vieler Millionen menschlicher Stimmen schwingt. Man hat mir versichert, daß die Zeitgenossen von Yellow oder Gelb (Pundit besteht darauf, er habe Violett geheißen), der der erste Aeronaut gewesen sein soll, gar nichts von ihm wissen wollten, als er in der Praxis bewies, wie man die Atmosphäre in allen Richtungen durchqueren kann, einfach indem man auf- oder absteigt, bis man in eine günstige Luftströmung gerät. Sie betrachteten ihn als einen einfallsreichen Wahnsinnigen, weil die damaligen Philosophen (?) die Sache für unmöglich erklärten. Ich weiß wirklich nicht, wie die alten Weisen sich vor etwas so offensichtlich Machbarem verschließen konnten. Aber in allen Zeitaltern haben die sogenannten Männer der Wissenschaft dem Fortschritt in der Kunst Hindernisse in den Weg gelegt. Sicher, *unsere* Männer der Wissenschaft sind nicht ganz so selbstgerecht wie die damaligen. — Oh, dazu muß ich Dir etwas ganz Merkwürdiges erzählen. Weißt du, daß die Metaphysiker erst vor tausend Jahren übereinkamen, sie wollten die Menschen von dem seltsamen Wahn befreien, es gebe *nur zwei mögliche Wege zur Erlangung der Wahrheit?* Glaube es mir, wenn Du kannst! Es muß schon lange, lange her sein, daß in der Nacht der Zeit ein türkischer Philosoph (es kann auch ein Hindu gewesen sein) namens Aries Tottel lebte. Dieser Mann war der Begründer oder jedenfalls der Befürworter dessen, was man die deduktive oder *à priori*-Methode der Forschung nennt. Er begann mit sogenannten *Axiomen* oder »selbstverständlichen Wahrheiten« und schritt von da »logisch« zu Ergebnissen fort. Seine berühmtesten Schüler waren ein gewisser Neuklid und ein gewisser Kant. Nun, Bock Tottel war der Größte, bis ein gewisser Schwein auftauchte, der den Beinamen »der Hattrick-Hirte« führte. Dieser predigte ein ganz anderes System, das er *à posteriori* oder *in*duktiv nannte. Er verließ sich ganz auf die sinnliche Wahrnehmung. Durch Beobachten, Analysieren und Klassifizieren von Tatsachen — *instantiae naturae,* wie man sie gekünstelt nannte — gelangte er zu allgemeingültigen Gesetzen. Bock Tottels Methode beruhte, mit einem Wort, auf *noumena,* Schweins auf *phenomena.* So groß war die durch dieses letztere System hervorgerufene Begeisterung, daß Bock Tottel, sobald es veröffentlicht wurde, in Verruf geriet. Doch letzten Endes gewann er wieder an Boden, und es wurde ihm gestattet, das Reich der Wahrheit mit seinem modernen Rivalen zu teilen. Jetzt behaupteten die Weisen, der Bock- und der Bacon-Weg seien die einzig möglichen Straßen zum Wissen. »Bacon«, mußt Du wissen, ist ein Wort für Speck und wurde als schöner und würdiger an die Stelle von »Schwein« gesetzt.

Meine liebe Freundin, ich versichere Dir mit allem Nachdruck, daß ich diese Geschichte objektiv darstelle, und Du wirst ohne Mühe begreifen, welche hemmende Wirkung eine schon beim ersten Blick so absurde Idee auf den Fortschritt allen echten Wissens — das fast unveränderlich durch intuitive Sprünge erweitert wird — gehabt haben muß. Die alte Vorstellung beschränkte die Forschung aufs *Kriechen,* und Hunderte von Jahren war die Schwärmerei besonders für Schwein so groß, daß allem Denken, das diesen Namen verdient, buchstäblich ein Ende bereitet wurde. Niemand wagte eine Wahrheit zu verkünden, die er allein seiner *Seele* verdankte. Es spielte auch keine Rolle, ob die Wahrheit zu *beweisen* war, denn die dickköpfigen Weisen der damaligen Zeit interessierten sich nur für die *Straße,* auf der man sie erlangt hatte. Das Ergebnis sahen sie sich nicht einmal an. »Zeig uns den Weg«, riefen sie, »den Weg!« Wenn eine genauere Untersuchung des Weges ergab, daß er weder unter die Kategorie Aries (d. h. Bock) noch unter die Kategorie Schwein fiel, dann taten die Weisen keinen weiteren Schritt mehr, sondern erklärten den »Theoretiker« für einen Idioten und wollten mit ihm und seiner Wahrheit nichts zu tun haben.

Durch dieses Kriechsystem wurden nennenswerte Fortschritte auf dem Gebiet der Wahrheit nicht einmal in langen Zeiträumen erzielt, weil die größere *Sicherheit* bei den alten Forschungsmethoden keine Kompensation für die Unterdrückung der *Phantasie* war. Der Irrtum dieser Teutschen, dieser Franzen, dieser Engelländer und dieser Amerikaner (welch letztere übrigens unsere eigenen unmittelbaren Vorfahren sind) war der gleiche wie der des Neunmalklugen, der sich einbildet, einen Gegenstand um so besser zu sehen, je dichter er ihn sich vor die Augen halte. Diese Leute machen sich selbst durch Einzelheiten blind. Wenn sie auf Schweineart vorgingen, waren ihre »Tatsachen« durchaus nicht immer Tatsachen — was weiter keine Folgen gehabt hätte, wären sie nicht davon ausgegangen, daß sie Tatsachen seien und sein müßten, weil sie Tatsachen zu sein schienen. Beschritten sie den Bocksweg, war dieser nicht etwa so gerade wie ein Bockshorn, denn sie verfügten *niemals* über ein Axiom, das wirklich ein Axiom war. Sie müssen vollkommen blind gewesen sein, um das nicht zu erkennen, denn schon zu ihrer eigenen Zeit waren viele der seit langem »etablierten« Axiome verworfen worden, zum Beispiel: *»Ex nihilo nihil fit«,* »Ein Körper kann dort, wo er nicht ist, nicht agieren«, »Es gibt keine Antipoden«, »Dunkelheit kann nicht aus Licht entstehen« — alle diese und ein Dutzend ähnlicher Annahmen, die früher ohne Zögern als Axiome anerkannt worden waren, wurden schon in der Periode, von der ich spreche, als unhaltbar betrachtet. Wie absurd war es dann, daß diese Leute weiter unerschütterlich an »Axiome« als an das unveränderliche Fundament der Wahrheit glaubten! Dabei ist noch an den Schriften ihrer vernünftigsten Vertreter leicht nachzuweisen, wie sinnlos und wie unfaßbar ihre Axiome im allgemeinen waren. Und wer war nun der vernünftigste ihrer Logiker? Laß mich nachdenken! Ich werde gehen und Pundit fragen und in einer Minute zurück sein ... Ah, da haben wir es! Hier ist ein vor beinahe tausend Jahren geschriebenes Buch, das vor kurzem aus dem Engelländischen übersetzt worden ist, eine Sprache, die, nebenbei bemerkt, wahrscheinlich der erste Ansatz des Amrikanischen gewesen ist. Pundit sagt, es sei entschieden die klügste antike Arbeit über das Thema »Logik«. Der Autor (der seinerzeit hochgeschätzt war) ist ein gewisser Mill, was von Mühle kommt, und es wird von ihm als ein Punkt von einiger Wichtigkeit berichtet, daß er einen Esel namens Bentham besaß. Aber laß uns einen Blick auf die Abhandlung werfen!

Ah! — »Die Fähigkeit oder Unfähigkeit, etwas wahrzunehmen«, sagt Mr. Mill sehr richtig, »kann in keinem Fall als Kriterium von axiomatischer Wahrheit gelten.« Welcher moderne Mensch, der seinen Verstand beisammen hat, würde sich einfallen lassen, diese Binsenwahrheit zu bestreiten? Wundern müssen wir uns allein darüber, wie es passieren konnte, daß Mr. Mill es für notwendig hielt, auf etwas so Offensichtliches eigens hinzuweisen. So weit, so gut — aber blättern wir auf eine andere Seite um. Was haben wir da?« Kontradiktorische Begriffe können nicht beide wahr sein — das heißt, sie können in der Natur nicht koexistieren.« Hier meint Mr. Mill zum Beispiel, daß ein Baum entweder ein Baum oder kein Baum sein muß und nicht gleichzeitig ein Baum und kein Baum sein kann. Sehr gut, doch ich frage ihn, *warum*. Seine Antwort ist — und gibt niemals vor, etwas anderes als dies zu sein —: »Weil es unmöglich ist, sich vorzustellen, daß kontradiktorische Begriffe beide wahr sein können.« Das ist jedoch nach seinen eigenen Ausführungen überhaupt keine Antwort, denn er hat gerade erst behauptet,

daß »die Fähigkeit oder Unfähigkeit, etwas wahrzunehmen, ... *in keinem Fall* als ein Kriterium von axiomatischer Wahrheit gelten« kann.

Nun verübele ich den antiken Denkern weniger ihre
Logik, die ihre eigenen Aussagen ohne Fundament und
Wert und als reine Phantasterei erscheinen lassen, als
vielmehr ihr wichtigtuerisches und idiotisches Verbot aller *anderen* Wege zur Wahrheit, aller *anderen* Mittel, zu
ihr zu gelangen, als die beiden widersinnigen Pfade —
der des Kriechens und der des Krauchens —, zu denen
sie es wagten, die Seele zu verdammen, die nichts so
sehr liebt wie zu *fliegen.*

Glaubst Du nicht auch, meine liebe Freundin, es hätte
diese antiken Dogmatiker in Verwirrung gestürzt, wenn
sie sich hätten entscheiden sollen, auf *welchem* ihrer
beiden Wege die wichtigste und sublimste ihrer vielen
Wahrheiten tatsächlich zu erreichen sei? Ich meine die
Wahrheit der Gravitation. Newton verdankte sie Kepler.
Kepler gab zu, er habe seine drei Gesetze *erraten* — diese drei Gesetze aller Gesetze, die den großen engelländischen Mathematiker zu seinem Prinzip, der Grundlage
aller physikalischen Prinzipien, führten — das zu verstehen wir das Königreich der Metaphysik betreten müssen.
Kepler riet — das heißt, *er stellte es sich vor.* Er war im
Grunde ein »Theoretiker«, ein Begriff, der für uns Heutige soviel Heiligkeit enthält und früher ein Ausdruck der
Verachtung war. Wären diese alten Maulwürfe nicht
auch ganz bestürzt gewesen, wenn man sie gefragt hätte, auf welchem der beiden »Wege« ein Kryptograph ein
Kryptogramm von mehr als der üblichen Kompliziert-
heit enträtselt oder auf welchem dieser beiden Wege
Champollion die Menschheit zu diesen bleibenden und
fast zahllosen Wahrheiten geführt hat, die aus seiner Ent-
zifferung der Hieroglyphen herrühren?

Noch ein Wort zu diesem Thema, und ich werde auf-
hören, Dich zu langweilen. Ist es nicht *außerordentlich*
merkwürdig, daß diesen selbstgerechten Menschen mit

ihrem ewigen Geschwafel über *Wege* zur Wahrheit entging, was wir heute so deutlich als die große Straße erkennen — die Folgerichtigkeit? Sie waren erstaunlicherweise nicht imstande, aus den Werken Gottes die entscheidende Tatsache abzuleiten, daß eine vollkommene Folgerichtigkeit eine absolute Wahrheit sein *muß!* Wie klar ist unser Fortschritt seit der späten Verkündung dieses Satzes gewesen! Die Forschung wurde den blinden Maulwürfen aus den Händen genommen und als Aufgabe den wahren und einzig wahren Denkern, den Männern mit glühender Phantasie, übergeben. Diese letzteren theoretisieren. Kannst Du Dir die verächtlichen Ausrufe vorstellen, mit denen meine Worte von unseren Vorfahren aufgenommen werden würden, wenn es ihnen möglich wäre, mir jetzt über die Schulter zu blicken? Diese Männer, sage ich, *theoretisieren,* und ihre Theorien werden einfach korrigiert, reduziert, systematisiert — Schrittchen für Schrittchen von der Schlacke ihrer logischen Fehler gereinigt — bis endlich eine perfekte Folgerichtigkeit dasteht, die auch von den stumpfsten Gemütern bewundert wird, weil sie eine absolute und nicht in Frage zu stellende *Wahrheit* ist.

4. April. — Das neue Gas wirkt in Verbindung mit der letzten Verbesserung durch die Guttapercha Wunder. Wie sicher, zweckdienlich, praktisch und in jeder Hinsicht bequem sind unsere modernen Ballons! Gerade nähert sich uns ein riesengroßer mit mindestens einhundertundfünfzig Meilen die Stunde. Offenbar ist er mit Menschen überfüllt — vielleicht sind es drei- oder vierhundert Passagiere —, und doch steigt er in eine Höhe von nahezu einer Meile auf und blickt auf uns Arme mit überlegener Verachtung herab. Trotzdem, mit hundert und auch noch mit zweihundert Meilen die Stunde reist man langsam. Erinnerst Du Dich an unseren Flug mit der Eisenbahn über den kanadischen Kontinent? Volle dreihundert Meilen die Stunde — *das* nenne ich Reisen! Al-

lerdings gab es nichts zu sehen. Wir hatten nichts zu tun
als zu flirten, zu schmausen und in den großartigen Salons zu tanzen. Erinnerst Du Dich, was für ein merkwürdiges Gefühl es war, wenn wir zufällig einen Blick auf ex-
terne Objekte erhaschten, während die Wagen in vollem
Flug waren? Alles sah wie eine einzige Masse aus. Was
mich angeht, kann ich nur sagen, daß ich das Reisen mit
dem langsamen Zug, der nur hundert Meilen die Stunde
machte, vorzog. Dort war uns erlaubt, Glasfenster zu haben, ja, sie sogar zu öffnen, und wir bekamen so etwas
wie ein deutliches Bild von der Landschaft... Pundit
sagt, die Route für die große kanadische Eisenbahn muß
in großen Zügen schon vor neunhundert Jahren festge-
legt worden sein! Er versichert mir sogar, es seien immer
noch Spuren eines Schienenwegs zu erkennen, der aus
einer ebenso längstvergangenen Epoche wie die er-
wähnte stammt. Anscheinend war diese Eisenbahn nur
zweispurig, während unsere, wie Du weißt, zwölf Spuren hat und drei oder vier neue in Vorbereitung sind. Die
alten Schienen waren sehr schwach und lagen so nahe
beieinander, daß es nach modernen Begriffen geradezu
leichtfertig, wenn nicht in höchstem Grade gefährlich
war. Gilt doch die heutige Spurbreite von fünfzig Fuß
kaum für sicher genug! Ich für meine Person zweifele
nicht daran, daß Pundit recht hat, denn es *muß* in ferner
Vergangenheit einen Schienenweg gegeben haben.
Schließlich ist es nicht länger als vielleicht sieben Jahrhunderte her, daß der nördliche und der südliche kanadische Kontinent in einer Masse zusammenhingen. Deshalb waren die Kanadier ja gezwungen, eine Eisenbahn-
linie quer über den ganzen Erdteil zu legen.

5. April. — Das *ennui* bringt mich fast um. Pundit ist
der einzige Mensch an Bord, mit dem ich reden kann,
und er, der Arme, kann über nichts anderes reden als
über das Altertum. Den ganzen Tag hat er auf einen Versuch verwendet, mich davon zu überzeugen, daß die al-

ten Amerikaner *sich selbst regiert* hätten! (Hat man schon je etwas so Absurdes gehört?) Sie sollen in so etwas wie einer Jeder-für-sich-selbst-Föderation gelebt haben, ganz in der Art der »Präriehunde«, von denen wir in der Fabel gelesen haben. Angeblich sind sie von der merkwürdigsten Idee, die man sich nur vorstellen kann, ausgegangen, nämlich, daß alle Menschen frei und gleich geboren seien. Und dabei hatten sie doch die Gesetze der *Staffelung* vor Augen, die allen Dingen sowohl im moralischen als auch im physikalischen Universum deutlich sichtbar aufgeprägt sind! Jeder Mensch »stimmte ab«, wie sie es nannten — das soll heißen, er mischte sich in die öffentlichen Angelegenheiten ein —, bis endlich entdeckt wurde, daß jedermanns Sache niemandes Sache ist und daß die »Republik« (so nannte man das absurde Ding) überhaupt keine Regierung hatte. Es heißt jedoch, daß die Selbstzufriedenheit der Philosophen, die diese »Republik« konstruiert hatten, durch eine überraschende Entdeckung empfindlich gestört worden sei: Das allgemeine Wahlrecht schuf den Boden für Machenschaften, mittels derer von jeder Partei, die gewissenlos genug war, sich solchen Betruges nicht zu schämen, zu jeder Zeit jede gewünschte Stimmenzahl erzielt werden konnte, während es keine Möglichkeit gab, das zu verhindern oder auch nur aufzuklären. Ein bißchen Nachdenken über diese Entdeckung genügte, um die Konsequenzen zu erkennen, und die waren, daß die Schurkerei triumphieren *mußte* — mit einem Wort, daß eine republikanische Regierung nie etwas anderes sein kann als eine schurkische. Die Philosophen waren noch damit beschäftigt, über ihre Dummheit, die sie dieses unvermeidliche Übel nicht hatte voraussehen lassen, zu erröten, als die Sache durch einen Menschen namens *Mob* zu einer raschen Entscheidung gelangte. Er nahm alles in die eigenen Hände und richtete eine Despotie auf, im Vergleich zu der jene der sagenhaften Zeros und Hellofagabalusse achtens- und liebenswert waren. Dieser

Mob (ein Ausländer übrigens) soll der widerwärtigste aller Menschen gewesen sein, die der Erde je zur Last gefallen sind. Von Statur war er ein Riese — unverschämt, habgierig, schmutzig. Er hatte die Galle eines Ochsen und dazu das Herz einer Hyäne und das Gehirn eines Pfaus. Endlich richtete seine eigene Energie ihn zugrunde, und er starb. Trotzdem war auch er der Menschheit von Nutzen, wie es alles ist, und sei es noch so böse, denn er erteilte ihr eine Lehre, die bis zum heutigen Tag nicht in Gefahr ist, vergessen zu werden: Man soll niemals in direktem Gegensatz zu den Analogien der Natur handeln. Was den Republikanismus betrifft, so kann auf dem Angesicht der Erde keine Analogie für ihn gefunden werden — es sei denn, wir ziehen den Fall der »Präriehunde« dafür heran, eine Ausnahme, die, wenn überhaupt etwas, beweist, daß Demokratie eine sehr bewundernswerte Form der Regierung — für Hunde ist.

6. April. — Heute nacht hatten wir einen schönen Blick auf Alpha Lyrae, deren Scheibe, durch das Fernglas unseres Kapitäns gesehen, unserer Sonne sehr ähnlich ist, wenn man sie mit bloßem Auge an einem nebligen Tag betrachtet. Natürlich ist Alpha Lyrae *sehr* viel größer als unsere Sonne, und doch ist sie, was die Flecken, die Atmosphäre und viele andere Eigenschaften angeht, nahe mit ihr verwandt. Erst im letzten Jahrhundert, erzählte Pundit mir, kam die Vermutung auf, zwischen diesen beiden Himmelskörpern könne eine wechselseitige Beziehung bestehen. Die offensichtliche Bewegung unseres Systems durch den Himmel wurde (merkwürdigerweise) der Umlaufbahn um einen riesenhaften Stern im Mittelpunkt der Galaxis zugeschrieben. Um diesen Stern oder jedenfalls um ein Schwerkraftzentrum, von dem angenommen wurde, daß es allen Sternen der Milchstraße gemeinsam sei und in der Nähe von Alkyone in den Plejaden liege, sollte jeder einzelne dieser Kugeln kreisen und unsere eigene die Bahn in einer Zeit von

117 000 000 Jahren zurücklegen! *Wir* mit unseren gegenwärtigen Erkenntnissen, mit unseren gewaltigen teleskopischen Verbesserungen und so weiter finden es natürlich schwer begreiflich, auf welcher *Grundlage* diese Idee entstanden ist. Ihr erster Verfechter war ein gewisser Mudler. Wir müssen annehmen, daß er durch bloßen Analogieschluß auf diese wilde Hypothese gekommen ist, aber als er einmal damit angefangen hatte, hätte er bei der Weiterentwicklung wenigstens die Analogie fortführen sollen. Ein großes Zentralgestirn bot sich in der Tat an; soweit hatte Mudler recht. Allerdings müßte dieses Zentralgestirn größer sein als alle es umgebenden Körper zusammen. Da hätte die Frage auf der Hand gelegen: »Warum sehen wir es nicht?« Wir vor allem, die wir die mittlere Region des Haufens besetzen, genau den Ort also, in dessen Nähe sich diese unvorstellbare Zentralsonne befinden müßte. Vielleicht hat der Astronom an diesem Punkt Zuflucht zu der Nicht-Helligkeit genommen, und hier wurde die Analogie plötzlich fallengelassen. Aber selbst wenn man einräumt, das Zentralgestirn leuchtet nicht, wie brachte Mudler eine Erklärung dafür zustande, daß es auch von der Heerschar unzähliger strahlender Sonnen, die es umgeben, nicht sichtbar gemacht werden kann? Was er letzten Endes erhielt, war nichts als ein allen es umkreisenden Himmelskörpern gemeinsames Schwerkraftzentrum — doch hier mußte die Analogie von neuem fallengelassen werden. Unser System dreht sich, das ist wahr, um ein gemeinsames Schwerkraftzentrum, tut es jedoch in Verbindung mit und als Folge von einer materiellen Sonne, deren Masse den Rest des Systems mehr als aufwiegt. Der mathematische Kreis ist eine Kurve, die aus unendlich vielen Geraden besteht, aber diese Idee des Kreises — für uns bezüglich der gesamten irdischen Geometrie bloß die mathematische, scharf von der angewandten zu unterscheidende Idee — ist tatsächlich das Konzept, das allein wir auf jene titanischen Bahnen anwenden *dürfen,*

mit denen wir es, zumindest im Geist, zu tun haben, wenn wir von der Annahme ausgehen, daß sich unser System mit seinen Gefährten um einen Punkt im Zentrum der Galaxis dreht. Soll doch die lebhafteste menschliche Phantasie einmal einen einzigen Schritt auf das Begreifen eines so unvorstellbaren Kreises zu tun! Es ist ja nicht einmal paradox, daß ein Blitz, der *ewig* um den Rand dieses unvorstellbaren Kreises herumführe, sich trotzdem *ewig* auf einer Geraden fortbewegte. Daß die Reise unserer Sonne auf einem solchen Weg — daß die Richtung unseres Systems ein solcher Orbit ist — auch in einer Million Jahren für das menschliche Wahrnehmungsvermögen nicht im geringsten von einer Geraden abweichen würde, läßt sich nicht vorstellen, und doch wurden diese antiken Astronomen, wie es scheint, zu dem Glauben verführt, in dem kurzen Zeitabschnitt ihrer astronomischen Geschichte, in diesen nicht mehr als einen Punkt bedeutenden zwei- oder dreitausend Jahren sei eine deutliche Krümmung sichtbar geworden! Wie ist es möglich, daß ihnen nicht sofort aufging, wie es in Wirklichkeit aussieht, nämlich daß unsere Sonne und Alpha Lyrae um ein gemeinsames Schwerkraftzentrum kreisen!

7. April. — Setzten letzte Nacht unsere astronomischen Amüsements fort. Hatten einen guten Blick auf die fünf neptunischen Asteroiden und sahen mit großem Interesse zu, wie beim Bau des neuen Tempels in Daphnis auf dem Mond ein großer Querbalken auf ein Paar Türstürze gelegt wurde. Uns belustigte der Gedanke, daß Geschöpfe, die so winzig sind wie die Lunarier und so wenig Ähnlichkeit mit den Menschen haben, uns in sinnreichen Konstruktionen haushoch überlegen sind. Auch kann man sich nur schwer vorstellen, daß die gewaltigen Massen, mit denen diese Leute mühelos umgehen, wirklich so leicht sind, wie es unser Verstand sagt.

8. April. — Heureka! Pundit ist außer sich vor Freude.
Heute signalisierte uns ein Ballon aus Kanada und warf
uns mehrere neue Zeitungen an Bord. Sie enthalten außerordentlich interessante Informationen über das kanadische oder vielmehr amrikanische Altertum. Sicher
weißt Du, daß seit ein paar Monaten Arbeiter damit beschäftigt sind, den Boden für einen neuen Springbrunnen im Paradies, dem liebsten Lustgarten des Kaisers,
vorzubereiten. Anscheinend ist das Paradies in Urzeiten
im wörtlichen Sinn eine Insel gewesen — das heißt, seine Nordgrenze war immer (jedenfalls seit Aufzeichnungen existieren) ein Flüßchen oder vielmehr ein sehr
schmaler Meeresarm. Dieser Arm wurde nach und nach
erweitert, bis er seine gegenwärtige Breite von einer
Meile erreichte. Die Gesamtlänge der Insel beträgt neun
Meilen; die Breite schwankt beträchtlich. Das ganze Gebiet (sagt Pundit) war vor rund achthundert Jahren dicht
mit Häusern bepackt, manche davon zwanzig Stockwer-
ke hoch. Land galt, wir wissen nicht mehr, warum, gerade in dieser Gegend als besonders wertvoll. Das kata-
strophale Erdbeben des Jahres 2050 verwüstete die Stadt
(denn die Siedlung war fast schon zu groß, um ein Dorf
genannt zu werden) so sehr, daß es selbst den unermüd-
lichsten unserer Altertumsforscher nicht gelungen ist,
dem Standort soviel Daten in der Form von Münzen,
Medaillen oder Inschriften abzugewinnen, daß sich darauf auch nur der Schatten einer Theorie über die Sitten
und Gebräuche usw. usf. der Angehörigen der eingeborenen Bevölkerung gründen ließe. So gut wie alles, was
wir bis heute von ihnen wissen, ist, daß sie ein Teil des
Knickerbocker-Stammes von Wilden waren, von denen
der Kontinent wimmelte, als Chronist Riker, ein Ritter
vom Goldenen Vlies, ihn entdeckte. Sie waren durchaus
nicht unzivilisiert, sondern hatten auf ihre eigene Art verschiedene Künste und sogar Wissenschaften entwickelt.
Es heißt von ihnen, sie seien in vieler Hinsicht sehr intelligent gewesen, doch seltsamerweise von der Leiden-

schaft besessen, das zu bauen, was man im alten Amrika »Kirchen« nannte — eine Art von Pagoden zum Zwecke der Anbetung von zwei Götzen, die die Namen Reichtum und Mode trugen. Am Ende soll die Insel zu neun Zehnteln zur Kirche geworden sein. Die Frauen waren durch einen natürlichen Auswuchs der Region gleich unterhalb des Kreuzes merkwürdig deformiert — obwohl das, so komisch es klingt, als schön galt. Wie durch ein Wunder sind zwei oder drei Bilder dieser einzigartigen Frauen erhalten geblieben. Sie sehen in der Tat *sehr* merkwürdig aus, wie eine Kreuzung zwischen einem Truthahn und einem Dromedar.

Also, diese wenigen Einzelheiten sind so gut wie alles, was uns über die alten Knickerbockers bekannt ist. Jetzt haben jedoch Leute beim Graben im kaiserlichen Garten (der, wie Du weißt, die ganze Insel bedeckt) einen kubischen und offensichtlich bearbeiteten Granitblock aus der Erde gehoben, der mehrere hundert Pfund wiegt. Er war gut erhalten und hatte offensichtlich durch das Beben, das ihn begrub, wenig Schaden gelitten. Auf einer der Oberflächen war (stell Dir das vor!) eine Marmortafel mit einer *Inschrift — einer leserlichen Inschrift!* — angebracht. Pundit geriet in Ekstase. Nach Ablösung der Tafel zeigte sich eine Höhlung und darin ein Bleikasten mit verschiedenen Münzen, einer langen Namensliste, mehreren Dokumenten, die Zeitungen ähneln, und andere für den Altertumsforscher höchst interessante Dinge! Es kann keinen Zweifel daran geben, daß es alles echte amrikanische Relikte sind, die dem Knickerbocker-Stamm gehörten. Die an Bord unseres Ballons geworfenen Zeitungen sind voll von Faksimiles der Münzen, Manuskripte, Typographien usw. usf. Zu Deiner Belustigung schreibe ich die Knickerbocker-Inschrift auf der Marmortafel ab:

> **DIESER GRUNDSTEIN,**
> **GEWIDMET DEM ANDENKEN VON**
>
> ## GEORGE WASHINGTON,
>
> **WURDE MIT DER GEBÜHRENDEN FEIERLICHKEIT**
> **AM 19. TAG DES OKTOBERS 1847,**
> **DEM JAHRESTAG DER ÜBERGABE**
> **VON LORD CORNWALLIS**
> **AN GENERAL WASHINGTON BEI YORKTOWN**
> **A.D. 1781,**
> **UNTER DER SCHIRMHERRSCHAFT DER**
> **WASHINGTON MONUMENT ASSOCIATION DER**
> **STADT NEW YORK**
> **GELEGT**

So, wie ich es niederschreibe, ist es eine Übersetzung, die Pundit selbst vorgenommen hat. Deshalb *kann* es darin keinen Fehler geben. Aus den wenigen auf diese Weise erhaltenen Wörtern gewinnen wir mehrere wichtige Wissensbruchstücke, worunter nicht das uninteressanteste die Tatsache ist, daß schon vor tausend Jahren *keine* Monumente mehr errichtet wurden und die Leute sich — was ja auch gut und richtig war — mit der bloßen Absichtserklärung, zu irgendeinem zukünftigen Zeitpunkt ein Monument zu errichten, begnügten, wie wir es jetzt ebenso tun. Es wird als Garantie für die großherzige *Absicht* vorsichtig ein Grundstein gelegt, »einsam und allein« (entschuldige, daß ich den großen amrikanischen Poeten Benton zitiere!). Auch können wir aus dieser bewundernswerten Inschrift mit Sicherheit das Wie, Wo und Wer der in Rede stehenden großen Übergabe ableiten. Sie fand in Yorktown statt (wo immer das gelegen haben mag), und übergeben wurde natürlich Lord Cornwallis (zweifellos ein reicher Kornhändler). Übrig bleibt allein die Frage, aus welchem Grund wünschten die Wilden, daß er ihnen übergeben werde? Doch wenn wir daran denken, daß diese Wilden bestimmt Kannibalen waren, führt uns das zu der Schlußfolgerung, daß sie ihn für die Wurst haben wollten. Was das *Wie* der Übergabe betrifft, kann sich keine Sprache deutlicher ausdrücken. Die Übergabe von Lord Cornwallis (für die Wurst) erfolgte »unter der Schirmherrschaft der Washington Monument Association« — die eine karitative Gesellschaft für das Legen von Grundsteinen gewesen sein muß. Aber, der Himmel sei mir gnädig, was passiert denn jetzt? Ah, ich sehe — der Ballon ist zusammengefallen, und wir werden ins Meer stürzen. Deshalb habe ich nur noch Zeit, hinzuzufügen, daß ich aus einer eiligen Durchsicht der Faksimiles von Zeitungen usw. herausgefunden habe, wer die bedeutendsten Männer unter den Amrikanern jener Zeit waren, nämlich ein gewisser John, ein Schmied, und ein gewisser Zacchary, ein Schneider.

Lebewohl, bis ich Dich wiedersehe. Ob Du diesen Brief jemals bekommst oder nicht, ist von geringer Bedeutung, weil ich nur zu meinem eigenen Vergnügen schreibe. Ich werde das Manuskript jedoch in einer Flasche verkorken und ins Meer werfen.

Immer Deine
PUNDITA

Originaltitel: »Mellonta Tauta« (1849)
Copyright © 1989 der deutschen Übersetzung
by Wilhelm Heyne Verlag GmbH & Co. KG, München
Aus dem Amerikanischen übersetzt von Rosemarie Hundertmarck

DIE ENTFALTUNG
DES VISIONÄREN

Fitz-James O'Brien
(1828—1862)

Hawthorne und Poe hatten in der neuen Wissenschaft einen passenden Platz für das Fiktionale entdeckt, im Wissenschaftler selbst die dramatisch angemessene Figur, die als Protagonist dienen konnte. Die Science Fiction nahm langsam Gestalt an, und bisweilen veröffentlichten alle möglichen Autoren Stories, die irgendwann später als der SF-Tradition zugehörig angesehen wurden; viele waren sogar zum Zeitpunkt ihres Entstehens eindeutig beeinflußt durch oder gerade wegen der Möglichkeiten, die die Wissenschaft bot.

Honoré de Balzac (1799—1850), der berühmte französische Romancier, schrieb eine Reihe von Geschichten über ein Lebenselixier sowie den Versuch, aus unedlen Metallen Gold zu machen. Edward Everett Hale (1822—1909) schrieb einen Roman über einen Mond aus Ziegelstein, der infolge eines Unfalls mit samt den dort befindlichen Arbeitern in die Tiefen des Alls geschleudert wird. Mark Twain (1835—1910) schrieb seinen berühmten Zeitreiseroman A CONNECTICUT YANKEE IN KING ARTHUR'S COURT (1889, dt. »Ein Yankee aus Connecticut an König Artus' Hof«) und eine Vorwegnahme unseres heutigen Fernsehens in »From the ›London Times‹ of 1904« (1898, dt. »Aus der Londoner Times von 1904«); SF-Elemente waren auch vorhanden in EXTRACTS FROM CAPTAIN STORMFIELD'S VISIT TO HEAVEN (1909, dt. »Käptn Stormfields abenteuerliche Himmelsreise«) und LETTERS FROM THE EARTH (1962).

Sogar Herman Melville schrieb eine Story über einen Automaten. Und während der letzten drei Jahrzehnte des vorigen Jahrhunderts gab es eine ganze Reihe von Autoren, die sich in ihren utopisch ausgerichteten Werken für oder gegen Wissenschaft und Technik äußerten.

Fitz-James O'Brien (1828—1862) erwies sich ab 1850 als produktiver Autor, der für die Magazine schrieb, darüber hinaus aber als einer der wichtigsten, die hin und wieder auch Science Fiction verfaßten. O'Brien, ein schwärmerischer, eleganter Mann, wurde in Irland geboren, wo er binnen kurzem eine Erbschaft von achttausend Pfund durchbrachte, dann mit der Frau eines englischen Offiziers durchbrennen wollte und schließlich in die Vereinigten Staaten floh.

Zu diesem Zeitpunkt hatte er aber bereits einige Stories und Gedichte veröffentlicht. In New York begann er ernsthaft zu schreiben, wodurch ihm eine literarisch und gesellschaftlich erfolgreiche Karriere vergönnt war, die aufgrund seiner Lasterhaftigkeit aber nur zehn Jahre dauerte. Im ersten Jahr des Bürgerkriegs ließ er sich von der Unionsarmee anwerben, erhielt in einem Duell von einem zur Konföderation der Südstaaten gehörenden Offizier eine leichte Verletzung, an der er infolge unsachgemäßer Behandlung im Alter von dreiunddreißig Jahren starb.

O'Brien veröffentlichte in zahlreichen Literaturzeitschriften jener Tage, darunter auch ›Harper's‹ und ›Atlantic‹, dennoch taucht sein Name in der Literaturgeschichte nur selten auf. Er wäre vielleicht sogar gänzlich in Vergessenheit geraten, gäbe es da nicht eine Handvoll wirklich guter Fantasy- und SF-Geschichte, etwa »The Wondersmith« (1859), in der Zigeuner eine Armee von Spielzeugsoldaten herstellen, die an Weihnachten alle Christenkinder töten sollen; in »From Hand to Mouth« (1858) geht es um einen Mann, der in einem Hotelzimmer sitzt und von körperlosen Händen und Mündern umlagert wird; »What Was It? A Mystery« (1859, dt. »Was war es?«) ist möglicherweise die erste all jener Geschichten, in denen es um unsichtbare Geschöpfe geht; in »The Lost Room« (1885) sieht sich der Erzähler bei der Rückkehr in sein Hotelzimmer mit fremden Wesen konfrontiert, die sich nicht vertreiben lassen; »How I Overcame My Gravity« (1864) ist die Geschichte von einem Erfinder, der mit Hilfe eines Gyroskops eine Antischwerkraftmaschine baut.

Oft nachgedruckt, gilt »The Diamond Lens« (1858, dt. »Die Diamanten-Linse«) gemeinhin als O'Briens beste und eindrucksvollste Story. Es ist bekanntlich die erste, in der eine andere Welt durch ein Mikroskop wahrgenommen wird (obwohl O'Brien zum Zeitpunkt der Veröffentlichung beschuldigt wurde, die Idee unrechtmäßig der unveröffentlichten Story eines Freundes entnommen zu haben). Hunderte von Geschichten über mikroskopisch kleine Kreaturen sollten in der Science Fiction folgen, darunter etliche, in denen das möglich wird, was O'Briens Forscher verwehrt bleibt: das Hinabtauchen in diese mikroskopisch kleine Welt.

O'Briens Story erschloß eine andere Welt, sowohl dem Leser als auch den anderen Autoren. Er ebnete den Weg in die Welt des Mikroskopischen, wie später andere Autoren in galaktische Ferne vorstoßen sollten. Ähnlich wichtig für die Entwicklung der SF mag auch O'Briens sachlicher Umgang mit dem Phantastischen gewesen sein.

SF erzielt ihre Wirkung zum Teil durch Elemente des Wunderbaren; ein anderer und vielleicht wichtigerer Teil beruht auf der Art und Weise, wie die SF dieses Wunderbare mit der realen Alltagswelt verbindet. Bis zu jenem Zeitpunkt hatte Mary Shelley eine romantische Geschichte mit ›gotischen‹ Elementen verfaßt, Hawthorne hatte sich mit dem Wissenschaftler als moralisch denkende Symbolfigur gedanklich beschäftigt, und Poe hatte den Menschen als äußerst empfänglich für das Unfaßbare beschrieben; manchmal wurde Poe auch prosaisch, aber immer mit scherzhaftem Unterton.

O'Brien verwendete Elemente des (gotischen) Schauerromans bei der Gestaltung der Séance, die den Mikroskopforscher mit dem Geist des Leeuwenhoek in Verbindung treten läßt, ebenso bei dem Mord an einem Bekannten, um sich einen Diamanten für sein Mikroskop zu verschaffen. Von ihrer romantischen Couleur her ähnelt die Besessenheit des Mikroskopforschers der des Frankenstein, jedoch grenzt sie sich ab vom Schauerroman durch das Fehlen von Schuld. Und im weiteren

Verlauf ist der Ton eher umgangssprachlich und realistisch.

Damals war »Die Diamanten-Linse« äußerst populär; vielleicht kann man sie als die erste echte Science Fiction-Geschichte überhaupt bezeichnen.

FITZ-JAMES O'BRIEN

Die Diamanten-Linse

I

DAS BIEGEN DES ZWEIGES

Von einer sehr frühen Zeit meines Lebens an waren meine Neigungen völlig auf mikroskopische Untersuchungen gerichtet. Als ich nicht mehr als zehn Jahre zählte, konstruierte ein entfernter Verwandter meiner Familie, in der Hoffnung, mich in meiner Unerfahrenheit zu beeindrucken, für mich ein einfaches Mikroskop: Er bohrte in eine Kupferscheibe ein kleines Loch, in dem ein Tropfen reinen Wassers mittels kapillarer Anziehung festgehalten wurde. Sicher, dieser sehr primitive Apparat, der auf etwa fünfzigfachen Durchmesser vergrößerte, zeigte nur undeutliche und unvollkommene Formen. Trotzdem war er wundervoll genug, um meine Phantasie zu einem außergewöhnlichen Grad der Aufregung anzuheizen.

Als er mein Interesse an diesem primitiven Instrument sah, erklärte mir mein Cousin, soweit er selbst darüber Bescheid wußte, die Prinzipien des Mikroskops, erzählte mir von einigen der Wunder, die mit ihm vollbracht worden waren, und schloß mit dem Versprechen, mir sofort nach seiner Rückkehr in die Stadt ein ordnungsgemäß gebautes Instrument zu schicken. Ich zählte die Tage, die Stunden, die Minuten, die zwischen diesem Versprechen und seiner Abreise lagen.

In der Zwischenzeit war ich nicht müßig. Ich stürzte mich auf jede transparente Substanz, die auch nur die entfernteste Ähnlichkeit mit einer Linse hatte, und verwandte sie in vergeblichen Anstrengungen, ein Mikroskop herzustellen, obwohl ich die Theorie seiner Konstruktion bis jetzt nur in groben Umrissen begriff. Alle

Glasscheiben, die jene als »Ochsenaugen« bekannten sphäroiden Knoten enthielten, wurden in der Hoffnung, Linsen von wunderbarer Stärke zu ergeben, rücksichtslos zerstört. Ich ging sogar so weit, den Augen von Fischen und Säugetieren die kristalline Feuchtigkeit zu entnehmen, und bemühte mich, diese Materie in den Dienst des Mikroskopierens zu zwingen. Ich bekenne mich schuldig, die Gläser aus der Brille meiner Tante Agatha gestohlen zu haben. Dabei hatte ich den vagen Plan, sie zu Linsen von wundersam vergrößernden Eigenschaften zu schleifen. Es ist kaum nötig, zu erwähnen, daß ich bei diesem Versuch auf der ganzen Linie scheiterte.

Endlich traf das versprochene Instrument ein. Es war von der Sorte, die als »Fields einfaches Mikroskop« bekannt ist, und hatte vielleicht fünfzehn Dollar gekostet. Zu Lernzwecken hätte kaum ein besseres ausgewählt werden können. Ihm beigefügt waren eine kurze Abhandlung über das Mikroskop — seine Geschichte, seine Anwendung und der mit seiner Hilfe erfolgten Entdeckungen. Damals begriff ich schlagartig die Erzählungen aus »1001 Nacht«. Der trübe Schleier alltäglicher Existenz, der über der Welt hing, rollte sich plötzlich ein und legte ein Zauberland bloß. Was ich für meine Gefährten empfand, mag den Gefühlen eines Sehers gegenüber den gewöhnlichen Menschenmassen entsprechen. Ich konversierte mit der Natur in einer Sprache, die sie nicht verstanden. Ich stand in täglicher Kommunikation mit lebenden Wundern, die sie sich auch in ihren wildesten Träumen nie hätten vorstellen können. Ich durchdrang das äußere Portal der Dinge und schweifte durch die Heiligtümer. Wo jene nichts als einen Regentropfen erblickten, der langsam die Fensterscheibe hinunterrollte, sah ich ein Universum von Wesen, angetrieben von all den Passionen des körperlichen Lebens. Sie erschütterten ihre winzige Sphäre mit Kämpfen, die ebenso grimmig und andauernd waren wie die der Menschen. Die gewöhnlichen Schimmelflecken, die meine Mutter als

39

die gute Hausfrau, die sie war, unnachsichtig von ihren Marmeladetöpfen abschöpfte, enthielten für mich Zaubergärten voller Täler und Avenuen mit dem dichtesten Blattwerk und von dem erstaunlichsten Grün, während an den phantastischsten Zweigen dieser mikroskopischen Wälder seltsame Früchte in Grün, Silber und Gold glitzerten.

Zu jener Zeit war es kein wissenschaftlicher Durst, der mich erfüllte. Es war die reine Freude eines Poeten, dem sich eine Welt der Wunder eröffnet hat. Ich sprach zu niemandem von meinen einsamen Freuden. Allein mit meinem Mikroskop, schädigte ich mein Sehvermögen Tag für Tag und Nacht für Nacht und grübelte über die Mirakel, die es vor mir entfaltete. Ich war wie ein Mensch, der, nachdem er den alten Garten Eden in seiner immer noch vorhandenen urtümlichen Herrlichkeit entdeckt hat, sich entschließt, sich seiner in Einsamkeit zu erfreuen und niemals einem Sterblichen das Geheimnis seiner Lage zu verraten. Das Reis meines Lebens wurde in diesem Augenblick gebogen. Ich bestimmte mich selbst zum Mikroskopisten.

Natürlich sah ich mich wie jeder Novize als Entdecker. Zu der Zeit ahnte ich noch nichts von den Tausenden, deren scharfer Intellekt die gleichen Ziele anstrebte wie ich und das mit tausendmal leistungsfähigeren Instrumenten. Die Namen Leeuwenhoek, Williamson, Spencer, Ehrenberg, Schultz, Dujardin, Schact und Schleiden waren mir damals absolut unbekannt, oder wenn ich sie kannte, hatte ich doch keine Ahnung von den geduldigen und erstaunlichen Forschungen ihrer Träger. Bei jedem frischen Exemplar einer Sporenpflanze, die ich unter mein Mikroskop legte, meinte ich, Wunder zu entdecken, von denen die Welt bisher noch nichts wußte. Ich erinnere mich noch gut, welche Schauer des Entzückens und der Bewunderung mich überliefen, als ich zum ersten Mal das Gemeine Rädertierchen (*Rotifera vulgaris*) seine flexiblen Speichen ausstrecken und zusammenziehen und scheinbar durch das Wasser rotieren sah. Ach! Als ich älter wurde und ein paar Bücher über das mir liebste Wissensgebiet erwarb, stellte ich fest, daß ich nur auf der Schwelle der Forschungen stand, denen einige der größten Männer unserer Zeit ihr Leben und ihren Verstand geweiht haben.

Ich wuchs heran, und meine Eltern, die es wenig wahrscheinlich fanden, daß etwas Praktisches aus der Untersuchung von Moosstückchen und Wassertropfen mittels einer Messingröhre und einem Stückchen Glases resultieren werde, drängten mich, einen Beruf zu wählen. Ihrem Wunsch zufolge sollte ich in das Kontor meines Onkels Ethan Blake eintreten, der ein erfolgreicher Kaufmann in New York war. Gegen diese Idee setzte ich mich entschieden zur Wehr. Ich hatte keine Neigung für den Handel; ich würde nur versagen; kurz, ich weigerte mich, Kaufmann zu werden.

Aber für irgendeine Beschäftigung mußte ich mich entscheiden. Meine Eltern waren seriöse Neuengländer, die fest an die Notwendigkeit der Arbeit glaubten. Deshalb wurde beschlossen, obwohl ich bei Erreichen der Volljährigkeit dank des Testaments meiner armen Tante Agatha ein kleines Vermögen erben würde, das ausreiche, mich vor Not zu bewahren, ich solle, statt darauf zu warten, den nobleren Weg gehen und die dazwischenliegenden Jahre dazu benützen, mir Unabhängigkeit zu erwerben.

Nach vielen Überlegungen fügte ich mich den Wünschen meiner Familie und wählte einen Beruf. Ich entschloß mich, an der New Yorker Akademie Medizin zu studieren. Diese Regelung meiner Zukunft paßte mir. Eine räumliche Trennung von meinen Verwandten würde es mir ermöglichen, meine Zeit ohne Furcht vor Entdeckung zu verwenden, wie es mir beliebte. Solange ich auf der Akademie meine Gebühren bezahlte, konnte ich die Vorlesungen schwänzen, wenn ich wollte, und da ich nicht die leiseste Absicht hatte, ein Examen abzulegen,

41

bestand auch keine Gefahr, »geschaßt« zu werden. Außerdem war die Metropole der richtige Ort für mich. Dort hatte ich Gelegenheit, ausgezeichnete Instrumente zu kaufen, die neuesten Veröffentlichungen zu lesen und vertrauten Umgang mit Männern aufzunehmen, deren Forschungsgebiete verwandt mit dem meinigen waren — kurz, alles zu tun, was notwendig war, damit ich mich ganz meiner geliebten Wissenschaft widmen konnte. Ich hatte mehr als genug Geld und wenige Wünsche, die über meinen Beleuchtungsspiegel auf der einen und mein Objektiv auf der anderen Seite hinausgingen. Was sollte mich daran hindern, ein berühmter Erforscher der verschleierten Welten zu werden? So verließ ich mit den lebhaftesten Hoffnungen mein Neuengland-Heim und ließ mich in New York nieder.

II
DIE SEHNSUCHT EINES MANNES
DER WISSENSCHAFT

Als erstes machte ich mich natürlich auf die Suche nach passenden Räumlichkeiten. Diese fand ich nach zwei Tagen auf der Fourth Avenue. Es war eine sehr hübsche, unmöblierte Wohnung im zweiten Stock, bestehend aus Wohnzimmer, Schlafzimmer und einer kleineren Kammer, die ich als Labor einrichten wollte. Ich stattete meine Behausung einfach, aber recht elegant aus, und dann widmete ich meine ganze Energie der Ausschmückung des Tempels, in dem ich anbeten wollte. Ich besuchte Pike, den berühmten Optiker, und sah mir seine großartige Auswahl an Mikroskopen an, Fields Verbundmikroskop, die Apparate von Hingham und von Spencer sowie Nachets Binokularmikroskop, das auf den Prinzipien des Stereoskops beruht. Endlich entschied ich mich für die Ausführung, die als Spencers Drehzapfen-Mikroskop bekannt ist, da sie die größte Zahl von Verbesserungen mit einer fast vollkommenen Vibrationsfreiheit vereint. Dazu kaufte ich alles mögliche Zubehör — Ausziehtuben, Mikrometer, eine *camera lucida,* einen verstellbaren Objekttisch, achromatische Kondensatoren, Weißwolken-Illuminatoren, Prismen, parabolische Kondensatoren, Polarisierungsgeräte, Pinzetten, Wasserbehälter, Röhrchen — mit einem Sammelsurium anderer Artikel, die alle in den Händen eines erfahrenen Mikroskopisten nützlich gewesen wären, für mich jedoch, wie ich später entdeckte, im Augenblick nicht vom geringsten Wert waren. Man braucht jahrelange Praxis, bis man mit einem komplizierten Mikroskop umzugehen versteht. Der Optiker sah mich argwöhnisch an, als ich diesen Großeinkauf tätigte. Offensichtlich wurde er sich nicht schlüssig, ob ich eine wissenschaftliche Berühmtheit oder ein Verrückter sei. Ich glaube, er neigte zu letzterer Annahme. Jedes große Genie ist auf dem Gebiet, auf dem er der Größte ist, verrückt. Den erfolglosen Verrückten betrachtet man von oben herab und nennt ihn einen Irren.

Verrückt oder nicht, ich machte mich mit einem Eifer an die Arbeit, den nur wenige der Wissenschaft Beflissene je aufgebracht haben. Ich hatte alles in bezug auf das heikle Wissensgebiet, dem ich mich zugewandt hatte, zu lernen — und dieses Studium erforderte die unerschöpflichste Geduld, die unbestechlichste analytische Denkfähigkeit, die ruhigste Hand, das unermüdlichste Auge, die genaueste und subtilste Manipulierung.

Lange Zeit lag die Hälfte meiner Geräte unbenutzt auf den. Regalbrettern meines Laboratoriums, das jetzt höchst großzügig mit allen möglichen Apparaten zur Durchführung meiner Forschungen eingerichtet war. Tatsache ist, daß ich nicht wußte, wie ich — der ich niemals Unterricht im Mikroskopieren gehabt hatte — einige meiner wissenschaftlichen Hilfsmittel einsetzen sollte, und diejenigen, deren Anwendung ich theoretisch verstand, waren mir von geringem Nutzen, bis ich mir durch Übung die notwendige Akkuratesse der Handhabung erworben hatte. Doch so groß war die Gewalt meines Ehrgeizes, so unerschöpflich meine Beharrlichkeit im Experimentieren, daß ich, ob Sie mir glauben oder nicht, im Laufe eines Jahres in Theorie und Praxis ein fertiger Mikroskopist wurde.

In dieser Zeit meiner Bemühungen, in der ich Proben jeder Substanz, die mir vor die Augen kam, meinen Linsen vorlegte, wurde ich ein Entdecker — in kleinem Maßstab, das ist wahr, denn ich war noch sehr jung, aber trotzdem ein Entdecker. Ich war es, der Ehrenbergs Theorie widerlegte, die *Volvox globator* sei ein Tier, ich bewies, daß seine mit Mägen und Augen ausgerüsteten »Monaden« nur Entwicklungsphasen einer pflanzlichen Zelle und, zur Reife gelangt, der Konjugation oder überhaupt eines echten Fortpflanzungsaktes unfähig sind, ohne den kein Organismus, der sich auf eine höhere Ebene des Lebens als das pflanzliche erheben will, als vollständig gelten kann. Ich war es, der das einzigartige Problem der zum Wimpernschlag führenden Rotation in den Zellen und Haaren von Pflanzen löste, mögen Mr. Wenham und andere auch behaupten, meine Ausführungen seien das Resultat einer optischen Täuschung.

Aber ungeachtet dieser Entdeckungen, die unter so großen Mühen und Nöten zustandegekommen waren, fühlte ich mich schrecklich enttäuscht. Bei jedem Schritt fand ich mich durch die Unvollkommenheiten meiner Instrumente behindert. Wie alle aktiven Mikroskopisten ließ ich meiner Phantasie freien Lauf. Tatsächlich ist es ein häufiger Vorwurf gegen viele von ihnen, daß sie die Mängel ihrer Instrumente mit den Schöpfungen ihrer Gehirne auffüllen. Ich stellte mir in der Natur Tiefen unter den Tiefen vor, die zu erkunden mir durch die beschränkte Leistungsfähigkeit meiner Linsen verwehrt war. Des Nachts lag ich wach und konstruierte im Geist Mikroskope von unermeßlicher Kraft, mit denen ich alle Hüllen der Materie bis hinunter zu ihrem ursprünglichen Atom durchdrang. Wie verfluchte ich diese unvollkommenen Medien, die die durch Unwissenheit erzeugte Notwendigkeit mich zu benutzen zwang! Wie sehnte ich mich, das Geheimnis einer perfekten Linse zu entdekken, deren vergrößernde Eigenschaft nur durch das Auflösungsvermögen des Objektes begrenzt und die gleichzeitig frei von sphärischen und chromatischen Abweichungen sein würde, kurz, von all den Hindernissen, über die der arme Mikroskopist dauernd stolpert! Ich war überzeugt, das einfache Mikroskop, bestehend aus einer einzigen Linse von solch großer und doch perfekten Wirksamkeit, sei konstruierbar. Der Versuch, das Verbundmikroskop auf eine solche Höhe zu bringen, hätte geheißen, am falschen Ende zu beginnen, da letzteres nichts als ein teilweise erfolgreiches Bemühen zur Behebung der Defekte des einfachen Instruments vorstellt, das, sobald jene besiegt sein würden, nichts mehr zu wünschen übrigließe.

Mit dieser geistigen Einstellung wurde ich zum konstruierenden Mikroskopisten. Ich verwandte ein weiteres Jahr auf die neue Forschungsarbeit und experimentierte mit jeder vorstellbaren Substanz — mit Glas, Edelsteinen, Feuersteinen, Kristallen, aus der Verbindung verschiedener glasiger Materialien gebildeten künstlichen Kristallen —, kurz, ich konstruierte so viele Varietäten von Linsen, wie Argus Augen hatte. Und dann fand ich mich genau an dem Punkt wieder, von dem ich ausgegangen war, und hatte nichts gewonnen als umfassende Kenntnisse in der Glasherstellung. Ich war beinahe tot vor Verzweiflung. Meine Eltern wunderten sich über den offenkundigen Mangel an Fortschritten in meinen medizinischen Studien (ich hatte seit meiner Ankunft in der Stadt nicht eine einzige Vorlesung besucht), und die Kosten meiner wahnsinnigen Forschungen waren so groß gewesen, daß sie mich in sehr ernste Verlegenheit brachten.

In dieser Stimmung experimentierte ich eines Tages in meinem Laboratorium mit einem kleinen Diamanten —

seiner großen Brechungskraft wegen hatte dieser Stein meine Aufmerksamkeit stets stärker als andere auf sich gezogen —, als ein junger Franzose, der in dem Stockwerk über mir wohnte und die Gewohnheit hatte, mich gelegentlich zu besuchen, den Raum betrat.

Ich glaube, Jules Simon war Jude. Er besaß viele Züge des hebräischen Charakters: Liebe zu Schmuck, zu guter Kleidung und zu einem guten Leben. Ihn umwitterte etwas Geheimnisvolles. Immer hatte er etwas zu verkaufen, und doch verkehrte er in ausgezeichneter Gesellschaft. Statt »verkaufen« hätte ich vielleicht besser »verhökern« sagen sollen, denn die Transaktionen umfaßten im allgemeinen nur Einzelstücke — ein Bild zum Beispiel oder eine seltene Elfenbeinschnitzerei oder ein Paar Duellpistolen oder den Anzug eines mexikanischen *caballero*. Gleich anfangs, als ich meine Räume einrichtete, suchte er mich auf, und sein Besuch endete damit, daß ich eine antike silberne Lampe — er versicherte mir, sie sei ein Werk von Cellini, und hübsch genug dafür war sie — sowie ein paar andere Nippes für mein Wohnzimmer erwarb. Warum Simon sich mit solchen kleinen Geschäften abgab, konnte ich mir nicht vorstellen. Offensichtlich hatte er eine Menge Geld und wurde in den besten Häusern der Stadt empfangen, wobei ich voraussetzte, daß er sich hütete, in dem Zauberkreis der Oberen Zehntausend seine Waren freizubieten. Endlich kam ich zu dem Schluß, seine Krämereien seien nur die Tarnung für irgendeine größere Sache, und ich gelangte sogar bis zu der Vermutung, mein junger Bekannter sei in den Sklavenhandel verwickelt. Das jedoch ging mich nichts an.

In diesem neuesten Fall betrat Simon mein Laboratorium in einem Zustand beträchtlicher Aufregung.

»Ah! Mon ami!« rief er, bevor ich ihm noch den gebräuchlichen Gruß entbieten konnte, »mir ist widerfahren, daß ich Zeuge der erstaunlichsten Vorgänge auf der Welt geworden bin. Ich promeniere zum Haus von Ma-

dame ... Wie heißt das kleine Tier — *le renard* — auf lateinisch?«

»Vulpes«, antwortete ich.

»Ah! Ja — Vulpes. Ich promeniere also zum Haus von Madame Vulpes.«

»Dem spiritistischen Medium?«

»Ja, dem berühmten Medium. Großer Gott! Was für eine Frau! Ich schreibe auf ein Blatt Papier viele Fragen über die geheimsten Angelegenheiten nieder — Angelegenheiten, die sich in den tiefsten Abgründen meines Herzens verbergen —, und können Sie sich vorstellen, was geschieht? Dieses Teufelsweib gibt mir auf alle höchst wahrheitsgemäße Antworten. Sie spricht mir von Dingen, über die ich es nicht einmal liebe, mit mir selbst zu reden. Was soll ich denken? Ich bin niedergeschmettert!«

»Soll ich Sie so verstehen, Monsieur Simon, daß diese Mrs. Vulpes auf Fragen von Ihnen antwortete, die Sie vor ihr verborgen niedergeschrieben hatten und die sich auf Ereignisse bezogen, die allein Ihnen bekannt waren?«

»Ah! Mehr als das, mehr als das«, gab er zurück, einige Unruhe verratend. »Sie teilte mir Dinge mit ... Aber«, setzte er nach einer Pause hinzu und änderte plötzlich sein Verhalten, »warum sollen wir uns mit diesen Torheiten beschäftigen? Es war zweifellos nichts als Biologie. Überflüssig, zu beteuern, daß ich nicht an übernatürliche Dinge glaube. — Doch warum bin ich zu Ihnen gekommen, *mon ami?* Zufällig habe ich das schönste Objekt entdeckt, das Sie sich vorstellen können: Eine Vase mit grünen Eidechsen darauf, geschaffen von dem großen Bernard Palissy. Sie ist in meiner Wohnung; lassen Sie uns hinaufsteigen, und ich werde sie Ihnen zeigen.«

Mechanisch folgte ich Simon, aber meine Gedanken waren weit von Palissy und seiner emaillierten Ware entfernt, obwohl ich, wie er, im Dunkeln nach einer großen Entdeckung suchte. Diese zufällige Erwähnung der Spiritistin Madame Vulpes setzte mich auf eine neue Fährte.

Wenn an diesem Spiritismus nun wirklich etwas daran war? Wenn ich durch Kommunikation mit Organismen, die weniger erdgebunden waren als mein eigener, mit einem einzigen Sprung das Ziel erreichen könnte, zu dem mich vielleicht ein Leben voll qualvoller geistiger Mühen nicht hinbringen würde?

Während ich die Palissy-Vase von meinem Freund Simon erwarb, traf ich im Geist die Arrangements für einen Besuch bei Madame Vulpes.

III

DER GEIST LEEUWENHOEKS

Zwei Abende danach erwartete Madame Vulpes mich aufgrund meines Ankündigungsbriefes und dem Versprechen eines großzügigen Honorars allein in ihrer Wohnung. Ich fand eine Frau mit groben Gesichtszügen, mit einem scharfen und ziemlich grausamen dunklen Auge und einem außerordentlich sinnlichen Ausdruck um Mund und Unterkiefer. Sie empfing mich in einer sehr spärlich möblierten Wohnung im Erdgeschoß und bewahrte dabei vollkommenes Schweigen. In der Mitte des Raums, nahe der Stelle, wo Mrs. Vulpes saß, stand ein ganz gewöhnlicher runder Mahagonitisch. Wäre ich zu dem Zweck gekommen, ihren Kamin zu fegen, hätte die Frau mir nicht gleichgültiger entgegenblicken können. Da war kein Versuch, den Gast zu beeindrucken. Alles hatte einen einfachen und praktischen Anstrich. Offenbar war der Verkehr mit der Geisterwelt für Mrs. Vulpes eine ebenso alltägliche Beschäftigung wie ihr Dinner oder ein Fahrt in einem Omnibus.

»Sie sind einer Kommunikation wegen gekommen, Mister Linley?« fragte das Medium mit trockener, sachlicher Stimme.

»Auf Verabredung — ja.«

»Welche Art von Kommunikation wünschen Sie — eine schriftliche«

»Ja — ich wünsche eine schriftliche.«

»Mit einem bestimmten Geist?«

»Ja.«

»Haben Sie den Geist auf dieser Erde gekannt?«

»Nein. Er starb, lange bevor ich geboren war. Ich wünsche von ihm lediglich eine Information zu erhalten, die er besser als jeder andere zu geben imstande sein sollte.«

»Wollen Sie sich an den Tisch setzen, Mister Linley«, bat das Medium, »und die Hände auf die Platte legen?«

Ich gehorchte. Mrs. Vulpes saß mir gegenüber und hatte die Hände ebenfalls auf dem Tisch. So blieben wir für ungefähr eine und eine halbe Minute. Dann kam eine Folge heftiger Klopfzeichen auf dem Tisch, auf der Rückenlehne meines Stuhls, auf dem Boden direkt unter meinen Füßen und sogar auf den Fensterscheiben. Mrs. Vulpes lächelte gelassen.

»Heute abend sind sie sehr stark«, bemerkte sie. »Sie haben Glück.« Dann fuhr sie fort: »Wollen die Geister mit diesem Gentleman kommunizieren?«

Lebhafte Bestätigung.

»Will der besondere Geist, den er zu sprechen wünscht, mit ihm kommunizieren?«

Ein sehr konfuses Klopfen folgte dieser Frage.

»Ich weiß, was sie meinen«, wandte Mrs. Vulpes sich an mich. »Sie möchten, daß Sie den Namen des besonderen Geistes, mit dem Sie sich zu unterhalten wünschen, niederschreiben. Ist das so?« fragte sie ihre unsichtbaren Gäste.

Daß es so war, ging aus den zahlreichen bestätigenden Erwiderungen hervor. Währenddessen riß ich eine Seite aus meinem Notizbuch und kritzelte unter der Tischplatte einen Namen darauf.

»Will der Geist schriftlich mit diesem Gentleman kommunizieren?« erkundigte sich das Medium weiter.

49

Nach einer kurzen Pause wurde ihre Hand von einem so heftigen Zittern befallen, daß der Tisch vibrierte. Sie sagte, ein Geist habe ihre Hand ergriffen und wolle schreiben. Ich reichte ihr ein paar Blätter Papier, die auf dem Tisch lagen, und einen Bleistift. Letzteren hielt sie locker in der Hand, die plötzlich in eigenartigen und wie unwillkürlichen Bewegungen über das Papier fuhr. Wenige Augenblicke später gab sie mir das Papier, auf dem in einer großen, unkultivierten Handschrift die Worte standen: »Er ist nicht hier, doch es ist nach ihm geschickt worden.« Nun folgte eine Pause von etwa einer Minute, in der Mrs. Vulpes völlig still blieb. Aber die Klopfzeichen setzten sich in regelmäßigen Abständen fort. Dann wurde die Hand des Mediums wieder von diesem krampfhaften Zittern erfaßt, und es schrieb unter dem fremden Einfluß ein paar Wörter auf das Papier, das es mir aushändigte. Sie lauteten wie folgt:

»Ich bin hier. Frage mich. LEEUWENHOEK.«

Ich staunte. Der Name war identisch mit dem, den ich unter der Tischplatte geschrieben und sorgfältig verborgengehalten hatte. Auch bestand nicht die geringste Wahrscheinlichkeit, daß eine unkultivierte Frau wie Mrs. Vulpes den Namen des großen Vaters der Mikroskopie kannte. Es mochte Biologie gewesen sein, aber diese Theorie wurde bald zum Untergang verurteilt. Auf meinen Zettel, den ich weiterhin vor Mrs. Vuples verbarg, schrieb ich eine Reihe von Fragen, die ich, um Weitschweifigkeit zu vermeiden, hier in der Reihenfolge, wie ich sie stellte, mit den Antworten anführe.

ICH: Kann das Mikroskop zur Vollkommenheit gebracht werden?

GEIST: Ja.

ICH: Bin ich dazu bestimmt, diese große Aufgabe zu erfüllen?

GEIST: Du bist es.

ICH: Ich möchte wissen, wie ich vorgehen muß, um dieses Ziel zu erreichen. Um der Liebe willen, die du zur Wissenschaft hegst, hilf mir!

GEIST: Wird ein Diamant von einhundertundvierzig Karat lange Zeit elektromagnetischen Strömen ausgesetzt, erfährt er eine Umgruppierung seiner Atome *inter se*. Aus diesem Stein wirst du die universelle Linse formen.

ICH: Werden aus der Benützung einer solchen Linse große Entdeckungen resultieren?

GEIST: So große, daß alle bisherigen dagegen wie Nichts sein werden.

ICH: Aber die Brechungskraft des Diamanten ist so immens, daß das Bild innerhalb der Linse entstehen wird. Wie kann diese Schwierigkeit überwunden werden?

GEIST: Duchbohre die Linse entlang ihrer Achse, und die Schwierigkeit ist beseitigt. Das Bild wird in dem Hohlraum entstehen, der gleichzeitig als Rohr dient, um hindurchzusehen. Jetzt werde ich gerufen. Gute Nacht.

Beim besten Willen kann ich die Wirkung nicht beschreiben, die diese außergewöhnliche Kommunikation auf mich hatte. Ich war aufs höchste bestürzt. Keine biologische Theorie konnte eine Erklärung für die *Entdeckung* der Linse geben. Dem Medium mochte es mittels eines biologischen *Rapportes* mit meinem Verstand gelungen sein, meine Fragen zu lesen und zusammenhängend auf sie zu antworten. Aber die Biologie konnte ihr nicht zu der Entdeckung verhelfen, daß magnetische Ströme die Kristalle des Diamanten auf eine Weise verändern, die seine früheren Mängel beseitigt und es möglich macht, ihn zu einer perfekten Linse zu schleifen. Es ist wahr, mir ging etwas Ähnliches durch den Kopf, aber gleich darauf hatte ich es wieder vergessen. In meiner Erregung blieb mir kein anderer Weg offen, als mich zu bekehren. Ich verließ das Haus des Mediums an diesem Abend in einem Zustand höchst schmerzhafter nervöser

Exaltation. Sie begleitete mich an die Tür und sagte, sie hoffe, daß ich zufrieden sei. Die Klopfzeichen folgten uns auf unserem Weg durch den Flur; sie erklangen auf dem Treppengeländer, dem Fußboden und sogar dem Türsturz. Hastig bestätigte ich es ihr und entfloh eilends in die kühle Nachtluft. Auf dem Heimweg war ich von einem einzigen Gedanken besessen. Wie konnte ich mir einen Diamanten von der notwendigen ungeheuren Größe beschaffen? Das Hundertfache meiner sämtlichen Mittel hätte für den Kauf nicht ausgereicht. Außerdem sind solche Steine selten und geschichtlich belegt. Ich würde einen dieser Art nur in den Insignien östlicher oder europäischer Monarchen finden können.

IV

DAS AUGE DES MORGENS

In Simons Zimmer brannte Licht, als ich mein Haus betrat. Ein vager Impuls drängte mich, ihn zu besuchen. Unangemeldet öffnete ich die Tür seines Wohnzimmers. Er beugte sich, den Rücken mir zugekehrt, über eine Karcellampe, offenbar damit beschäftigt, einen Gegenstand, den er in den Händen hielt, genau zu untersuchen. Ich trat ein. Er zuckte zusammen, fuhr mit der Hand in die Brusttasche und wandte mir ein Gesicht zu, das hochrot vor Verwirrung war.

»Was!« rief ich. »Brüten Sie über der Miniatur einer schönen Dame? Nun erröten Sie doch nicht so; ich werde nicht darum bitten, sie ansehen zu dürfen.«

Simon lachte ziemlich verlegen, brachte aber keinen der bei solchen Gelegenheiten üblichen Proteste vor. Er forderte mich auf, Platz zu nehmen.

»Simon«, sagte ich, »ich komme soeben von Madame Vulpes.«

Diesmal wurde Simom so weiß wie ein Laken und benahm sich, wie von einem plötzlichen elektrischen

Schlag getroffen. Er plapperte ein paar unzusammen-hängende Worte und ging hastig zu einem Schränkchen, in dem er für gewöhnlich seine Spirituosen aufbewahrte. Obwohl verwundert über seine Emotion, war ich so sehr mit meinen eigenen Gedanken beschäftigt, daß ich für nichts sonst viel Aufmerksamkeit übrig hatte.

»Sie hatten recht, als Sie Madame Vulpes ein Teufels-weib nannten«, fuhr ich fort. »Simon, sie hat mir heute abend Wunderbares mitgeteilt, oder vielmehr war sie das Medium, durch das mir Wunderbares mitgeteilt wur-de. Ah, könnte ich doch einen Diamanten bekommen, der einhundertundvierzig Karat wiegt!«

Kaum war der Seufzer, mit dem ich diesen Wunsch äußerte, auf meinen Lippen erstorben, als Simon mir ein Gesicht zuwandte, das dem eines wilden Tieres glich, zum Kaminsims eilte, wo einige ausländische Waffen an der Wand hingen, einen malayischen Kris ergriff und ihn wütend vor mir schwang.

»Nein!« schrie er auf Französisch, in das er immer aus-brach, wenn er aufgeregt war. »Nein, Sie sollen ihn nicht haben! Sie sind heimtückisch! Sie haben sich mit diesem Dämon beraten und begehren meinen Schatz! Aber eher werde ich sterben! Ich! Ich bin tapfer! Sie können mir keine Angst machen!«

All das, mit lauter, vor Erregung zitternder Stimme her-vorgestoßen, erstaunte mich. Ich erkannte mit einem Blick, daß ich durch Zufall an den Rand von Simons Ge-heimnis, was es auch sein mochte, geraten war. Jetzt mußte ich ihn unbedingt beruhigen.

»Mein lieber Simon«, sagte ich, »ich weiß überhaupt nicht, was Sie meinen. Ich ging zu Madame Vulpes, um sie eines wissenschaftlichen Problems wegen zu konsul-tieren, und erfuhr, daß ich zu seiner Lösung eines Dia-manten der eben erwähnten Größe bedarf. Während des Abends richtete sich kein Wort und, soweit es mich betrifft, auch kein Gedanke auf Sie. Was kann dieser Ausbruch zu bedeuten haben? Sollten Sie zufällig eine

53

Kollektion wertvoller Diamanten in Ihrem Besitz haben, brauchen Sie von mir nichts zu befürchten. Den Diamanten, den ich brauche, können Sie nicht haben, und wenn Sie ihn doch hätten, würden Sie nicht hier wohnen.«

Etwas in meinem Ton mußte ihn vollständig beruhigt haben, denn sein Ausdruck veränderte sich auf der Stelle zu einer Art angestrengter Fröhlichkeit, die sich jedoch mit einer gewissen argwöhnischen Beobachtung meiner Bewegungen verband. Er lachte und sagte, ich müsse Nachsicht mit ihm haben, er sei in bestimmten Augenblicken einer Spielart des Schwindels unterworfen, die sich in unzusammenhängender Sprache kundtue. Die Anfälle verschwänden so schnell, wie sie kämen. Während er diese Erklärung abgab, legte er seine Waffe zur Seite und bemühte sich mit einigem Erfolg, ein heiteres Wesen anzunehmen.

All das machte mir nicht den geringsten Eindruck. Ich war zu sehr an schwierige analytische Arbeiten gewöhnt, als daß mich eine so durchsichtige Verschleierung hätte täuschen können. Ich entschloß mich, das Geheimnis bis zum Grund auszuloten.

»Simon«, schlug ich munter vor, »lassen Sie uns das Ganze über einer Flasche Burgunder vergessen. Ich habe unten eine Kiste von Lausseures *Clos Vougeot,* der mit seinem Duft und seiner Farbe die Gerüche und den Sonnenschein der Côte d'Or gefangenhält. Sollen wir uns zwei Flaschen heraufholen? Was sagen Sie dazu?«

»Von ganzem Herzen einverstanden«, antwortete Simon lächelnd.

Ich holte den Wein, und wir setzten uns zum Trinken nieder. Es war ein berühmter Jahrgang, der von 1848, ein Jahr, in dem Krieg und Wein gemeinsam gediehen, und der reine, aber kräftige Saft verlieh dem System des Menschen neue Vitalität. Als wir die zweite Flasche zur Hälfte geleert hatten, machte sich die Wirkung bei Simon, der, wie ich wußte, nicht viel vertrug, bemerkbar, während ich gelassen wie sonst auch blieb, nur daß jeder Zug einen Schwall von Kraft durch meine Glieder schickte. Simons Aussprache wurde immer undeutlicher. Er fing an, französische *chansons* nicht sehr moralischen Inhalts zu singen. Am Schluß eines dieser unzusammenhängenden Verse erhob ich mich plötzlich vom Tisch, richtete mit ruhigem Lächeln meine Augen auf ihn und sagte: »Simon, ich habe Sie getäuscht. Ich habe Ihr Geheimnis heute abend erfahren. Sie können ebensogut offen mit mir sein. Mrs. Vulpes oder vielmehr einer ihrer Geister hat mir alles erzählt.«

Er schreckte entsetzt hoch. Sein Rausch schien sich für den Augenblick zu verflüchtigen, und er machte eine Bewegung zu der Waffe hin, die er vor kurzer Zeit hingelegt hatte. Ich hielt ihn mit der Hand auf.

»Ungeheuer!« rief er leidenschaftlich. »Ich bin ruiniert! Was soll ich tun? Sie werden ihn niemals bekommen! Das schwöre ich bei meiner Mutter!«

»Ich will ihn gar nicht«, sagte ich, »da können Sie ganz beruhigt sein. Aber seien Sie offen mit mir. Erzählen Sie mir alles darüber.«

Seine Betrunkenheit kehrte zurück. Er protestierte mit weinerlicher Ernsthaftigkeit, ich sei völlig im Irrtum — ich sei berauscht. Dann forderte er mich auf, ewige Geheimhaltung zu schwören, und versprach, mir das Geheimnis zu enthüllen. Ich verpflichtete mich natürlich zu allem. Mit einem gequälten Blick in den Augen und vom Wein wie von der Nervosität unsicheren Händen zog er ein kleines Etui aus der Brust und öffnete es. Himmel! Wie wurde das milde Lampenlicht in tausend prismatische Pfeile gespalten, als es auf den großen Rosendiamanten fiel, der in dem Etui glitzerte! Ich war kein Fachmann für Diamanten, aber ich erkannte mit einem Blick, daß dies ein Stein von seltener Größe und Reinheit war. Ich betrachtete Simon mit Staunen und — muß ich es gestehen? — mit Neid. Wie war es ihm möglich gewesen, diesen Schatz zu erwerben? Aus seinen Antworten (deren trunkene Verworrenheit, wie ich glaube, zur Hälfte gespielt war) konnte ich nur entnehmen: Er hatte eine Sklavenmannschaft beaufsichtigt, die in Brasilien mit Diamantenwaschen beschäftigt gewesen war, und gesehen, daß einer der Neger einen Diamanten verbarg. Doch statt seinen Arbeitgeber zu benachrichtigen, hatte er den Neger schweigend beobachtet, bis er ihn den Schatz vergraben sah. Dann hatte er ihn ausgegraben und war mit ihm geflohen. Bis heute hatte er es nicht gewagt, den Stein auf normalem Weg zu verkaufen, weil ein so wertvoller Diamant fast sicher zuviel Aufmerksamkeit auf das Vorleben seines Besitzers lenken würde. Es war ihm aber auch nicht gelungen, jene obskuren Kanäle ausfindig zu machen, durch die man solche Ware ohne Gefahr loswerden kann. Er setzte hinzu, daß er seinem Diamanten, dem Brauch des Orients folgend, den phantasievollen Namen »Das Auge des Morgens« gegeben habe.

Während Simon mir dies erzählte, sah ich mir den großen Diamanten aufmerksam an. Noch nie hatte ich etwas so Schönes erblickt. Es war, als pulsierten alle Herrlichkeiten des Lichts, die jemals vorgestellt oder beschrieben worden waren, in seinen kristallinen Kammern. Sein Gewicht betrug, wie ich von Simon erfuhr, genau einhundertundvierzig Karat. Hier lag ein verblüffendes Zusammentreffen vor. Ich meinte, die Hand des Schicksals darin zu sehen: Am gleichen Abend, als der Geist Leeuwenhoeks mir das große Geheimnis des Mikroskops mitteilt, taucht das unbezahlbare Mittel, das anzuwenden er mir rät, in bequemer Reichweite von mir auf! Ich faßte den unumstößlichen Entschluß, Simons Diamanten in meinen Besitz zu bringen.

Ich saß ihm gegenüber, während er über seinem Glas nickte, und ging im Geist ruhig die ganze Angelegenheit durch. Nicht einen Augenblick lang zog ich eine so törichte Handlung wie einen gemeinen Diebstahl in Erwägung, der natürlich entdeckt werden oder doch zumindest Flucht und Verheimlichung nach sich ziehen würde, lauter Störungen meiner wissenschaftlichen Pläne. Der einzige Weg, den ich einschlagen konnte, war, Simon zu töten. Was bedeutete schließlich das Leben eines kleinen handeltreibenden Juden im Vergleich mit den Interessen der Wissenschaft? Täglich werden menschliche Wesen aus den Todeszellen der Gefängnisse geholt, damit Chirurgen an ihnen experimentieren können. Dieser Mann Simon war nach seinem eigenen Geständnis ein Verbrecher, ein Räuber, und, davon war ich fest überzeugt, ein Mörder. Er verdiente den Tod ebensosehr wie irgendein vom Gericht verurteilter Schurke. Warum sollte ich nicht, wie die Regierung, dafür sorgen, daß seine Bestrafung zum Fortschritt des menschlichen Wissens beitrug?

Die Mittel, alles zu vollbringen, was ich wünschte, lagen innerhalb meiner Reichweite. Da stand auf dem Kaminsims eine Flasche, halb voll mit französischem Laudanum. Simon war so mit seinem Diamanten beschäftigt, den ich ihm zurückgegeben hatte, daß es nicht schwierig war, ihm etwas ins Glas zu tun. Eine Viertelstunde später schlief er fest.

Nun öffnete ich seine Weste, nahm den Diamanten aus der Innentasche, in die er ihn gesteckt hatte, und legte Simon so auf sein Bett, daß die Füße über die Kante hinunterhingen. Ich hatte den malayischen Kris an mich genommen und hielt ihn in der rechten Hand, während ich mit der anderen so genau wie möglich festzustellen versuchte, wo das Herz klopfte. Es war wichtig, daß alle Begleitumstände seines Todes auf Selbstmord hindeuteten. Ich berechnete den exakten Winkel, in dem die Waffe, falls sie von Simons eigener Hand geführt worden wäre, wahrscheinlich in seine Brust eindringen würde. Dann senkte ich sie mit einem einzigen kraftvollen Stoß bis ans Heft in die Stelle, die ich zu treffen wünschte. Ein krampfhaftes Beben durchlief Simons Glieder. Aus seiner Kehle drang ein erstickter Laut, als platze eine große Luftblase, die von einem Taucher aufsteigt, an der Wasseroberfläche. Er legte sich auf die Seite, und als wolle er helfen, meinen Plan noch wirksamer zu machen, schloß sich seine Rechte, von einem bloßen spasmischen Impuls bewegt, mit außerordentlicher Muskelkraft um den Griff des Kris. Davon abgesehen war von einem Todeskampf nichts zu bemerken. Ich vermute, das Laudanum lähmte die übliche Nerventätigkeit. Er muß sofort gestorben sein.

Doch für mich gab es noch etwas zu tun. Damit auch bestimmt jeder Verdacht von den Bewohnern des Hauses ab- und auf Simon selbst hingelenkt werde, mußte die Tür am Morgen *von innen verschlossen* vorgefunden werden. Wie sollte ich das bewerkstelligen und danach selbst entfliehen? Aus dem Fenster zu steigen war eine physische Unmöglichkeit. Außerdem war ich entschlossen, daß die Fenster *ebenfalls* verriegelt vorgefunden werden sollten. Die Lösung war recht einfach. Ich stieg leise zu meiner eigenen Wohnung hinunter und holte ein gewisses Instrument, das ich benutzte, um kleine, glatte Gegenstände wie winzige Glaskügelchen usw. zu halten. Dieses Instrument war nichts anderes als ein langer, schlanker Handschraubstock, der kräftig zupacken konnte und eine beträchtliche Hebelwirkung hatte, welche zufälligerweise von der Form des Griffes herrührte. Nichts war einfacher, als den Stiel des von innen steckenden Schlüssels von außen durch das Schlüsselloch mit dem Schraubstock zu fassen und so die Tür zu verschließen. Doch bevor ich dies tat, verbrannte ich eine Reihe von Papieren in Simons Kamin. Selbstmörder verbrennen immer Papiere, bevor sie sich das Leben nehmen. Auch entfernte ich alle Spuren des Weins aus Simons Glas, goß von neuem etwas Laudanum hinein, säuberte das andere Glas und nahm die Flaschen an mich. Wären die Spuren von zwei Personen, die miteinander getrunken hatten, in dem Zimmer gefunden worden, hätte sich natürlich die Frage erhoben: Wer war der zweite? Außerdem hätten die Weinflaschen als mein Eigentum identifiziert werden können. Das Laudanum im Glas sollte das Vorhandensein des Medikaments in Simons Magen rechtfertigen, falls eine *Postmortem*-Untersuchung stattfand. Bestimmt würde die Theorie aufgestellt werden, daß er erst beabsichtigt habe, sich zu vergiften, dann aber, nachdem er ein bißchen von der Droge geschluckt hatte, entweder von dem Geschmack angewidert war oder seine Meinung aus anderen Gründen änderte und den Dolch wählte. Dies alles besorgt, verließ ich das Zimmer, indem ich das Gas brennen ließ, verschloß die Tür mit meinem Schraubstock und ging zu Bett.

Simons Tod wurde erst entdeckt, als es beinahe drei Uhr nachmittags war. Das Hausmädchen wunderte sich, daß das Gas brannte — das Licht drang auf dem dunklen Treppenabsatz unter der Tür hervor —, lugte durch das Schlüsselloch und sah Simon auf dem Bett liegen. Sie schlug Alarm. Die Tür wurde aufgebrochen, und die Nachbarschaft geriet in ein Fieber der Aufregung.

Jedermann im Haus wurde festgenommen — ich eingeschlossen. Es gab ein Verhör, aber es konnte kein Hinweis gefunden werden, der nicht auf einen Tod durch eigene Hand deutete. Merkwürdigerweise hatte Simon in der vorhergehenden Woche gegenüber seinen Freunden verschiedentlich Bemerkungen fallen lassen, die eine solche Absicht anzukündigen schienen. Ein Gentleman schwor, Simon habe in seiner Anwesenheit gesagt, er sei »des Lebens müde«. Der Hauswirt bestätigte, Simon habe bemerkt, als er ihm das letzte Mal die Miete brachte, er werde »die Miete nicht mehr sehr viel länger zahlen«. Alle anderen Indizien stimmten dazu: die von innen verschlossene Tür, die Lage des Leichnams, die verbrannten Papiere. Wie ich vorausgesehen hatte, wußte niemand von dem Diamanten in Simons Besitz, so daß sich kein Motiv für einen Mord anbot. Die Jury kam nach eingehender Prüfung zu dem üblichen Spruch, und in der Nachbarschaft kehrte wieder die gewohnte Ruhe ein.

V
ANIMULA

Die auf Simons Tod folgenden drei Monate widmete ich bei Tag und bei Nacht meiner Diamantenlinse. Ich hatte eine große galvanische Batterie konstruiert, die aus nahezu zweitausend Plattenpaaren bestand — mehr Energie wagte ich nicht zu benutzen, damit der Diamant nicht kalziniert wurde. Diese gewaltige Maschine ermöglichte es mir, ständig einen starken elektrischen Strom durch meinen großen Stein zu schicken, der, so dünkte es mich, jeden Tag an Lüster gewann. Nach einem Monat begann ich mit dem Schleifen und Polieren der Linse, eine Arbeit, die große Mühe und außerordentliches Fingerspitzengefühl erforderte. Die große Dichte des Steins und die Sorgfalt, die ich bei den Oberflächenkrümmungen der Linse walten lassen mußte, machten die Aufgabe zu der schwersten und nervenbelastendsten, die ich je erfüllt hatte.

Endlich kam der schicksalhafte Augenblick: Die Linse war fertig. Bebend stand ich auf der Schwelle zu neuen Welten. Vor mir lag die Realisierung des berühmten Wunsches, den Alexander der Große geäußert hat. Die Linse war auf dem Tisch bereit, auf ihre Plattform gehoben zu werden. Meine Hand zitterte richtig, als ich in Vorbereitung seiner Untersuchung einen Wassertropfen mit einem dünnen Überzug aus Terpentinöl versah — ein notwendiger Prozeß, um ein zu schnelles Verdunsten des Wassers zu verhindern. Jetzt schob ich den Tropfen auf einem dünnen Glasplättchen unter die Linse, lenkte durch eine Kombination eines Prismas mit einem Spiegel einen starken Lichtstrahl darauf und näherte mein Auge dem winzigen Loch, das durch die Achse der Linse gebohrt war. Für einen Moment sah ich nichts als so etwas wie ein illuminiertes Chaos, einen weiten, leuchtenden Abgrund. Reines weißes Licht, wolkenlos und ungetrübt und scheinbar so grenzenlos wie der Raum selbst war

60

mein erster Eindruck. Behutsam, mit der größten Sorgfalt senkte ich die Linse um ein paar Haarbreiten. Die wundersame Beleuchtung blieb, aber als sich die Linse dem Objekt näherte, enthüllte sich meinem Blick eine Szene von unbeschreiblicher Schönheit.

Ich sah in einen Raum hinein, dessen Grenzen weit jenseits meines Horizontes lagen. Eine Atmosphäre magischer Luminosität durchdrang das ganze Gesichtsfeld. Zu meiner Verwunderung bemerkte ich keine Spur von Tierchen. Anscheinend bewohnte kein einziges Lebewesen diese gleißende Weite. Ich begriff sofort, daß ich durch die wunderbare Kraft meiner Linse hinausgelangt war über die gröberen Partikel der aquatischen Materie, über die Reiche der Infusorien und Protozoen, und hinein in die usprüngliche gasförmige Globule, in deren leuchtendes Innere ich wie in einen fast grenzenlosen Dom, gefüllt mit einem übernatürlichen Licht, schaute.

Es war jedoch keine glänzende Leere, in die ich blickte. Auf beiden Seiten erkannte ich schöne anorganische Gebilde unbekannter Beschaffenheit in den zauberhaftesten Farben. Mangels einer spezifischeren Definition möchte ich diese seltsamen Strukturen Blätterwolken nennen, denn sie wogten und brachen sich in vegetabile Anordnungen und zeigten eine Pracht prismatischer Farben, neben der unser Herbstlaub nichts als Schlacke im Vergleich mit Gold ist. In unergründliche Fernen hinein erstreckten sich lange Avenuen dieser gasförmigen, leicht transparenten Wälder. Die hängenden Zweige wiegten sich entlang den fließenden Schneisen, bis der Blick in jeder Richtung halb durchscheinende Reihen von vielfarbigen seidenen Fransenvorhängen durchbrach. Waren es Früchte, waren es Blüten, die tausendfältig getönt, glänzend, sich ständig verändernd, aus den Gipfeln dieses Märchenwaldes drangen? Weder Berge noch Seen oder Flüsse, weder belebte noch unbelebte Formen waren zu sehen außer diesen Gewächsen in den Farben der Morgenröte, die mit ihren Blättern und

Früchten und Blüten, schimmernd von unbekannten Feuern, heiter in der leuchtenden Stille schwebten, wie sie die bloße Phantasie niemals hätte hervorbringen können.

Wie merkwürdig, dachte ich, daß diese Sphäre zur Leere verdammt sein soll! Ich hatte gehofft, mindestens irgendwelche neuen Formen tierischen Lebens zu entdecken — vielleicht von einer niedrigeren Klasse als diejenigen, die uns gegenwärtig bekannt sind —, aber immerhin doch lebende Organismen. Ich fand meine neu entdeckte Welt, wenn ich mich so ausdrücken darf, als eine schöne chromatische Wüste vor.

Während ich über die einzigartigen Arrangements in der inneren Ökonomie der Natur nachdachte, mit der sie so häufig unsere kompaktesten Theorien in Atome zersplittert, meinte ich, einen Körper zu sehen, der sich langsam durch die Straßen eines der prismatischen Wälder bewegte. Ich blickte aufmerksamer hin und stellte fest, daß ich mich nicht geirrt hatte. Worte können die Unruhe nicht schildern, mit der ich das Näherkommen dieses geheimnisvollen Objekts erwartete. War es nichts als eine unbelebte Substanz, die in der dünnen Atmosphäre der Globule in der Schwebe gehalten wurde? Oder war es ein Tier, begabt mit Leben und Bewegung? Es glitt hinter den farbigen Schleiern der Wolkenblätter auf mich zu, sekundenlang undeutlich enthüllt, dann verschwindend. Dann bebten die violetten Fransen, die mir am nächsten waren. Sie wurden sacht beiseitegeschoben, und der Körper schwamm hinaus ins helle Licht.

Es war eine menschliche Gestalt weiblichen Geschlechts. Wenn ich sage »menschlich«, meine ich, daß sie menschliche Umrisse besaß — aber da endet die Analogie. Ihre anbetungswürdige Schönheit hob sie auf eine unerreichbare Höhe über die lieblichste Tochter Adams.

Ich kann ... ich wage es nicht, die Reize dieser göttlichen Offenbarung vollkommener Schönheit aufzuzählen. Diese Augen von mystischem Violett, taufrisch und heiter, entziehen sich meinen Worten. Ihr langes, glänzendes Haar, das ihrem herrlichen Kopf in einem goldenen Strom nachfolgte, der Spur gleich, die ein fallender Stern über den Himmel zieht, löscht das Feuer meiner leidenschaftlichsten Ausdrücke mit seiner Pracht. Wenn alle Bienen Hyblas sich auf meinen Lippen niederließen, könnten sie immer noch nicht anders als heiser von den wundervollen Harmonien dieser Gestalt singen.

Sie schwamm aus den Regenbogenschleiern der Wolkenbäume heraus und in den davorliegenden weiten Lichtsee hinein. Ihre Bewegungen waren die einer anmutigen Najade, teilten durch bloße Willensanstrengung das klare, stille Wasser, das die Kammern des Meeres füllt. Sie schwebte weiter mit der gelassenen Grazie einer zarten Blase, die durch die stille Atmosphäre eines Junitages in die Höhe steigt. Die perfekte Rundung ihrer Glieder bildete sanfte und bezaubernde Kurven. Den harmonischen Fluß der Linien zu beobachten, war, als lausche man der inspiriertesten Symphonie des göttlichen Beethoven. Fürwahr, diese Freude war um jeden Preis noch billig bezahlt! Was kümmerte es mich, wenn ich an das Tor dieses Wunders durch das Blut eines anderen gewatet war? Ich hätte mein eigenes gegeben, um einen einzigen solchen Anblick des Rausches und Entzückens zu genießen.

Atemlos vom Betrachten dieses lieblichen Wunders und im Augenblick ohne einen Gedanken an etwas anderes als ihre Existenz, zog ich mein Auge rasch von dem Mikroskop zurück. Ach! Mein Blick fiel auf das dünne Plättchen, das unter meinem Instrument lag, und das helle Licht von dem Spiegel und dem Prisma funkelte auf einem farblosen Wassertropfen! Dort, in jener winzigen Tauperle, wurde dieses schöne Wesen für immer gefangengehalten. Der Planet Neptun war nicht weiter von mir entfernt als sie. Ich beeilte mich, mein Auge von neuem an das Mikroskop zu legen.

Animula (erlauben Sie mir, sie jetzt bei dem lieben Namen zu nennen, den ich ihr später gab) hatte ihre Position verändert. Sie hatte sich von neuem dem wundersamen Wald genähert und blickte ernst nach oben. Einer von den Bäumen — als die ich die Gebilde wohl bezeichnen muß — entfaltete einen langen Wimpernfortsatz, ergriff damit eine der schimmernden Früchte auf seinem Gipfel, senkte ihn langsam und hielt sie in Animulas Reichweite. Die Sylphe nahm sie in ihre zarte Hand und begann zu essen. Meine Aufmerksamkeit war so völlig von ihr gefesselt, daß ich mich der Aufgabe nicht unterziehen konnte, zu entscheiden, ob diese merkwürdige Pflanze mit einem eigenen Willen begabt war oder nicht.

Ich sah Animula mit dem größten Interesse bei ihrer Mahlzeit zu. Die Geschmeidigkeit ihrer Bewegungen sandte Schauer des Entzückens durch meinen Körper. Mein Herz schlug wie wahnsinnig, als sie ihre schönen Augen in die Richtung der Stelle lenkte, wo ich stand. Was hätte ich nicht gegeben, um die Macht zu erlangen, mich in diesen Lichtozean zu stürzen und mit ihr durch diese Haine aus Purpur und Gold zu schweben! Während ich so jede ihrer Bewegungen atemlos verfolgte, schrak sie zusammen, lauschte kurz, und dann teilte sie den leuchtenden Äther, in dem sie schwamm, wie ein aufzuckender Blitz, durchdrang den opalisierenden Wald und verschwand.

Mich durchzuckte eine Reihe der merkwürdigsten Empfindungen. Mir war, als sei ich mit einemmal blind geworden. Die leuchtende Sphäre lag noch vor mir, aber mein Tageslicht war erloschen. Was war die Ursache dieses plötzlichen Verschwindens? Hatte sie einen Liebhaber oder einen Gatten? Ja, das war die Lösung! Irgendein Signal von einem glücklichen Mitgeschöpf war durch die Avenue des Waldes vibriert, und sie hatte dem Ruf gehorcht.

Die Pein meiner Gefühle, als ich zu diesem Schluß gekommen war, überraschte mich. Ich versuchte, die Folgerung zurückzuweisen, die mein Verstand mir aufdrängte. Ich kämpfte gegen das fatale Ergebnis an — doch vergebens. Es war so. Ich konnte mich dem nicht entziehen. Ich liebte ein Kleinstlebewesen!

Sicher, durch die wunderbare Kraft meines Mikroskops schien sie von menschlichen Proportionen zu sein. Anstelle der abstoßenden Eigenschaften der gröberen Kreaturen, die in den leichter auflösbaren Teilen des Wassertropfens leben und kämpfen und sterben, war sie fein und zart und von überwältigender Schönheit. Aber was nutzte das alles? Jedes Mal, wenn mein Auge von dem Instrument zurückgezogen wurde, blickte es auf einen elenden Wassertropfen, innerhalb dessen, mit diesem Wissen mußte ich mich zufriedengeben, alles wohnte, was mein Leben schön machen konnte.

Könnte sie mich nur ein einziges Mal sehen! dachte ich. Könnte ich für einen einzigen Augenblick die mystischen Mauern durchdringen, die sich so gnadenlos erhoben, um uns zu trennen, und alles flüstern, was meine Seele erfüllte, gäbe ich mich vielleicht für den Rest meines Lebens mit ihrem fernen Mitgefühl zufrieden. Es hätte doch wenigstens eine schwache persönliche Verbindung zwischen uns geschaffen, zu wissen, daß sie manchmal, wenn sie durch diese verzauberten Waldschneisen streifte, an den seltsamen Fremden denken mochte, der die Eintönigkeit ihres Lebens mit seiner Gegenwart unterbrochen und eine zarte Erinnerung in ihrem Herzen zurückgelassen hatte!

Aber es konnte nicht sein. Keine Erfindung, zu der der menschliche Intellekt fähig sein mag, konnte die Barrieren niederreißen, die die Natur aufgerichtet hatte. Ich durfte meine Augen an ihrer wundersamen Schönheit weiden, doch sie würde für immer ahnungslos bleiben, daß anbetende Augen Tag und Nacht auf ihr ruhten und sie, auch wenn sie sich schlossen, im Traum erblickten. Mit einem Aufschrei bitterer Qual floh ich aus dem

Raum, warf mich auf mein Bett und weinte mich wie ein Kind in den Schlaf.

VI
DIE KATASTROPHE

Am nächsten Morgen stand ich fast schon bei Tagesanbruch auf und eilte an mein Mikroskop. Zitternd suchte ich die leuchtende Miniaturwelt, die mein Alles enthielt. Animula war da. Ich hatte die Gaslampe, umgeben von ihren Moderatoren, brennen gelassen, als ich am Abend zuvor ins Bett gegangen war. Jetzt fand ich die Sylphe in dem sie umflutenden hellen Licht baden. Ein Ausdruck der Freude belebte ihre Züge. Mit unschuldiger Koketterie warf sie das golden glänzende Haar über die Schultern zurück. Sie lag lang ausgestreckt in dem transparenten Medium, in dem sie sich mühelos in der Schwebe hielt, und tollte mit der bezaubernden Anmut umher, die die Nymphe Salmacis gezeigt haben mag, als sie den keuschen Hermaphroditus zu verführen suchte. Ich entschloß mich zu einem Experiment, um festzustellen, ob ihre Fähigkeit zum Nachdenken entwickelt sei, und verringerte das Lampenlicht beträchtlich. Bei der trüben Beleuchtung, die übrigblieb, konnte ich sehen, wie ein Ausdruck des Schmerzes ihr Gesicht überzog. Sie blickte plötzlich nach oben, und ihre Brauen zogen sich zusammen. Ich überflutete den Objekttisch des Mikroskops von neuem mit einem vollen Lichtstrom, und ihr ganzes Gebaren veränderte sich. Wie eine Substanz, die plötzlich ihr ganzes Gewicht verloren hat, sprang sie vorwärts. Ihre Augen funkelten, ihre Lippen bewegten sich. Ach, wenn die Wissenschaft nur Möglichkeiten hätte, Geräusche zu leiten und zu verstärken, wie sie es mit Lichtstrahlen tut, welche Freudengesänge hätten mein Ohr verzaubert! Was für jubilierende Hymnen an Adonais hätten die lichttrunkene Luft erfüllt!

Ich verstand jetzt, warum der Conte de Gabalis seine mystische Welt mit Sylphen bevölkert hatte — schönen Wesen, deren Lebensatem züngelnde Flammen waren und die für alle Zeit in Regionen des reinsten Äthers und des reinsten Lichts spielten. Der Rosenkreuzer hatte die Wunder vorweggenommen, die ich in der Praxis realisiert hatte.

Wie lange diese Verehrung meiner seltsamen Gottheit weiterging, weiß ich kaum. Ich verlor jedes Gefühl für die Zeit. Den ganzen Tag vom Morgengrauen bis weit in die Nacht spähte ich durch diese Wunderlinse. Ich sah keinen Menschen, ging nirgendwohin und gestattete mir kaum genug Zeit für meine Mahlzeiten. Mein ganzes Leben ging in einer Kontemplation auf, die so verzückt wie die der katholischen Heiligen war. Jede Stunde, die ich die göttliche Gestalt vor Augen hatte, verstärkte meine Leidenschaft — und schon überschattete diese Leidenschaft die wahnsinnig machende Überzeugung, daß zwar ich sie betrachten konnte, wie ich wollte, doch sie mich nie, niemals erblicken würde!

Schließlich wurde ich aus Mangel an Schlaf und durch das unaufhörliche Brüten über meiner irrsinnigen Liebe und ihren grausamen Bedingungen so blaß und mager, daß ich mich entschloß, einige Anstrengungen zu machen, um mich ihrer zu entwöhnen. »Komm«, sagte ich, »das ist bestenfalls eine Phantasterei! Du hast Animula mit Reizen ausgestattet, die sie in Wirklichkeit nicht besitzt. Dieser krankhafte Geisteszustand rührt davon her, daß du dich von weiblicher Gesellschaft abgeschlossen hast. Vergleiche sie mit den schönen Frauen deiner eigenen Welt, und dieser falsche Zauber wird verschwinden.«

Ich sah aufs Geratewohl die Zeitungen durch und fand die Ankündigung einer gefeierten *danseuse,* die jeden Abend bei Niblo auftrat. Die Signorina Caradolce hatte den Ruf, die schönste ebenso wie die anmutigste Frau der Welt zu sein. Augenblicklich zog ich mich an und ging ins Theater.

Der Vorhang hob sich. Der übliche Halbkreis von Feen in weißem Musselin stand auf den rechten Zehenspitzen um den bunten Blumenhügel aus grünem Segeltuch, auf dem der Prinz, von der Nacht überrascht, eingeschlummert war. Plötzlich ist eine Flöte zu hören. Die Feen schrecken zusammen. Die Bäume öffnen sich, die Feen stellen sich alle auf die linke Zehenspitze, und die Königin tritt auf. Es war die Signorina. Unter donnerndem Applaus sprang sie vorwärts, hob sich auf einem Fuß in die Luft und blieb so stehen. Himmel! War das die große Zauberin, die Monarchen an ihre Wagenräder gezogen hatte? Diese schweren, muskulösen Glieder, diese dicken Knöchel, diese tief in den Höhlen liegenden Augen, dieses stereotype Lächeln, diese barbarisch angemalten Wangen! Wo waren die rosige Frische, die feuchten, ausdrucksvollen Augen, die harmonischen Glieder Animulas?

Die Signorina tanzte. Was für grobe, dissonante Bewegungen! Das Spiel ihrer Glieder war durch und durch falsch und gekünstelt. Ihre Sprünge waren mühsame athletische Anstrengungen, ihre Posen waren eckig und taten dem Auge weh. Ich ertrug es nicht länger. Mit einem Ausruf des Abscheus, der aller Augen auf mich zog, erhob ich mich mitten in dem *pas de fascination* der Signorina von meinem Platz und verließ schleunigst das Haus.

Ich eilte heim, um meine Augen von neuem an der reizenden Gestalt meiner Sylphe zu weiden. Von nun an, diese Überzeugung war mir geworden, würde es mir unmöglich sein, meine Leidenschaft zu bekämpfen. Ich brachte mein Auge an die Linse. Animula war da — aber was konnte geschehen sein? Irgendeine schreckliche Veränderung hatte während meiner Abwesenheit stattgefunden. Es war, als bewölke ein geheimer Kummer ihre lieblichen Züge. Ihr Gesicht war schmal und hager geworden, sie schleppte ihre Glieder schwer dahin, der herrliche Glanz ihres goldenen Haars war verblaßt. Sie war krank — krank, und ich konnte ihr nicht helfen! Ich glaube, in diesem Augenblick hätte ich frohen Herzens alle Ansprüche auf mein menschliches Geburtsrecht aufgegeben, wenn ich nur auf die Größe eines mikroskopischen Wesens hätte zusammenschrumpfen und sie, von der das Schicksal mich für immer getrennt hatte, hätte trösten können.

Ich zermarterte mein Gehirn nach einer Lösung dieses Rätsels. Was war es, das die Sylphe quälte? Sie mußte heftige Schmerzen erdulden. Ihre Gesichtszüge verkrampften sich, und sie wand sich sogar wie unter inneren Qualen. Auch die wundersamen Wälder hatten die Hälfte ihrer Schönheit eingebüßt. Ihre Farben waren trübe und verblaßten an manchen Stellen ganz. Stundenlang beobachtete ich Animula mit brechendem Herzen, und sie welkte vor meinen Augen dahin. Plötzlich fiel mir ein, daß ich mir schon seit mehreren Tagen den Wassertropfen nicht mehr angesehen hatte. Tatsächlich haßte ich es, ihn zu sehen, denn er erinnerte mich an die natürliche Barriere zwischen Animula und mir. Schnell blickte ich auf den Objekttisch nieder. Der Objektträger war noch da, aber — gütiger Himmel! — der Wassertropfen war verschwunden! Schlagartig erkannte ich die gräßliche Wahrheit: Er war verdunstet, bis er sich so verkleinert hatte, daß er für das bloße Auge unsichtbar geworden war. Ich hatte sein letztes Atom betrachtet, jenes, das Animula enthielt — und sie starb!

Eilends legte ich mein Auge wieder an die Vorderseite der Linse und sah hindurch. Ach! Die letzte Todesqual hatte sie ergriffen. Die regenbogenfarbenen Wälder waren ganz dahingeschmolzen, und Animula lag, matt kämpfend, an einer Stelle blassen Lichts. Ah! Der Anblick war grauenhaft. Die einst so runden und lieblichen Glieder schrumpften zu Nichts, die Augen — jene Augen, aus denen der Himmel geleuchtet hatte — verdorrten zu schwarzem Staub, das glänzende goldene Haar war jetzt schlaff und entfärbt. Noch ein einziges Zucken

kam. Ich sah diesen letzten Kampf der schwarz werdenden Gestalt — und verlor das Bewußtsein.

Als ich nach einer vielstündigen Trance erwachte, fand
ich mich mitten in den Trümmern meines Instruments
liegen und war selbst an Geist und Körper ebenso zerschmettert. Mühsam kroch ich in mein Bett, aus dem ich
mich monatelang nicht mehr erhob.

Die Leute sagen jetzt, ich sei wahnsinnig, aber sie irren sich. Ich bin arm, denn ich habe weder den Mut
noch den Willen zu arbeiten, mein ganzes Geld ist verbraucht, und ich lebe von Wohltätigkeit. Von Verbindun-
gen junger Männer, die einen Scherz lieben, werde ich
eingeladen, ihnen Vorlesungen über Optik zu halten, für
die sie mich bezahlen, und während ich vor ihnen spreche, lachen sie über mich. »Linley, der verrückte Mikroskopist« ist der Name, unter dem ich bekannt bin. Ich
vermute, daß ich den Faden verliere, wenn ich Vorlesungen halte. Wer kann vernünftig reden, wenn sein Gehirn
von so gräßlichen Erinnerungen heimgesucht wird? Und
dann und wann erblicke ich zwischen den Schatten des
Todes die strahlende Gestalt meiner verlorenen Animula.

Originaltitel: »The Diamond Lens« (1858)
Copyright © 1989 der deutschen Übersetzung
by Wilhelm Heyne Verlag GmbH & Co. KG, München
Aus dem Amerikanischen übersetzt von Rosemarie Hundertmarck

DER
UNVERZICHTBARE
FRANZOSE

Jules Verne
(1828—1905)

Auch wenn diejenigen, die bis zum Beginn der zweiten Hälfte des vorigen Jahrhunderts durch ihre Werke zur Förderung der SF beigetragen haben, etwas anderes geschrieben hätten, ist es denkbar, daß die Entwicklung trotzdem annähernd gleich verlaufen wäre. Dies trifft in bezug auf Jules Verne (1828—1905) allerdings nicht zu. So paradox es klingen mag, aber Verne wurde hauptsächlich von seinen schreibenden Vorgängern beeinflußt. Das meiste, was er schrieb, war nicht besonders originell, doch worüber er schrieb — und vor allem die Art, wie er darüber schrieb —, erwies sich als unverzichtbar für die Entwicklung und die Popularität dieser neuen, wissenschaftlich-technisch ausgerichteten Literatur.

Verne wurde in eine Zeit hineingeboren, in der bei dem Vorhaben, die Welt zu verändern, vor allem auf dem Sektor des Transportwesens beachtliche Pionierarbeit geleistet wurde. Die Welt schien kleiner und überschaubarer zu werden, und damit auch angenehmer für die Menschheit. Frühere Generationen hatten sich einfach dessen bedient, was die Natur ihnen zu bieten hatte. Sie hatten ihre Städte an der Küste gebaut und an den Flüssen, da Wasser ein billiger Transportweg war. Dann aber wurden, wo es keine Flüsse gab, Kanäle gebaut (der Bridgewater-Kanal in England wurde 1761 fertiggestellt, der Erie-Kanal in den Vereinigten Staaten 1825 und der Suez-Kanal 1869), und wo der Kanalbau nicht möglich war, wurden Eisenbahnen gebaut (zunächst 1825 in England, 1830 dann in den Vereinigten Staaten). Ozeandampfer machten die Überquerung des Atlantik zum 14-Tage-Ausflug.

1866 war das Tiefseekabel durch den Atlantik gelegt und ermöglichte so die ständige Kommunikation zwischen Europa und den Vereinigten Staaten.

Entfernte Winkel der Erde wurden erforscht: das dunkle Afrika, exotische Inseln und die Eisregionen von Arktis und Antarktis; die großen Helden jener Tage waren die

Forscher. Neue Energie- und Rohstoffquellen wurden entdeckt; Bedeutung erlangte auch die Chemie durch die Herstellung von Kunstdünger und Kunststoffen. Schon bald sollte der Dampf durch ein neues Wunder der Wissenschaft abgelöst werden; die Elektrizität hielt ihren Einzug durch eine Vielzahl von glorreichen Errungenschaften — darunter das Grammophon, das elektrische Licht und die Straßenbahn.

Jules Verne — Sohn eines Rechtsanwalts, der zunächst selbst diesen Beruf ergreifen sollte — war auch begeistert von Erfindungen und der Geographie, paßte also recht gut in jene Zeit. Doch anstatt in Wissenschaft oder Technik Erfolg anzustreben, schrieb er lieber über deren Faszination. Seiner frühen Vorliebe folgend, begann er jedoch zunächst für die Bühne zu schreiben, wobei er einige Jahre von seinem Vater unterstützt wurde; doch keines seiner Stücke oder Libretti machte ihn reich oder berühmt. Schließlich heiratete er eine junge Witwe, die zwei Töchter hatte, und überredete seinen Vater, ihm einen Posten an der Pariser Börse zu verschaffen, wodurch er in kurzer Zeit recht wohlhabend wurde.

Verne war begeistert von Defoes ROBINSON CRUSOE und bewunderte James Fenimore Cooper und Sir Walter Scott, ganz besonders aber Poe, der in Europa mehr geschätzt wurde als in den Vereinigten Staaten. Die damalige Begeisterung für die Technik, Poes »The Balloon-Hoax« (1844, dt. »Der Ballon-Jux«) und die bevorstehende Ballonfahrt eines Freundes veranlaßten Verne, ein Buch über eine solche Ballonfahrt zu schreiben.* Jules Hetzel, der alle Bücher Vernes verlegte, ermunterte ihn, das Buch zu einem Roman umzuschreiben. Dieser wurde dann unter dem Titel CINQ SEMAINES ON BALLON (1863, dt. »Fünf Wochen im Ballon«) veröffentlicht und bildete den Auftakt zu Vernes schriftstellerischer

---

* Diese Ballonfahrt nimmt aber — im Gegensatz zu dem Experiment des Freundes — ein gutes Ende. — Anm. d. Übers.

Karriere, in deren Verlauf er jeweils zwei Romane pro Jahr schrieb.

Dieser erste Roman war eine Abenteurgeschichte — Verne selbst bezeichnete seine wissenschaftlich geprägten Abenteuerromane, in denen es fast immer um Reisen ging, als ›voyages extraordinaires‹ —, auf die nur bedingt die Bezeichnung SF zutrifft; 1863 konnte die Ballonfahrt auf eine bereits achtzigjährige Tradition zurückblicken, und Vernes Ballon war im Grunde nur ein verbessertes Modell, wie auch sein U-Boot in VINGT MILLE LIEUES SOUS LES MERS (1870, dt. »Zwanzigtausend Meilen unter dem Meer«) lediglich eine verbesserte Variante bereits existierender U-Boote darstellte. Vernes nächstes Buch war allerdings reine SF: VOYAGE AU CENTRE DE LA TERRE (1865, dt. »Die Reise zum Mittelpunkt der Erde«); es zeigte Einflüsse von Holbergs Buch* sowie neuerer geologischer Entdeckungen. Dann kam DE LA TERRE À LA LUNE (1865, dt. »Von der Erde zum Mond«) sowie dessen Fortsetzung AUTOUR DE LA LUNE (1870, dt. »Die Reise um den Mond«) — die ungeduldigen Leser mußten also fünf Jahre warten, um zu erfahren, was aus den verschollenen Mondfahrern geworden war und wie ihre Reise weiterging.

Verne verbrachte die meiste Zeit seines Lebens damit, in immer wieder neuen, ungewöhnlichen Varianten Reisen zu beschreiben, wovon die meisten der SF zuzurechnen sind. Die bekannteste ist wohl »Zwanzigtausend Meilen unter dem Meer«, u.a. gefolgt von L'Île MYSTÉRIEUSE (1875, dt. »Die geheimnisvolle Insel«), HECTOR SERVADAC (1877, dt. »Die Reise durch die Sonnenwelt«), ROBUR LE CONQUÉRANT (1886, dt. »Robur, der Eroberer«, späterer Titel »Robur, der Sieger«) und MAÎTRE DU MONDE (1904, dt. »Herr der Welt«). Er schrieb

---

* Gemeint ist NICOLAI KLIMII ITER SUBTERRANEUM (1741, *dt.* »Niels Klims unterirdische Reise«) des dänischen Dichters Ludvig Holberg (1684—1754). — *Anm. d. Übers.*

auch reine Abenteuergeschichten wie etwa *LE TOUR DU MONDE EN QUATRE-VINGTS JOURS (1873,* dt. »Reise um die Erde in 80 Tagen«), durch die er seinen Weltruhm erlangte; es dürfte aber in erster Linie seinen SF-Romanen zu verdanken sein, daß sein Name auch heute noch allseits bekannt ist.

Verne schrieb einfache Geschichten über einfache Menschen. Seine Ideen waren nicht sonderlich neu, denn er übernahm vieles von den Autoren, die er bewunderte. Seine Plots bestanden aus Entführungen, Suchaktionen, allgemein Geheimnisvollem und riskanten Unternehmungen; die Schlußpassagen seiner Geschichten sind geprägt von Unglücksfällen und Zufälligkeiten (letztere betrachtete er als Ergebnis göttlichen Eingreifens in die Geschicke der Menschheit). Für diese lautere Intention beim Schreiben wurde er von Papst Leo XIII. belobigt.

Schon zu Lebzeiten war Verne außerordentlich populär. Ihm zu verdanken ist die große Beliebtheit jener spannungsgeladenen Geschichten, in denen das Reisen das Hauptmotiv darstellt, das Wie dieser Reisen aber von einer zukunftsorientierten Technik bestimmt wurde. Er war einer der drei Autoren, auf die Hugo Gernsback 1926 verwies, als er seiner Leserschaft mitteilte, was er in ›Amazing Stories‹ veröffentlichen wollte.

Da er die meiste Zeit darauf verwandte, SF zu schreiben (und dabei auch eine glückliche Hand bewies), kann man Verne durchaus als den ersten Science Fiction-Autor bezeichnen.

JULES VERNE

Zwanzigtausend Meilen
unter dem Meer

Kapitel X
DER MANN DES MEERES

Es war der Bordkommandant, der so zu uns sprach. Ned
Land erhob sich bei diesen Worten sofort. Halb erstickt
wankte der Stewart auf ein Zeichen seines Herrn hinaus;
die Autorität des Kommandanten auf seinem Schiff war
so groß, daß nicht die kleinste Geste verriet, welche Wut
dieser Mann gegen den Kanadier empfinden mußte.
Conseil fühlte sich ungewollt betroffen, ich war bestürzt
von dem Vorfall. Schweigend warteten wir darauf, wie
die Szene ausgehen würde.

An eine Ecke des Tisches gelehnt, die Arme ver-
schränkt, musterte uns der Kommandant aufmerksam.
Zögerte er zu sprechen? Tat es ihm leid, diese Worte auf
französisch gesprochen zu haben? Man konnte es glauben.

Nach einigen Augenblicken des Schweigens, das keiner von uns zu unterbrechen wagte, sagte er in ruhigem
und eindringlichem Ton: »Meine Herren, ich spreche
gleichermaßen französisch, englisch, deutsch und lateinisch. Ich hätte Ihnen also schon bei unserer ersten Un-
terredung antworten können, ich wollte Sie jedoch
zuerst kennenlernen und mir dann darüber Gedanken
machen. Ihre vier, in den wesentlichen Punkten überein-
stimmenden Berichte haben mich von Ihrer Identität
überzeugt. Ich weiß jetzt, daß ich dem Zufall die Gegenwart von Herrn Pierre Aronnax, Professor der Naturge-
schichte am Museum in Paris und mit einem wissenschaftlichen Auftrag im Ausland unterwegs, sowie von

seinem Diener Conseil und dem Kanadier Ned Land, Harpunier an Bord der Fregatte *Abraham Lincoln,* die zur Nationalmarine der Vereinigten Staaten von Amerika gehört, zu verdanken habe.«

Ich verbeugte mich zustimmend. Der Kommandant hatte keine Frage gestellt, daher wurde keine Antwort erwartet. Dieser Mann drückte sich gewandt und akzentfrei aus. Seine Sätze waren klar, die Worte richtig gewählt und seine Ausdrucksweise bewundernswert. Und dennoch hatte ich nicht das »Gefühl«, einen Landsmann vor mir zu haben.

Er fuhr mit folgenden Worten fort:

»Meine Herren, Sie fanden sicher, daß ich zu lange damit gewartet habe, Ihnen meinen zweiten Besuch abzustatten. Nachdem ich Ihre Identität kannte, wollte ich mir reiflich überlegen, wie ich mich Ihnen gegenüber verhalten soll. Ich habe lange gezögert. Die widrigsten Umstände haben Sie zu einem Mann geführt, der mit der Menschheit gebrochen hat. Sie haben mein Leben durcheinander gebracht ...«

»Unfreiwillig«, sagte ich.

»Unfreiwillig?« antwortete der Unbekannte mit leicht erhobener Stimme. »Jagt mich die *Abraham Lincoln* unfreiwillig auf allen Meeren? Sind Sie unfreiwillig an Bord der Fregatte gegangen? Sind Ihre Kanonenkugeln unfreiwillig gegen den Rumpf meines Schiffes geprallt? Hat mich Meister Ned Land unfreiwillig mit seiner Harpune getroffen?«

In diesen Worten spürte ich seinen verhaltenen Zorn. Ich hatte auf diese Anschuldigungen jedoch eine ganz natürliche Antwort, und die gab ich ihm. Ich sagte:

»Mein Herr, zweifellos kennen Sie nicht die Diskussionen, die Ihretwegen in Amerika und Europa geführt werden. Sie wissen nicht, daß verschiedene Unfälle, die durch den Aufprall Ihrer unterseeischen Maschine verursacht worden waren, die Öffentlichkeit beider Kontinente aufgebracht haben. Ich erspare Ihnen die zahllosen Hypothesen, mit denen man dieses Phänomen zu erklären suchte, und dessen Geheimnis Sie allein kennen. Aber Sie sollen wissen, daß man auf der *Abraham Lincoln,* die Sie bis ins offene Meer des Pazifiks verfolgt hat, davon ausging, ein riesiges Ungeheuer zu jagen, von dem man um jeden Preis den Ozean befreien mußte.«

Die Lippen des Kommandanten verzogen sich zu einem leichten Lächeln, dann antwortete er in ruhigerem Ton:

»Herr Aronnax, haben Sie den Mut zu behaupten, daß Ihre Fregatte ein unterseeisches Schiff nicht genauso verfolgt und beschossen hätte wie ein Ungeheuer?«

Diese Frage verwirrte mich, denn Kommandant Farragut hätte sicher nicht gezögert. Er hätte an seine Pflicht geglaubt, eine derartige Maschine genauso wie einen Riesenwal zerstören zu müssen.

Der Unbekannte fuhr fort: »Sie verstehen also, mein Herr, daß ich das Recht habe, Sie als Feinde zu behandeln.«

Ich antwortete nichts, mit gutem Grund. Was nützt es, einen solchen Vorschlag zu diskutieren, wenn durch Gewalt die besten Argumente zunichte werden können?

»Ich habe lange gezögert«, fuhr der Kommandant fort. »Nichts verpflichtete mich dazu, Ihnen Gastfreundschaft zu erweisen. Wenn ich mich von Ihnen trennen müßte, hätte ich kein Interesse daran, Sie wiederzusehen. Ich würde Sie auf die Plattform dieses Schiffes zurückbringen, die Ihnen als Zufluchtsort gedient hat. Ich würde unter das Meer tauchen und vergessen, daß es Sie je gegeben hat. Wäre das nicht mein Recht?«

»Das wäre vielleicht das Recht eines Wilden«, antwortete ich, »nicht das eines zivilisierten Menschen.«

»Herr Professor«, entgegnete der Kommandant heftig, »ich bin nicht das, was Sie einen zivilisierten Menschen nennen! Ich habe aus Gründen, die nur ich allein zu beurteilen das Recht habe, mit der ganzen Gesellschaft gebrochen. Ich gehorche daher auch nicht ihren Regeln

und möchte Sie bitten, diese nicht mehr vor mir zu erwähnen!«

Das war klar und deutlich. Ein Funken von Wut und
Verachtung leuchtete aus den Augen des Unbekannten,
ich ahnte etwas von der fürchterlichen Vergangenheit im
Leben dieses Mannes. Er hatte sich nicht nur außerhalb
der menschlichen Gesetze gestellt, er hatte sich davon
unabhängig gemacht, frei im uneingeschränktesten Sinne des Wortes, unerreichbar! Denn wer würde es wagen, ihn bis auf den Meeresgrund zu verfolgen, da er
schon auf der Meeresoberfläche alle gegen ihn unter-
nommenen Anstrengungen vereitelte? Welches Schiff
könnte dem Aufprall seines unterseeischen Panzerschif-
fes standhalten? Welches noch so robuste Schlachtschiff
könnte die Hiebe dieses Schiffsschnabels aushalten?
Niemand unter den Menschen konnte von ihm Rechen-
schaft für seine Taten fordern. Die einzigen Richter, von
denen er abhängig sein konnte, waren Gott, falls er an
ihn glaubte, und sein Gewissen, falls er eines hatte.

Diese Gedanken gingen mir schnell durch den Kopf,
während dieser seltsame Mann, geistesabwesend und in
sich selbst versunken, schwieg. Ich betrachtete ihn mit
einer Mischung aus Schrecken und Interesse und sicherlich genauso, wie Ödipus die Sphinx betrachtet hatte.

Nach einer ziemlich langen Pause ergriff der Kommandant wieder das Wort.

»Ich habe also gezögert«, sagte er, »aber ich dachte,
daß sich mein Interesse mit dem natürlichen Mitleid, auf
das jedes menschliche Wesen ein Recht hat, vereinbaren
läßt. Sie werden bei mir an Bord bleiben, da das Schicksal Sie hierher gebracht hat. Sie werden frei sein, und als
Ausgleich für diese im übrigen relative Freiheit werde ich
von Ihnen nur eine Bedingung fordern. Es genügt mir Ihr
Wort, daß Sie sich dieser fügen.«

»Sprechen Sie«, antwortete ich, »ich denke, daß es
sich um eine Bedingung handelt, die ein ehrbarer Mann
annehmen kann?«

»Ja, mein Herr, es ist folgendes: Es kann sein, daß gewisse unvorhergesehene Ereignisse mich dazu zwingen, Sie, je nach Fall für einige Stunden oder einige Tage, in Ihren Kabinen einzusperren. Ich wünsche, niemals Gewalt anwenden zu müssen, und ich erwarte von Ihnen in diesem Fall, mehr noch als in allem anderen, bedingungslosen Gehorsam. Indem ich so handele, enthebe ich Sie jeder Verantwortung, stelle Sie davon vollkommen frei, denn es liegt an mir zu verhindern, daß Sie das sehen, was Sie nicht sehen dürfen. Nehmen Sie diese Bedingung an?«

An Bord gingen also zumindest merkwürdige Dinge vor sich, die diejenigen, die sich nicht außerhalb der Gesetze der Gesellschaft gestellt hatten, nicht sehen durften! Unter den Überraschungen, die die Zukunft für mich bereithielt, sollte dies nicht die geringste sein.

»Wir nehmen an«, antwortete ich. »Ich möchte Sie nur um die Erlaubnis bitten, eine einzige Frage stellen zu dürfen.«

»Sprechen Sie, mein Herr!«

»Sie sagten, wir wären frei an Bord?«

»Vollkommen.«

»Ich möchte Sie daher fragen, was Sie unter dieser Freiheit verstehen.«

»Nun, die Freiheit zu gehen und zu kommen, all das zu sehen und zu beobachten, was sich hier zuträgt — mit Ausnahme einiger weniger Umstände —, schlußendlich die Freiheit, die wir, meine Kameraden und ich, hier selbst genießen.«

Es war offensichtlich, daß wir uns nicht verstanden.

»Entschuldigen Sie«, erwiderte ich, »aber dies ist nur die Freiheit, mit der jeder Gefangene sich in seinem Gefängnis bewegen kann! Dies kann uns nicht genügen.«

»Und doch muß sie Ihnen genügen!«

»Wie! Wir sollen auf immer darauf verzichten, unsere Heimat, unsere Freunde, unsere Eltern wiederzusehen?«

»Ja, mein Herr. Der Verzicht darauf, dieses unerträgliche Joch der Erde, das die Menschen für Freiheit halten, wieder auf sich zu nehmen, ist nicht so furchtbar, wie Sie glauben!«

»Niemals«, schrie Ned Land, »werde ich mein Wort geben, daß ich nicht versuche, mich zu retten.«

»Ich verlange von Ihnen nicht Ihr Wort, Meister Land«, erwiderte der Kommandant in kühlem Ton.

»Mein Herr«, antwortete ich, gegen meinen Willen erregt, »Sie nützen Ihre Situation gegen uns aus! Das ist Grausamkeit!«

»Nein, es ist Gnade! Sie sind meine Gefangenen nach der Schlacht! Ich behalte Sie hier, obwohl ich Sie mit einem Wort in die Abgründe des Ozeans zurückschicken könnte. Sie haben mich angegriffen! Sie sind hinter ein Geheimnis gekommen, das kein Mensch auf der Erde kennen darf, das Geheimnis meiner Existenz! Und Sie glauben, daß ich Sie auf diese Erde zurückschicke, die mich nicht mehr kennen darf? Niemals! Ich halte Sie hier nicht zurück, um Sie zu schützen, sondern mich selbst!«

Diese Worte machten deutlich, daß der Kommandant einen Entschluß gefaßt hatte, gegen den kein Argument ankam.

»Das bedeutet also«, entgegnete ich, »daß Sie uns ganz einfach die Wahl lassen zwischen Leben und Tod?«

»Ganz einfach.«

»Meine Freunde«, sagte ich, »eine derartige Frage bedarf keiner Antwort. Es bindet uns jedoch kein Wort an den Herrn dieses Schiffes.«

»Kein Wort, mein Herr«, erwiderte der Unbekannte.

Dann fuhr er in sanfterem Ton fort:

»Erlauben Sie mir jetzt, zu Ende zu bringen, was ich Ihnen zu sagen habe. Ich kenne Sie, Herr Aronnax. Sie, wenn nicht sogar Ihre Kameraden, werden den Zufall vielleicht gar nicht so zu beklagen haben, der Sie mit meinem Schicksal verbindet. Sie werden unter den Büchern, die mir zu meinen Lieblingsstudien dienen, auch das Werk finden, das Sie über die Tiefsee veröffentlicht haben. Ich habe es oft gelesen. Sie sind mit Ihrem Werk so weit vorangekommen, wie die Wissenschaft der Erde es Ihnen erlaubte. Aber Sie wissen nicht alles, Sie haben nicht alles gesehen. Lassen Sie mich Ihnen sagen, Herr Professor, daß Sie die Zeit nicht bereuen werden, die Sie an Bord meines Schiffes verbringen werden. Sie werden im Land der Wunder reisen. Sie werden in einen Dauerzustand von Erstaunen und Sprachlosigkeit versetzt werden. Sie werden dieses Schauspiels, das Ihren Augen unablässig geboten wird, nicht leicht überdrüssig werden. Ich werde auf einer neuen Unterseereise um die Welt — wer weiß, vielleicht die letzte? — all das wiedersehen, was ich auf dem Grund der Meere, die ich so oft befahren habe, studieren konnte, und Sie werden mein Studienkollege sein. Von diesem Tag an werden Sie ein anderes Element betreten, Sie werden etwas sehen, das noch kein Mensch gesehen hat —, und unser Planet wird Ihnen mit meiner Hilfe seine letzten Geheimnisse offenbaren.«

Ich konnte es nicht leugnen; die Worte des Kommandanten hatten eine große Wirkung auf mich. Er hatte mich an meiner schwachen Stelle gepackt, und ich vergaß für einen Augenblick, daß die Beobachtung dieser wunderbaren Dinge nicht unsere verlorene Freiheit aufwiegen konnte. Im übrigen vertraute ich auf die Zukunft, um diese schwerwiegende Frage zu lösen. Daher begnügte ich mich, ihm zu antworten:

»Mein Herr, Sie haben sich zwar von der Menschheit losgesagt, ich glaube aber, daß Sie nicht jedes menschliche Gefühl verleugnen. Wir sind Schiffsbrüchige, die barmherzigerweise von Ihnen an Bord aufgenommen wurden, das werden wir nicht vergessen. Was mich betrifft, so verkenne ich nicht, daß mir das, was mir unsere Bekanntschaft verspricht, einen guten Ausgleich bieten würde, falls das Interesse an der Wissenschaft das Bedürfnis nach Freiheit aufwiegen könnte.«

Ich glaubte, daß der Kommandant mir die Hand reichen würde, um unseren Vertrag zu besiegeln. Er tat nichts dergleichen. Ich bedauerte es für ihn.

»Eine letzte Frage«, sagte ich, gerade als dieser rätselhafte Unbekannte sich zurückziehen wollte.

»Sprechen Sie, Herr Professor!«

»Mit welchem Namen soll ich Sie anreden?«

»Mein Herr«, antwortete der Kommandant, »ich bin für Sie nur der Kapitän Nemo, und Ihre Kameraden und Sie sind für mich nur die Passagiere der *Nautilus.*«

Kapitän Nemo rief. Ein Stewart erschien. Der Kapitän gab ihm Anweisungen in dieser fremden Sprache, die ich nicht verstehen konnte. Dann sagte er zum Kanadier und zu Conseil gewandt:

»In Ihrer Kabine erwartet Sie eine Mahlzeit, wenn Sie diesem Mann folgen wollen.«

»Da gibt es keine Widerrede!« antwortete der Harpunier.

Conseil und er verließen endlich die Zelle, in der sie seit mehr als dreißig Stunden eingesperrt waren.

»Nun, Herr Aronnax, unser Mittagsmahl ist aufgetragen. Erlauben Sie mir, Ihnen voranzugehen.«

»Zu Befehl, Kapitän.«

Ich folgte Kapitän Nemo. Sobald ich die Türschwelle überschritten hatte, befand ich mich in einer Art elektrisch beleuchtetem Flur, ähnlich den Gängen auf einem Schiff. Nach ungefähr zehn Metern öffnete sich eine zweite Tür vor mir. Ich betrat ein Speisezimmer, das in nüchternem Stil dekoriert und möbliert war. An beiden Enden des Raums standen hohe Geschirrschränke aus Eiche, mit Ornamenten aus Ebenholz verziert. Auf den Regalen glänzten in wellenförmigen Linien Steingut, Porzellan und Gläser von unermeßlichem Wert. Im Tafelgeschirr spiegelte sich das helle Licht der beleuchteten Decke, deren zarte Malereien den Lichterglanz milderten und dämpften.

In der Mitte des Raums stand ein reich gedeckter

Tisch. Kapitän Nemo wies mir den Platz, den ich einnehmen sollte.

»Setzen Sie sich«, sagte er, »und essen Sie wie ein Mann, der vor Hunger fast umgekommen ist.«

Das Essen setzte sich aus einer bestimmten Anzahl von Gerichten zusammen, deren Zutaten das Meer allein lieferte, sowie einigen Speisen, deren Art und Herkunft ich nicht erkennen konnte. Ich gab zu, daß es gut schmeckte, obwohl ein eigentümlicher Geschmack dabei war, an den ich mich jedoch leicht gewöhnte. Ich hatte den Eindruck, daß diese verschiedenen Nahrungsmittel reich an Phosphor waren und daß sie aus dem Meer stammen mußten.

Kapitän Nemo beobachtete mich. Ich fragte ihn nichts, aber er erriet meine Gedanken, und er antwortete mir von sich aus auf die Fragen, die ich ihm brennend gerne gestellt hätte.

»Die meisten dieser Gerichte sind Ihnen unbekannt«, sagte er. »Sie können sich jedoch ohne Bedenken bedienen. Sie sind gesund und nahrhaft. Ich verzichte seit langer Zeit auf Nahrungsmittel von der Erde, und es geht mir dabei nicht schlechter. Meine Mannschaft, die sehr kräftig ist, ernährt sich nicht anders als ich.«

»So sind diese Nahrungsmittel alles Erzeugnisse des Meeres?« fragte ich.

»Ja, Herr Professor, das Meer liefert mir alles, was ich benötige. Bald lege ich meine Schleppnetze aus und hole sie berstend voll wieder ein. Bald jage ich inmitten dieses Elements, das den Menschen unzugänglich erscheint, und erlege das Wild, das in meinen Wäldern auf dem Meeresgrund lebt. Meine Herden weiden wie die des alten Hirten Neptun furchtlos auf den weiten Prärien des Ozeans. Ich verfüge hier über eine gewaltige Besitzung, die ich mir zunutze mache und die von der Hand des Schöpfers aller Dinge immer wieder besät wird.«

Ich betrachtete den Kapitän Nemo mit einem gewissen Erstaunen und antwortete:

»Ich verstehe vollkommen, daß Ihre Netze Ihnen ausgezeichnete Fische für Ihre Tafel liefern; ich verstehe weniger, daß Sie das Wasserwild in Ihren Wäldern auf dem Meeresgrund jagen; aber ich verstehe überhaupt nicht, wie in Ihren Mahlzeiten auch nur ein winziges Stückchen Fleisch, so klein es auch sein mag, enthalten sein kann.«

»Ich verwende auch nie Fleisch von Landtieren«, antwortete Kapitän Nemo.

»Und dieses?« erwiderte ich und zeigte auf eine Platte, auf der noch einige Filetscheiben lagen.

»Was Sie für Fleisch halten, Herr Professor, ist nichts anderes als das Filet der Meeresschildkröte. Und hier haben Sie Leber von Delphinen, die Sie für Schweineragout hielten. Ich habe einen sehr geschickten Koch, der sich besonders beim Einmachen der verschiedenen Meeresprodukte hervortut. Probieren Sie all diese Gerichte. Hier haben Sie eingemachte Seegurken, wie ein Malaie sie auf der Erde nicht besser finden könnte, dort eine Creme, zubereitet aus der Milch des Walfischweibchens und dem Zucker des großen Fucus des Nordmeeres, und schließlich erlauben Sie mir noch, Ihnen Anemonenkonfitüre anzubieten, die den aromatischsten Obstkonfitüren in nichts nachsteht.«

Ich kostete mehr aus Neugierde als mit Genuß, während mich Kapitän Nemo mit seinen unglaublichen Berichten unterhielt. »Aber dieses Meer, Herr Aronnax, diese wunderbare und unerschöpfliche Ernährerin, liefert mir nicht nur meine Nahrungsmittel, sondern auch die Kleidung. Die Stoffe, die Sie tragen, sind aus den feinen Fäden bestimmter Muscheln gewebt; gefärbt sind sie mit antikem Purpur, die Farbnuancen erhalte ich durch die violetten Farben, die ich aus den Aplysillen des Mittelmeeres gewinne. Die Duftwässer, die Sie auf dem Toilettentisch in Ihrer Kabine finden werden, wurden durch Destillation von Meerespflanzen gewonnen. Ihr Bett ist aus dem zartesten Seegras gemacht. Als Feder dient Ihnen die Barte des Wals, als Tinte das Sekret des Tintenfischs oder der Kalmars. Ich erhalte alles vom Meer und eines Tages wird alles zu ihm zurückkehren!«

»Sie lieben das Meer, Kapitän.«

»Ja! Ich liebe es! Das Meer ist alles! Es bedeckt sieben Zehntel der Erde. Sein Atem ist rein und gesund. Es ist eine riesige Wildnis, in der der Mensch niemals allein ist, denn er spürt das vibrierende Leben um sich. Das Meer ist nur die Verkörperung einer übernatürlichen wunderbaren Existenz; es ist nur Bewegung und Liebe; es ist lebendige Unendlichkeit, wie es einer unserer Dichter gesagt hat. Und in der Tat, Herr Professor, sind hier die drei Naturreiche der Mineralien, der Pflanzen und der Tiere vertreten. Letzteres ist reichlich repräsentiert durch vier Klassen von Zoophyten, drei Klassen von Gliedertieren, fünf Klassen von Mollusken, drei Klassen von Wirbeltieren, den Säugetieren, den Reptilien und den unzähligen Legionen von Fischen, einer unendlich großen Tiergattung, die mehr als dreizehntausend Arten zählt, von denen nur ein Zehntel im Süßwasser lebt. Das Meer ist das riesige Reservoir der Natur. Man kann sagen, daß die Erde durch das Meer ihren Anfang genommen hat, und wer weiß, ob sie nicht durch das Meer ihr Ende findet! Hier herrscht die größte Ruhe. Das Meer gehört nicht den Despoten. Auf seiner Oberfläche können sie noch ihre ungerechte Macht ausüben, sich gegenseitig schlagen, vernichten, können sie alle Greuel der Erde vollbringen. Aber schon dreißig Fuß unter der Oberfläche hat ihre Macht ein Ende, hört ihr Einfluß auf und sie vermögen nichts mehr. Mein Herr, leben Sie, leben Sie im Herzen des Meeres! Hier allein gibt es Unabhängigkeit! Hier gibt es keine Herrscher! Hier bin ich frei!«

Mitten im überfließenden Enthusiasmus hielt Kapitän Nemo plötzlich inne. Hatte er sich über seine gewöhnliche Zurückhaltung hinaus hinreißen lassen? Hatte er zuviel geredet? Einige Augenblicke lang ging er sehr erregt auf und ab. Dann beruhigte er sich, sein Gesicht nahm wieder den gewohnten gleichgültigen Ausdruck an, und er sagte zu mir gewandt:

»Herr Professor, wenn Sie nun die *Nautilus* besichtigen wollen, stehe ich zu Ihrer Verfügung.«

Kapitel XI
DIE »NAUTILUS«

Kapitän Nemo erhob sich. Ich folgte ihm. Eine Doppeltür am hinteren Ende des Raums öffnete sich, und ich betrat ein etwa gleich großes Zimmer.

Es war eine Bibliothek. Hohe, mit Kupfer ausgelegte Regale aus schwarzem Palisander trugen auf ihren breiten Brettern eine große Anzahl von einheitlich gebundenen Büchern. Die Regale füllten alle Wände des Raums und schlossen nach unten hin mit breiten, weichgepolsterten Diwanen ab, die mit braunem Leder bezogen waren. Leichte bewegliche Lesepulte, die man nach Belieben weiter weg rücken und näher heranziehen konnte, dienten zur Ablage der Lektüre. In der Mitte des Raums stand ein riesiger Tisch, bedeckt mit Heften, unter denen sich einige alte Zeitschriften befanden. Elektrisches Licht fiel von den vier mattpolierten, halb in die Voluten der Decke eingelassenen Glaskugeln und beleuchtete das harmonische Ganze. Ich betrachtete diesen wundervoll eingerichteten Raum mit echter Bewunderung, ich wollte meinen Augen nicht glauben.

»Kapitän Nemo«, sagte ich zu meinem Gastgeber, der sich auf einem Diwan ausstreckte, »dies ist eine Bibliothek, die mehr als einem Palast der Erde Ehre machen würde, und ich bin ganz sprachlos, wenn ich daran denke, daß sie Ihnen in die größte Tiefe des Meeres folgen kann.«

»Wo gibt es mehr Stille und Einsamkeit, Herr Professor?« antwortete Kapitän Nemo. »Bietet Ihnen Ihr Studierzimmer im Museum eine vergleichbare Ruhe?«

»Nein, und ich muß hinzufügen, daß es verglichen mit dem Ihren recht armselig ist. Sie besitzen hier sechs- oder siebentausend Bände ...«

»Zwölftausend, Herr Aronnax. Dies sind die einzigen Bande, die mich mit der Erde verbinden. Aber als die *Nautilus* zum ersten Mal in die See tauchte, habe ich mit der Welt abgeschlossen. An diesem Tag hab ich meine letzten Bücher und meine letzten Zeitschriften gekauft, und ich will glauben, daß die Menschheit seither nichts mehr erdacht und geschrieben hat. Im übrigen stehen Ihnen diese Bücher zur Verfügung, Herr Professor, Sie können sich frei bedienen.«

Ich dankte Kapitän Nemo und trat an die Regale der Bibliothek. Ich fand Bücher aus der Wissenschaft und der Ethik, schöngeistige Literatur in allen Sprachen. Ich konnte jedoch kein einziges volkswirtschaftliches Buch entdecken, diese schienen von Bord verbannt zu sein. Seltsamerweise waren all diese Bücher unterschiedslos, ohne Berücksichtigung der Sprache, in der sie geschrieben waren, geordnet. Dieses Durcheinander bewies, daß der Kapitän der *Nautilus* die Bücher fließend las, die ihm durch Zufall gerade in die Hände fielen.

Unter diesen Büchern entdeckte ich die Meisterwerke der alten und der neuen Literatur, alles, was die menschliche Natur an Schönem hervorgebracht hat in der Geschichte, in Poesie, Roman und Wissenschaft, von Homer bis Victor Hugo, von Xenophon bis Michelet, von Rabelais bis Madame Sand. Der Wissenschaft war in dieser Bibliothek jedoch eine besondere Stellung eingeräumt; Bücher über Mechanik, Ballistik, Hydrographie, Meteorologie, Geographie, Geologie etc. nahmen genauso viel Platz ein wie naturgeschichtliche Bücher. Ich begriff, daß der Kapitän vorrangig diese Bücher studierte. Ich fand die Gesamtwerke von Humboldt, alle Bücher von Arago, die Werke von Foucault, Henri Sainte-Claire Deville, Chasles, Milne-Edwards, Quatrefages, Tyndall, Faraday, Berthelot, Pater Secchi, Petermann, vom Kommandanten Maury, von Agassiz etc., die Denkschriften der Akademie der Wissenschaften, die Berichte verschiedener geographischer Gesellschaften und, an vorderster Stelle, zwei Bände, die mir wahrscheinlich zu dem relativ warmherzigen Empfang des Kapitäns Nemo verholfen haben. Unter den Werken von Joseph Bertrand gab mir sein Buch *Les Fondateurs de l'Astronomie* einen gewissen zeitlichen Anhaltspunkt. Ich wußte, daß es im Laufe des Jahres 1865 erschienen war und konnte daraus schließen, daß die *Nautilus* nicht vor diesem Zeitpunkt ausgelaufen sein konnte. Demnach hatte Kapitän Nemo frühestens vor drei Jahren sein Leben unter dem Meer begonnen. Im übrigen hoffte ich darauf, daß mir noch jüngere Werke eine genauere Bestimmung des Zeitpunkts ermöglichen würden; aber ich hatte noch genug Zeit, danach zu suchen, und ich wollte unseren Spaziergang durch die Wunderwelt der *Nautilus* nicht aufhalten.

»Mein Herr«, sagte ich zum Kapitän, »ich danke Ihnen dafür, daß Sie mir diese Bibliothek zur Verfügung stellen. Es liegen dort wahre Schätze der Wissenschaft, von denen ich profitieren werde.«

»Dieser Raum ist nicht nur eine Bibliothek«, sagte Kapitän Nemo, »sondern auch ein Rauchsalon.«

»Ein Rauchsalon?« rief ich aus. »Wird an Bord geraucht?«

»Aber sicher.«

»Dann muß ich glauben, mein Herr, daß Sie noch Beziehungen zu Havanna unterhalten.«

»Keineswegs«, antwortete der Kapitän. »Nehmen Sie diese Zigarre, Herr Aronnax, auch wenn sie nicht von Havanna kommt, werden Sie dennoch zufrieden sein, wenn Sie ein Kenner sind.«

Ich nahm die Zigarre, die mir angeboten wurde und deren Form mich an die Londoner Zigarren erinnerte. Sie schien jedoch aus goldenen Blättern hergestellt zu sein. Ich zündete sie an einer kleinen Feuerschale an, die auf einem eleganten Bronzefuß stand, und tat einen langen Zug mit dem Genuß eines Liebhabers, der seit zwei Tagen nicht geraucht hat.

»Sie ist hervorragend«, sagte ich, »aber das ist kein Tabak.«

»Nein«, antwortete der Kapitän, »dieser Tabak kommt weder aus Havanna noch aus dem Orient. Es ist eine nikotinreiche Sorte von Algen, die mir das Meer liefert, wenn auch sehr sparsam. Vermissen Sie die Londoner Zigarre, mein Herr?«

»Kapitän, von diesem Tag an kann ich diese nicht mehr schätzen.«

»Rauchen Sie also, wie es Ihnen beliebt und ohne nach der Herkunft der Zigarren zu fragen. Sie wurden von keiner Tabakregie kontrolliert, aber ich finde, sie sind deswegen nicht weniger gut.«

»Im Gegenteil.«

In diesem Augenblick öffnete Kapitän Nemo die Tür am anderen Ende der Bibliothek und wir betraten einen riesigen, hell erleuchteten Salon. Er war zehn Meter lang, sechs Meter breit und fünf Meter hoch; die vier Ekken waren abgerundet. Die beleuchtete und mit zarten Arabesken verzierte Decke warf ein helles und mildes Licht auf all die Wunder, die in diesem Museum zusammengetragen waren. Denn es handelte sich wirklich um ein Museum, in welchem von intelligenter und verschwenderischer Hand alle Schätze der Natur und der Kunst in phantastischem Nebeneinander vereinigt waren, wie man es sonst nur in Maler-Ateliers findet. Ungefähr dreißig einheitlich gerahmte Gemälde großer Meister schmückten neben einer funkelnden Waffensammlung die Wände, die mit einer streng gemusterten Tapete bespannt waren. Ich sah Gemälde von höchstem Wert, die ich zum größten Teil bereits in Privatsammlungen in Europa und auf Gemäldeausstellungen bewundert hatte. Die verschiedenen Schulen der alten Meister waren vertreten durch eine Madonna von Raphael, eine Jungfrau von Leonardo da Vinci, eine Nymphe von Corrège, eine Frauengestalt von Tizian, eine Anbetung von Veronese, eine Himmelfahrt von Murillo, ein Porträt von Holbein, einen Mönch von Velasquez, einen Märtyrer von Ribera, eine Kirchweih von Rubens, zwei flämische Landschaften von Teniers, drei kleine Genrebilder von Gerard Dow, Metsu und Paul Potter, zwei Gemälde von Gericault und Prudhon, einige Seemotive von Backhuysen und Vernet. Unter den Werken der modernen Malerei fanden sich Gemälde von Delacroix, Ingres, Decamps, Troyon, Meissonier, Daubigny etc. In den Ecken dieses herrlichen Museums standen auf Sockeln die verkleinerten Nachbildungen der schönsten antiken Modelle. Wie es der Kommandant der *Nautilus* vorhergesagt hatte, begann der Zustand des Erstaunens bereits von mir Besitz zu ergreifen.

»Herr Professor«, sagte dieser fremdartige Mann, »entschuldigen Sie bitte die Ungeniertheit, mit der ich Sie empfange und auch die Unordnung in diesem Salon.«

»Mein Herr«, antwortete ich, »ohne danach fragen zu wollen, wer Sie sind, darf ich in Ihnen einen Künstler vermuten?«

»Höchstens einen Liebhaber von Kunst. Ich liebte es früher, die schönen, von Menschenhand geschaffenen Werke zu sammeln. Ich war ein begieriger Sammler, unermüdlich auf der Suche, und ich konnte einige Gegenstände zu einem hohen Preis zusammentragen. Dies sind meine letzten Erinnerungen an die Erde, die für mich tot ist. In meinen Augen sind Eure modernen Künstler bereits nichts anderes als die alten Meister, die zwei oder dreitausend Jahre überdauert haben. Ich kann sie nicht auseinanderhalten. Meister haben kein Alter.«

»Und diese Musiker?« fragte ich, und wies auf die Partituren von Weber, Rossini, Mozart, Beethoven, Haydn, Meyerbeer, Herold, Wagner, Auber, Gounod und vielen anderen, die auf einem großen Harmonium verstreut lagen, das eine Wand des Salons einnahm.

»Diese Musiker«, antwortete Kapitän Nemo, »sind für mich Zeitgenossen von Orpheus, denn die chronologischen Unterschiede verwischen sich im Gedächtnis von Toten — und ich bin tot, Herr Professor, genauso tot wie die Freunde von Ihnen, die sechs Fuß unter der Erde ruhen!«

Kapitän Nemo verstummte und schien in tiefe Gedanken verloren. Ich beobachtete ihn mit regem Interesse und analysierte schweigend seinen merkwürdigen Gesichtsausdruck. Mit dem Ellbogen auf die Ecke eines wertvollen Mosaiktisches aufgestützt, sah er mich nicht mehr, er hatte meine Gegenwart vergessen.

Ich respektierte seine Versunkenheit und betrachtete weiter die Sehenswürdigkeiten, die diesen Salon so reich anfüllten. Neben den Kunstwerken nahmen auch Raritäten aus dem Reich der Natur einen großen Platz ein. Sie bestanden vor allem in Pflanzen, Muscheln und anderen Produkten des Ozeans, die persönliche Funde des Kapitäns sein mußten. In der Mitte des Salons befand sich ein elektrisch beleuchteter Springbrunnen, dessen Wasser von einer flachen Schale aufgefangen wurde, die aus einer einzigen Riesenmuschel bestand. Diese an den Rändern feingezackte Muschel, die von der größten Art der azephalen Mollusken stammt, hatte einen Durchmesser von ungefähr sechs Metern. Sie übertraf damit die wunderschönen Riesenmuscheln, die François I. von der Republik Venedig geschenkt bekam und die in der Kirche Saint-Sulpice in Paris als Weihwasserschalen dienen.

Rund um diese Brunnenschale waren elegante, an kupfernen Halterungen befestigte Vitrinen angebracht, in denen sich, geordnet und beschriftet, alle Kostbarkeiten befanden, die das Meer hervorbringt und die noch kein Naturforscher jemals gesehen hatte. Man kann sich meine Freude als Professor vorstellen.

Der Stamm der Zoophyten war durch äußerst seltsame Exemplare der Gruppen der Polypen und der Echinodermen vertreten. Von der ersten Gruppe waren Orgelkorallen, fächerförmig angeordnete Hornkorallen, syrische Süßwasserschwämme, molukkische Isis, Seefedern, eine wunderschöne Virgulariide aus dem norwegischen Meer, verschiedene Umbelluliden, Lederkorallen und eine ganze Reihe jener Porenkorallen ausgestellt, die mein Lehrer Milne-Edwards so weise klassifiziert hatte, und unter denen ich wundervolle Fächerkorallen, Augenkorallen der Insel Bourbon, »Neptunwagen« der Antillen und prachtvolle Exemplare anderer Korallenarten entdeckte, schließlich alle Arten von seltsamen Polypenstöcken, die zusammen ganze Inseln bilden, aus denen eines Tages Kontinente hervorgehen werden. Von der Gruppe der Echinodermen, erkennbar an der stachligen Oberfläche, waren Seesterne, Haarsterne, Sonnensterne, Seeigel und Seegurken vertreten, durch welche die Sammlung der verschiedenen Exemplare dieser Gruppe vervollständigt wurde.

Beim Anblick der übrigen, noch zahlreicheren Vitrinen, in denen Exemplare der Gattung der Mollusken ausgestellt waren, hätte ein Konchyliologe mit weniger starken Nerven sicher den Verstand verloren. Ich sah hier eine Sammlung von unschätzbarem Wert, für deren vollständige Beschreibung mir die Zeit fehlt. Zur Erinnerung nenne ich davon nur einige: die elegante Königs-Hammermuschel aus dem indischen Ozean, deren gleichmäßige weiße Flecken sich lebhaft von dem rotbraunen Untergrund abhoben; einen farbenprächtigen, rundum mit Stacheln bedeckten Spondylus, ein in den europäischen Museen selten vertretenes Exemplar der Stachelauster, dessen Wert ich auf zwanzigtausend Francs schätzte; eine gemeine Hammermuschel aus neuholländischen Gewässern, die nur schwer zu bekommen ist; exotische Herzmuscheln von der Küste Senegals, zerbrechliche weiße Muscheln mit doppelter Schalenklappe, die unter leisem Hauch wie Seifenblasen zerspringen; einige Exemplare der Javamuscheln, einer Art kalkhaltiger Röhren, deren Ränder mit blattförmigen Windungen eingefaßt sind und über die unter Liebhabern viel gesprochen wird; eine ganze Reihe von Fächerzünglern, die einen grünlichgelb, wie sie aus den Meeren Amerikas gefischt werden, von einem rötlichen Braun die anderen, die in den Gewässern Neuhollands zu Hause sind, wieder andere vom Golf von Mexiko, erkennbar an ihrer schuppenförmigen Schale, oder auch die Sternmieren, die man in den australischen Meeren findet, und schließlich das seltenste Exemplar von allen, der prachtvolle Neuseeland-Sporn; außerdem wunderschöne geschwefelte Tellmuscheln, kostbare Exemplare von Treppenschnecken und Venusfächern, eine gestreifte Sonnenmuschel von der Küste Tranquebars, eine Marmorkreiselschnecke aus schimmerndem Perlmutt, grüne Papageientaucher aus den Meeren Chinas, die fast unbekannte Kegelschnecke der Gattung *Coenodulli,* mannigfaltige Porzellanschnecken, die in Indien und Afrika als Geld dienen, die Meeresgloriole, die wertvollste Muschel Ostindiens; schließlich Strandschnecken, Delphinschnecken, Turmschnecken, Floßschnecken, Porzellanschnecken, Faltenschnecken, Sägezähne, Mitraschnecken, Hahnenkammaustern, Purpurschnecken, Wellhornschnecken, Harfenschnecken, Brandhörner, Tritonshörner, Spindelschnecken, Stromben, Flügelschnecken, Napfschnecken, Glasschwämme, Cleodora, feine und zerbrechliche Muscheln, die die Wissenschaft mit bezaubernden Namen bedacht hat.

In gesonderten Spezialfächern waren die schönsten Perlenketten aufgereiht, die das elektrische Licht feurig funkelnd reflektierten, rosa Perlen, den Steckmuscheln aus dem Roten Meer entnommen, grüne Perlen des Regenbogen-Seeohrs, gelbe, blaue und schwarze Perlen, sonderbare Gebilde der verschiedenen Mollusken aller Meere und bestimmter Muscheln nördlicher Wasserläufe, schließlich mehrere Exemplare von unschätzbarem Wert, die aus den seltensten Perlmuscheln gewonnen werden. Einige dieser Perlen waren größer als ein Taubenei;

sie waren von größerem Wert als die Perle, die der Reisende Tavernier dem Schah von Persien für drei Millionen verkaufte, und sie überboten auch jene Perle des Imam von Maskat, die ich für unübertreffbar hielt.

Es war nahezu unmöglich, den Wert dieser Sammlung abzuschätzen. Kapitän Nemo mußte Millionen dafür ausgegeben haben, um die verschiedenen Exemplare zu bekommen, und ich fragte mich, welche Geldquelle ihm zur Verfügung stünde, um all seine Wunschträume als Sammler auf diese Weise befriedigen zu können, als ich durch folgende Worte unterbrochen wurde:

»Sie begutachten meine Muscheln, Herr Professor. Sie können in der Tat einen Naturforscher interessieren; für mich aber haben sie noch einen besonderen Reiz, denn ich habe sie alle mit eigener Hand zusammengetragen. Es gibt kein Meer auf dieser Welt, das mir auf meiner Suche entgangen wäre.«

»Ich verstehe, Kapitän, ich verstehe diese Freude, sich inmitten dieser Reichtümer zu ergehen. Sie gehören zu denjenigen, die sich ihren Schatz selbst geschaffen haben. Kein Museum Europas besitzt eine vergleichbare Sammlung von Erzeugnissen des Ozeans. Aber wenn ich meine ganze Bewunderung für sie aufbiete, was bleibt mir dann für das Schiff, das sie trägt! Ich will nicht in Ihre Geheimnisse eindringen! Ich gestehe jedoch, daß die *Nautilus,* die Bewegungskraft, die sie in sich birgt, ihre Maschinen, durch die sie manövrierbar wird, und dieses Agens, das sie belebt, in äußerstem Maße meine Wißbegier wecken. Ich sehe hier, aufgehängt an den Wänden dieses Salons, Instrumente, deren Zweck mir unbekannt ist. Dürfte ich wissen ...«

»Herr Aronnax«, antwortete Kapitän Nemo, »ich habe Ihnen gesagt, daß Sie frei sind an Bord, und folglich ist kein Teil der *Nautilus* für Sie geheim. Sie können sie daher in allen Einzelheiten besichtigen, und ich werde dabei gerne Ihr Cicerone sein.«

»Ich weiß nicht, wie ich Ihnen danken soll, mein Herr,

aber ich werde Ihre Güte nicht mißbrauchen. Ich möchte Sie nur fragen, für welchen Gebrauch diese Physikinstrumente bestimmt sind ...«

»Herr Professor, dieselben Instrumente befinden sich in meinem Schlafzimmer und dort werde ich Ihnen gerne ihre Anwendung erklären. Aber sehen Sie sich zunächst die Kabine an, die für Sie bereitsteht. Sie sollen wissen, wie Sie an Bord der *Nautilus* untergebracht sind.«

Ich folgte Kapitän Nemo, der mich durch eine der Türen, die jede Wand des Salons durchbrachen, hinaus auf die Gänge führte. Er brachte mich in den vorderen Teil der *Nautilus* und dort fand ich nicht eine Kabine, sondern ein elegantes Zimmer mit Bett, Waschtisch und verschiedenen anderen Möbeln vor.

Ich konnte meinem Gastgeber nur danken.

»Ihr Zimmer grenzt an meines an«, sagte er und öffnete dabei eine Tür, »mein Zimmer führt zu dem Salon, den wir soeben verlassen haben.«

Ich betrat das Zimmer des Kapitäns. Es wirkte sehr nüchtern, fast mönchisch. Ein eisernes Bettgestell, ein Arbeitstisch, einige Toilettenmöbel. Alles war in ein Dämmerlicht getaucht. Keine Bequemlichkeit. Nur das Allernotwendigste.

Kapitän Nemo wies auf einen Stuhl.

»Wollen Sie sich bitte setzen«, sagte er zu mir.

Ich nahm Platz und er fuhr folgendermaßen fort:

Kapitel XII

ALLES DANK DER ELEKTRIZITÄT

»Mein Herr«, sagte Kapitän Nemo und wies auf die Instrumente, die an den Wänden seines Zimmers hingen, »hier sehen Sie die Apparate, die für die Navigation der *Nautilus* erforderlich sind. Ich habe sie hier wie auch im Salon stets vor Augen, sie geben mir meine Lage und die genaue Richtung inmitten des Ozeans an. Einige davon sind Ihnen bekannt, wie das Thermometer, das die Innentemperatur der *Nautilus* anzeigt; das Barometer, das den Luftdruck mißt und Wetterveränderungen vorhersagt; das Hygrometer, das die Luftfeuchtigkeit anzeigt; das *storm-glass,* das aufziehende Stürme dadurch ankündigt, daß sich seine Bestandteile zersetzen; der Kompaß, der mir den Weg weist; der Sextant, der mir durch den Sonnenstand den Breitengrad angibt; die Chronometer, mit deren Hilfe ich den Längengrad errechnen kann; und schließlich Tag- und Nachtfernrohre, mit denen ich alle Punkte am Horizont studieren kann, wenn die *Nautilus* an die Meeresoberfläche aufgetaucht ist.«

»Das sind die üblichen Instrumente eines Seemanns«, antwortete ich, »und ich kenne ihren Gebrauch. Aber hier sind noch weitere, die zweifellos den besonderen Erfordernissen der *Nautilus* dienen. Hier sehe ich ein Zifferblatt mit umlaufendem Zeiger, ist dies nicht ein Manometer?«

»Dies ist tatsächlich ein Manometer. Durch den Kontakt mit dem Wasser zeigt es den äußeren Druck und damit die Tiefe an, in der sich mein Boot befindet.«

»Und diese neuartigen Sonden?«

»Dies sind thermometrische Sonden, die die Temperatur der verschiedenen Wasserschichten anzeigen.«

»Und diese anderen Instrumente, deren Gebrauch ich nicht erraten kann?«

»Hier muß ich Ihnen einige Erklärungen geben, Herr Professor«, sagte Kapitän Nemo. »Hören Sie mir also zu.«

Er schwieg für einige Augenblicke, dann sagte er:

»Es gibt ein starkes, fügsames, schnelles und einfaches Agens, das sich jedem Gebrauch beugt und das über mein Schiff gebietet. Es bewirkt alles. Es gibt mir Licht, wärmt mich, es ist die Seele meiner mechanischen Geräte. Dieses Agens ist die Elektrizität.«

»Die Elektrizität!« rief ich überrascht.

»Ja, mein Herr.«

»Ihr Boot verfügt jedoch über eine unglaubliche Geschwindigkeit, Kapitän, und die läßt sich nur schwer mit der Leistung von Elektrizität vereinbaren. Bis heute blieb die dynamische Kraft von Elektrizität sehr beschränkt, sie konnte nur geringe Leistungen hervorbringen!«

»Herr Professor«, antwortete Kapitän Nemo, »meine Elektrizität ist nicht vergleichbar mit der Elektrizität, die alle Welt kennt, und Sie gestatten mir, daß dies alles ist, was ich Ihnen dazu sage.«

»Ich werde nicht weiter in Sie dringen, mein Herr, und mich damit begnügen, über ein derartiges Ergebnis sehr zu staunen. Eine einzige Frage hätte ich jedoch, auf die Sie nicht zu antworten brauchen, wenn sie indiskret sein sollte. Die Elemente, die Sie zur Herstellung dieser wunderbaren Kraft verwenden, müssen sich schnell verbrauchen. Wie ersetzen Sie zum Beispiel Zink, nachdem Sie mit der Erde keinen Kontakt mehr haben?«

»Sie sollen eine Antwort auf Ihre Frage bekommen«, antwortete Kapitän Nemo. »Zunächst möchte ich Ihnen sagen, daß es auf dem Meeresgrund Zink-, Eisen-, Silber- und Goldminen gibt, deren Ausbeutung mit Sicherheit machbar wäre. Ich habe jedoch nichts von diesen Erdmetallen verwendet, ich wollte dem Meer allein die Mittel zur Produktion meiner Elektrizität abverlangen.«

»Dem Meer?«

»Ja, Herr Professor, und es fehlte mir nicht an Mitteln. Durch Zusammenschaltung von Drähten in verschiedenen Meerestiefen hätte ich in der Tat durch die unterschiedlichen Temperaturen Elektrizität gewinnen können; ich zog jedoch ein praktischeres System vor.«

»Und welches?«

»Sie kennen die Zusammensetzung des Wassers. Tausend Gramm enthalten $96\frac{1}{2}$ Prozent Wasser und ungefähr $2\frac{2}{3}$ Prozent Natriumchlorid, sowie zu kleineren Teilen Magnesium- und Kaliumchlorid, Magnesiumbromid und -sulfat, schwefelsauren und kohlensauren Kalk. Sie

Zwischendurch:

Da staunt der Laie: die Zusammensetzung des Wassers ist offensichtlich komplizierter als er sich das so vorstellt. Von Natriumchlorid bis zu kohlensaurem Kalk scheinen gleich eine ganze Handvoll Zungenbrecher in ihm enthalten zu sein.

Und falls dem Leser angesichts der Erläuterungen des Professors ein wenig der Kopf schwirrt, verspürt er vielleicht den Wunsch, eine Pause einzulegen und sich eine kleine Stärkung für den Appetit zwischendurch zuzubereiten. Dazu braucht er nur einen Becher bereitzustellen und besagtes Wasser heiß zu machen – jetzt fehlt nur noch eines...

Zwischendurch:

Die geschmackvolle Trinksuppe für den kleinen Appetit. – In Sekundenschnelle zubereitet. Einfach mit kochendem Wasser übergießen, umrühren, fertig.

Viele Sorten – viel Abwechslung.

Guten Appetit!

sehen also, daß Natriumchlorid in einer beträchtlichen Menge vorhanden ist. Und genau dieses Natrium entziehe ich dem Meerwasser und setze daraus meine Elemente zusammen.«

»Natrium?«

»Ja. In Verbindung mit Quecksilber entsteht daraus ein Amalgam, das in den Bunsen-Elementen das Zink ersetzt. Quecksilber verbraucht sich nie. Nur das Natrium wird aufgebraucht und das liefert mir das Meer selbst. Außerdem sollten Sie wissen, daß die Natriumzellen die meiste Energie enthalten und daß ihre elektromotorische Kraft doppelt so hoch ist wie die von Zinkzellen.«

»Ich erkenne gut die hervorragende Bedeutung von Natrium unter den Bedingungen, unter denen Sie leben, Kapitän. Das Meer enthält Natrium. Gut. Aber man muß es noch herstellen, mit einem Wort, es gewinnen. Wie stellen Sie das an? Ihre Zellen könnten Ihnen natürlich für diesen Vorgang dienen; aber wenn ich mich nicht täusche, würde der Aufwand an Natrium, der für die elektrischen Geräte notwendig wäre, die gewonnene Menge überschreiten. Demnach würden Sie, um Natrium zu gewinnen, mehr verbrauchen als Sie produzieren!«

»Aus diesem Grund, Herr Professor, gewinne ich es nicht durch die Zelle, sondern ich mache mir ganz einfach die Wärme der Kohle zunutze.«

»Der Kohle?« fragte ich nachdrücklich.

»Sagen wir der Meereskohle, wenn Sie so wollen«, antwortete Kapitän Nemo.

»Und Sie können Kohlenminen auf dem Meeresgrund ausbeuten?«

»Herr Aronnax, Sie werden mich selbst dabei beobachten können. Ich bitte Sie nur um etwas Geduld, schließlich haben Sie genug Zeit, um geduldig zu sein. Denken Sie immer daran: Ich verdanke alles dem Ozean; er produziert die Elektrizität, und die Elektrizität verleiht der *Nautilus* Wärme, Licht und Bewegung, mit einem Wort, das Leben.«

101

»Aber nicht die Luft, die Sie einatmen?«

»Oh! Ich könnte die Luft, die ich verbrauche, herstellen; dies ist jedoch nicht notwendig, da ich zur Meeresoberfläche aufsteige, wann immer es mir gefällt. Wenn mir die Elektrizität auch keine Luft zum Atmen liefert, so treibt sie doch zumindest die starken Pumpen an, die die Luft in speziellen Reservoirs speichern, wodurch ich, nach Bedarf und so lange wie ich möchte, meinen Aufenthalt in tiefen Gewässern verlängern kann.«

»Kapitän«, antwortete ich, »ich begnüge mich damit zu staunen. Sie haben offensichtlich herausgefunden, was die Menschen zweifellos eines Tages entdecken werden, nämlich die echte dynamische Leistung der Elektrizität.«

»Ich weiß nicht, ob sie sie entdecken werden«, antwortete Kapitän Nemo kühl. »Wie dem auch sei, Sie kennen bereits die erste Verwendung, die ich für diese wertvolle Kraft habe. Sie gibt uns gleichmäßiges Licht, mit einer Kontinuierlichkeit, die das Sonnenlicht nicht besitzt. Sehen Sie sich nun diese Uhr an; sie ist elektrisch und geht so pünktlich, daß sie die besten Chronometer in den Schatten stellt. Ich habe sie nach dem Vorbild der italienischen Uhren in vierundzwanzig Stunden unterteilt, denn für mich gibt es weder Tag noch Nacht, weder Sonne noch Mond, nur dieses künstliche Licht, das mich bis in die Tiefen des Meeres begleitet! Sehen Sie, im Augenblick ist es zehn Uhr morgens.«

»Ganz genau.«

»Eine andere Anwendung der Elektrizität. Das Zifferblatt, das wir hier vor uns haben, dient dazu, die Geschwindigkeit der *Nautilus* anzuzeigen. Ein elektrischer Draht verbindet es mit der Schraube des Logs, und sein Zeiger gibt mir die tatsächliche Geschwindigkeit des Schiffes an. Sehen Sie, in diesem Augenblick fahren wir mit einer gemäßigten Geschwindigkeit von fünfzehn Meilen die Stunde.«

»Das ist wunderbar, Kapitän«, antwortete ich, »ich begreife, daß Sie recht taten, dieses Agens einzusetzen, das dazu bestimmt ist, Wind, Wasser und Dampf zu ersetzen.«

»Wir sind noch nicht am Ende, Herr Aronnax«, sagte Kapitän Nemo und erhob sich, »wenn Sie mir folgen wollen, besichtigen wir noch den hinteren Teil der *Nautilus.*«

Ich kannte in der Tat bereits den gesamten vorderen Teil des unterseeischen Bootes, der von der Mitte aus bis zum Schiffsschnabel hin folgendermaßen unterteilt war: das Speisezimmer, fünf Meter lang, von der Bibliothek durch ein hermetisch abgeschlossenes Schott getrennt, so daß kein Wasser eindringen konnte; die Bibliothek von fünf Metern Länge; der zehn Meter lange Salon, vom Schlafzimmer des Kapitäns durch ein zweites Schott getrennt; dieses Zimmer maß fünf Meter; meines war zwei Meter fünfzig lang, daran schloß sich ein Luftreservoir von einer Länge von sieben Meter fünfzig an, das sich bis zum Bug erstreckte. Insgesamt eine Länge von fünfunddreißig Metern. Die Schotts waren von Türen durchbrochen, die mit Hilfe von Kautschuk-Abdichtungen hermetisch verschließbar waren, so daß für den Fall, daß Wasser eindringen sollte, die Sicherheit an Bord der *Nautilus* gewährleistet war.

Ich folgte Kapitän Nemo über die vorne liegenden Gänge bis zum Mittelteil des Schiffes. Hier befand sich eine Art Schacht, der sich zwischen zwei Schotts öffnete. Eine an der Wand befestigte Eisenleiter führte zum oberen Ende des Schachts. Ich fragte den Kapitän, wozu diese Leiter da wäre.

»Sie führt zum Beiboot«, erwiderte er.

»Wie? Sie besitzen ein Beiboot?« fragte ich ziemlich verwundert.

»Sicher. Ein ausgezeichnetes Boot, leicht und unsinkbar, das für Spazierfahrten und zum Jagen dient.«

»Wenn Sie aber in das Boot steigen wollen, sind Sie gezwungen, an die Meeresoberfläche zurückzukehren?«

»Keineswegs. Dieses Beiboot haftet am oberen Teil des Rumpfes der *Nautilus* und füllt einen für diesen Zweck geschaffenen Hohlraum aus. Es hat ein vollständiges Deck, ist absolut hermetisch verschlossen und wird durch solide Bolzen festgehalten. Diese Leiter führt zu einer Ausstiegsöffnung im Rumpf der *Nautilus,* der eine Einstiegsöffnung an der Seite des Beiboots entspricht. Durch diese doppelte Öffnung gelange ich in das Boot. Man schließt diese Öffnung der *Nautilus* und ich die des Bootes mit Hilfe von verschraubbaren Dichtungen. Ich löse die Bolzen, und das Boot steigt mit einer unglaublichen Geschwindigkeit an die Meeresoberfläche. Dort öffne ich die bis dahin sorgfältig verschlossene Luke auf dem Deck, ich setze die Masten, hisse mein Segel oder nehme die Ruder und fahre spazieren.«

»Aber wie kommen Sie zurück an Bord?«

»Ich komme nicht zurück, Herr Aronnax, die *Nautilus* kommt zurück zu mir.«

»Auf Ihre Anweisung?«

»Auf meine Anweisung. Ein elektrischer Draht verbindet mich mit ihr. Ich schicke ein Telegramm, das genügt.«

»In der Tat«, sagte ich, berauscht von diesen Wundern, »nichts einfacher als das!«

Nachdem wir den Schacht, der zur Plattform führte, hinter uns gelassen hatten, sah ich eine zwei Meter lange Kabine, in welcher Conseil und Ned Land begeistert und mit großem Appetit ihrem Mahl zusprachen. Dann öffnete sich eine Tür zur drei Meter langen Küche hin, die sich zwischen geräumigen Bottlereien befand. Die Elektrizität diente auch zum Kochen, mit mehr Energie und Fügsamkeit als das Gas. Die unter den Öfen zugeführten Drähte übermittelten den Platinschwämmen eine Hitze, die sich ausbreitete und kontinuierlich anhielt. Elektrisch erhitzt wurden auch die Destillationsgeräte, die durch Vaporisation ein ausgezeichnetes Trinkwasser erbrachten. Neben dieser Küche befand sich ein komfortabel ausgestattetes Badezimmer, dessen Hähne nach Wunsch kaltes oder warmes Wasser lieferten.

Auf die Küche folgte der fünf Meter lange Raum für die Mannschaft. Die Tür war jedoch geschlossen und ich konnte die Einrichtung nicht sehen, durch die ich auf die Zahl der Männer, die für den Betrieb der *Nautilus* notwendig waren, hätte schließen können.

Am hinteren Ende befand sich ein viertes Schott, das die Mannschaftskabine vom Maschinenraum trennte. Eine Tür öffnete sich, und ich betrat den Raum, in dem Kapitän Nemo, wahrhaftig ein Ingenieur ersten Ranges, die Apparate zur Fortbewegung des Schiffes untergebracht hatte.

Der hell erleuchtete Maschinenraum maß in der Länge nicht weniger als zwanzig Meter. Er war selbstverständlich unterteilt in zwei Bereiche; der erste enthielt die Elemente, die die Elektrizität produzierten, der zweite den Mechanismus, der die Bewegung auf die Schiffsschraube übertrug.

Ich war zunächst überrascht von dem besonderen Geruch, der diesen Raum erfüllte. Kapitän Nemo bemerkte, welchen Eindruck dies auf mich machte.

»Hier werden einige Gase freigesetzt«, sagte er, »die durch die Verwendung von Natrium entstehen; aber es handelt sich hierbei nur um eine unbedeutende unliebsame Begleiterscheinung. Außerdem reinigen wir das Schiff jeden Morgen, indem wir frische Luft zuführen.«

Unterdessen begutachtete ich mit verständlichem Interesse die Maschine der *Nautilus.*

»Wie Sie sehen«, sagte Kapitän Nemo, »verwende ich die Bunsen-Elemente und nicht die von Ruhmkorff. Diese wären hier wirkungslos. Die Bunsen-Elemente sind nicht so zahlreich, dafür stark und groß, was meiner Erfahrung nach besser ist. Die produzierte Elektrizität wird nach hinten geleitet, wo sie durch riesige Elektromagneten auf ein besonderes System aus Hebeln und Zahnrädern einwirkt, die die Bewegung auf die Transmissionswelle der Schiffsschraube übertragen. Die Schraube mit einem Durchmesser von sechs Metern und einem Gewindegang von sieben Metern fünfzig kann bis zu einhundertzwanzig Umdrehungen in der Sekunde erbringen.«

»Und welche Geschwindigkeit erreichen Sie damit?«

»Eine Geschwindigkeit von fünfzig Meilen die Stunde.«

Hier lag ein Geheimnis verborgen, aber ich bestand nicht darauf, es zu erfahren. Wie konnte die Elektrizität eine derartige Leistung erbringen? Wo hatte diese fast grenzenlose Kraft ihren Ursprung? Lag es an der extremen Spannung, die durch die neuartigen Spulen gewonnen wurde? Lag es an der Übertragung, die durch ein System unbekannter Hebel* unendlich gesteigert werden konnte? Dies vermochte ich nicht zu begreifen.

»Kapitän Nemo«, sagte ich, »ich nehme nur das Resultat zur Kenntnis und versuche nicht, dieses zu erklären. Ich habe gesehen, wie die *Nautilus* vor der *Abraham Lincoln* fuhr, und ich weiß, wie ich ihre Geschwindigkeit einzuordnen habe. Aber die Bewegung allein genügt nicht. Man muß sehen, wohin man fährt! Wie können Sie in die großen Tiefen vordringen, wo Sie zunehmenden Widerstand durch einige hundert Atmosphären erfahren? Wie steigen Sie wieder an die Oberfläche des Ozeans empor? Und schließlich, wie halten Sie sich in der Tiefe, die Ihnen gerade gefällt? Bin ich indiskret, wenn ich dies frage?«

»Keineswegs, Herr Professor«, antwortete der Kapitän nach leichtem Zögern, »schließlich dürfen Sie dieses unterseeische Boot niemals verlassen. Kommen Sie in den Salon! Dieser ist unser eigentliches Arbeitszimmer und dort werden Sie alles erfahren, was Sie über die *Nautilus* wissen dürfen.«

---

* Tatsächlich spricht man von einer derartigen Entdeckung, bei der eine neue Art von Hebeln erstaunliche Kräfte produziert. Hat sich der Erfinder etwa mit Kapitän Nemo getroffen?

Kapitel XIII

EINIGE ZAHLEN

Kurz darauf saßen wir auf einem Diwan im Salon, die Zigarre im Mund. Der Kapitän breitete vor meinen Augen eine Skizze aus, auf der der Bauplan, ein Querschnitt und der Aufriß der *Nautilus* abgebildet waren. Dann begann er mit folgenden Worten die Beschreibung:

»Hier sehen Sie, Herr Aronnax, die verschiedenen Abmessungen des Schiffes, das Sie trägt. Es ist ein länglicher Zylinder mit kegelförmigen Enden, der deutlich die Form eine Zigarre aufweist, eine Form, die in London bereits für mehrere Konstruktionen derselben Art übernommen wurde. Die Länge dieses Zylinders beträgt von einem Ende bis zum anderen exakt siebzig Meter, der Deckbalken mißt an der breitesten Stelle acht Meter. Die Breite des Schiffes beträgt demnach nicht, wie bei euren schnellen Dampfschiffen, genau ein Zehntel seiner Länge, die Seiten sind jedoch ausreichend langgezogen, so daß das verdrängte Wasser leicht abgleiten kann und kein Hindernis für die Fahrt darstellt.

Diese beiden Maße ermöglichen Ihnen, die Oberfläche und das Volumen der *Nautilus* durch eine einfache Rechnung zu bestimmen. Die Oberfläche beträgt 1011,45 Quadratmeter, das Volumen 1500,2 Kubikmeter — das bedeutet, daß die *Nautilus,* vollständig unter Wasser, 1500 Kubikmeter Wasser verdrängt bzw. 1500 Tonnen wiegt.

Als ich die Pläne für dieses Schiff anfertigte, das für Fahrten unter dem Meer bestimmt war, wollte ich, daß es bei Gleichlastigkeit zu neun Zehnteln unter Wasser sei und nur mit einem Zehntel hervorrage. Folglich durfte es unter diesen Bedingungen nur neun Zehntel seines Volumens verdrängen, das sind 1356,48 Kubikmeter, das heißt, es durfte nur ebensoviele Tonnen wiegen. Dieses Gewicht durfte ich daher entsprechend den genannten Ausmaßen nicht überschreiten.

Die *Nautilus* ist aus zwei Rümpfen zusammengesetzt, einem inneren und einem äußeren, die durch T-Träger verbunden sind, welche dem Schiff eine außergewöhnliche Stabilität verleihen. Dank dieser zellularen Anordnung verfügt es über die Widerstandskraft eines massiven Blocks. Die Bordwand kann nicht nachgeben, denn sie ist in sich selbst verankert und nicht durch Nieten befestigt; durch die Einheitlichkeit der Bauweise, die der perfekten Zusammenfügung der Teile zu verdanken ist, ist es in der Lage, dem stürmischsten Meer zu trotzen.

Die beiden Rümpfe sind aus Stahlblech gefertigt, dessen Dichte im Verhältnis zum Wasser sieben oder acht Zehntel beträgt. Der erste Rumpf ist nicht weniger als fünf Zentimeter dick und wiegt 394,96 Tonnen. Der zweite Rumpf, der fünfzig Zentimeter hohe und fünfundzwanzig Zentimeter breite Kiel, der allein zwei Tonnen wiegt, die Maschine, der Ballast, die verschiedenen Zubehörteile und Einrichtungen, die Schotts und die inneren Stützen haben zusammen ein Gewicht von 961,62 Tonnen, die addiert mit den 394,96 Tonnen das gewünschte Gesamtgewicht von 1356,58 Tonnen ergeben. Haben Sie dies verstanden?«

»Das ist klar«, antwortete ich.

»Wenn also die *Nautilus* unter diesen Bedingungen auf den Wellen treibt«, fuhr der Kapitän fort, »ragt sie zu einem Zehntel aus dem Wasser hervor. Wenn ich nun über Speicher mit einem Rauminhalt von der Größe dieses Zehntels verfüge, das heißt mit einem Fassungsvermögen von 150,72 Tonnen, und wenn ich diese mit Wasser fülle, so daß das Schiff 1507 Tonnen verdrängt bzw. wiegt, wäre das Schiff vollkommen unter Wasser. Und genau das geschieht, Herr Professor. Diese Speicher befinden sich entlang der Bordwand an der Unterseite der *Nautilus*. Ich öffne die Hähne, die Speicher füllen sich und das Schiff sinkt auf die Höhe des Meeresspiegels ab.«

»Gut, Kapitän, aber nun kommen wir zu der eigentlichen Schwierigkeit. Daß Sie bis zur Oberfläche des Ozeans absinken können, begreife ich. Wenn Sie jedoch tiefer tauchen, unter das Niveau des Meeresspiegels, erfährt Ihre unterseeische Maschine dann nicht einen Druck und ist folglich einem Auftrieb ausgesetzt, der bei dreißig Fuß Tiefe eine Atmosphäre betragen muß, das bedeutet, einem Druck von ungefähr einem Kilogramm pro Quadratzentimeter entspricht?«

»Stimmt genau!«

»Nun, wenn Sie die *Nautilus* also nicht vollständig mit Wasser füllen, verstehe ich nicht, wie Sie mit ihr in den Schoß des nassen Elementes hinabgleiten können.«

»Herr Professor«, entgegnete Kapitän Nemo, »man darf nicht die Statik mit der Dynamik verwechseln, sonst setzt man sich schwerwiegenden Irrtümern aus. Es ist nur ein sehr geringer Aufwand nötig, um in die tieferen Regionen des Ozeans vorzudringen, denn Körper haben eine Tendenz zum Sinken. Folgen Sie meinen Überlegungen.«

»Ich höre Ihnen zu, Kapitän.«

»Als ich das Gewicht bestimmen wollte, das man der *Nautilus* zum Untertauchen hinzufügen muß, brauchte ich mich nur mit der Reduzierung des Volumens befassen, der das Meereswasser mit zunehmender Tiefe ausgesetzt ist.«

»Das leuchtet ein«, antwortete ich.

»Wenn es auch stimmt, daß Wasser nicht völlig inkompressibel ist, so läßt es sich doch nur sehr wenig zusammenpressen. Nach jüngsten Berechnungen beträgt diese Reduzierung in der Tat nur 436 Zehnmillionstel pro Atmosphäre bzw. 30 Fuß Tiefe. Will ich auf tausend Meter Tiefe gehen, muß ich einer Reduzierung des Volumens unter dem Druck einer Wassersäule von tausend Metern bzw. einem Druck von einhundert Atmosphären Rechnung tragen. Diese Reduzierung beträgt demnach 436 Hunderttausendstel. Ich müßte also das Gewicht erhöhen, so daß das Schiff 1513,77 anstatt 1507,2 Tonnen wiegt. Das Gewicht müßte folglich nur um 6,57 Tonnen erhöht werden.«

»Nicht mehr?«

»Nicht mehr, Herr Aronnax, und die Rechnung können Sie leicht überprüfen. Nun, ich verfüge über zusätzliche Speicher, die hundert Tonnen aufnehmen können. Ich kann demnach in beträchtliche Tiefen vordringen. Wenn ich wieder aufsteigen und über der Meeresoberfläche auftauchen möchte, muß ich nur das Wasser hinausdrücken und alle Speicher vollständig leeren, wenn die *Nautilus* mit einem Zehntel ihres Fassungsvermögens aus dem Wasser ragen soll.«

Gegen diese Beweisführung, die sich auf Zahlen stützte, konnte ich nichts einwenden.

»Ich erkenne Ihre Berechnungen an, Kapitän«, antwortete ich, »und ich täte unrecht, sie anzufechten, da sie durch die Erfahrung täglich bestätigt werden. Aber ich habe im Augenblick das Gefühl, daß es hier eine echte Schwierigkeit gibt.«

»Welche?«

»Wenn Sie sich in tausend Meter Tiefe befinden, sind die Wände der *Nautilus* einem Druck von hundert Atmosphären ausgesetzt. Wenn Sie zu diesem Zeitpunkt die zusätzlichen Speicher leeren wollen, um das Gewicht Ihres Schiffes zu verringern und an die Oberfläche aufzusteigen, müssen die Pumpen diesen Druck von hundert Atmosphären überwinden, das sind hundert Kilogramm pro Quadratzentimeter. Dafür ist eine Kraft ...«

»Die allein die Elektrizität mir geben konnte«, sagte Kapitän Nemo hastig. »Ich wiederhole, mein Herr, daß die dynamische Kraft meiner Maschinen nahezu unbegrenzt ist. Die Pumpen der *Nautilus* besitzen eine unglaubliche Stärke, das haben Sie doch selbst erlebt, als die Wassersäulen wie eine reißende Flut auf die *Abraham Lincoln* stürzten. Im übrigen nütze ich die zusätzlichen Speicher nur dazu, in mittlere Tiefen von 1500 oder 2000 Metern vorzudringen, da ich meine Maschinen schonen will. Wenn ich also Lust dazu verspüre, Tiefen von zwei oder drei Knoten unter dem Meeresspiegel aufzusuchen, wende ich einen langwierigen, aber nicht weniger wirksamen Trick an.«

»Welchen, Kapitän?« fragte ich.

»Dazu muß ich Ihnen erläutern, wie die *Nautilus* gesteuert wird.«

»Ich brenne darauf, es zu erfahren.«

»Um das Schiff nach steuerbord oder backbord zu lenken, mit einem Wort, um es in horizontaler Ebene zu manövrieren, bediene ich mich eines gewöhnlichen Steuerruders mit breitem Ruderblatt, das am Achtersteven befestigt ist und durch ein Rad und Taljen bewegt wird. Ich kann die *Nautilus* aber mit Hilfe zweier Tragflächen, die an den Seiten des Schiffes in der Mitte der Wasserlinie befestigt sind, auch in vertikaler Ebene von unten nach oben und von oben nach unten steuern. Diese Tragflächen sind beweglich, können jede Position einnehmen und werden von innen mit Hilfe kräftiger Hebel verstellt. Sind die Tragflächen parallel zum Schiff gerichtet, so bewegt sich dieses in horizontaler Richtung. Sind sie angewinkelt, so taucht die *Nautilus* entsprechend dem Grad der Neigung und unter der Schubkraft ihrer Schiffsschraube schräg in das Wasser ein oder steigt genau in der Diagonale nach oben, die ich gerade wünsche. Wenn ich schneller an die Oberfläche kommen möchte, wird die Schraube eingekuppelt. Durch den Druck des Wassers steigt die *Nautilus* dann senkrecht nach oben wie ein mit Wasserstoff gefüllter Ballon, der sich rasch in die Lüfte erhebt.«

»Bravo, Kapitän!« rief ich aus. »Aber wie kann der Steuermann die von Ihnen befohlene Route inmitten des Ozeans einhalten?«

»Der Steuermann sitzt in einer verglasten Kabine, die am oberen Teil des Rumpfes der *Nautilus* vorspringt und mit linsenförmigen Gläsern ausgestattet ist.«

»Mit Gläsern, die einem derartigen Druck standhalten können?«

»Genau. Bei einem Aufprall ist Kristall zwar zerbrechlich, es ist aber dennoch außerordentlich widerstandsfähig. Bei Fangexperimenten unter elektrischem Licht, die 1864 in den Nordmeeren durchgeführt wurden, konnten nur sieben Millimeter dicke Kristallplatten einem Druck von sechzehn Atmosphären widerstehen. Gleichzeitig konnten starke wärmeerzeugende Strahlen durch sie hindurchgehen, deren Hitze ungleichmäßig verteilt wurde. Die Gläser, die ich verwende, sind in der Mitte nicht weniger als 21 Zentimeter dick, das heißt dreißigmal so stark.«

»In Ordnung, Kapitän Nemo; aber um sehen zu können, muß Licht das Dunkel vertreiben, und ich frage mich, wie inmitten der Finsternis des Meeres ...«

»Hinter der Kabine des Steuermanns ist ein leistungsstarker elektrischer Reflektor angebracht, dessen Strahlen das Meer bis zu einer Entfernung von einer halben Meile erleuchten.«

»Ah, bravo! Dreimal bravo, Kapitän! Das erklärt mir die Phosphoreszenz des vermeintlichen Narwals, die die Wissenschaftler so stutzig gemacht hat. Diesbezüglich möchte ich Sie fragen, ob der Zusammenstoß der *Nautilus* mit der *Scotia,* der soviel Aufsehen erregt hat, auf eine zufällige Begegnung zurückzuführen war?«

»Er war rein zufällig. Ich fuhr zwei Meter unter der Meeresoberfläche, als sich der Aufprall ereignete. Übrigens habe ich gesehen, daß er keine schlimmen Folgen hatte.«

»Keine, mein Herr. Aber wie steht es mit Ihrer Begegnung mit der *Abraham Lincoln* ...?«

»Herr Professor, es tut mir leid um eines der besten Schiffe der tapferen amerikanischen Flotte, aber ich wurde angegriffen und mußte mich verteidigen! Jedenfalls habe ich mich damit begnügt, die Fregatte in einen Zustand zu versetzen, in dem sie mir nicht mehr schaden konnte — es wird ihr ein Leichtes sein, die Beschädigungen im nächsten Hafen reparieren zu lassen.«

»Ah, Kommandant!« rief ich mit Überzeugung aus, »Ihre *Nautilus* ist wirklich ein wunderbares Schiff!«

»Ja, Herr Professor«, erwiderte Kapitän Nemo aufrichtig bewegt, »und ich liebe sie wie mein eigen Fleisch und Blut. Wenn auf einem eurer Schiffe, die auf gut Glück dem Ozean überlassen sind, alles Gefahr bedeutet, wenn der erste Eindruck auf dem Meer die Empfindung des Abgrunds ist, wie es der Holländer Jansen so zutreffend formuliert hat, unten an Bord der *Nautilus* ist jedes Herz frei von Furcht. Es ist keine Beschädigung zu befürchten, denn der doppelte Rumpf des Schiffes besitzt die Härte von Eisen; keine Takelage wird durch Schlingern und Stampfen aufgerieben; keine Segel werden vom Wind hinweggefegt; keine Heizkessel zerbersten vom Dampf; es gibt kein Feuer zu fürchten, da dieses Schiff aus Stahlblech und nicht aus Holz gefertigt ist; keine Kohlen gehen zur Neige, denn Elektrizität ist die mechanische Kraft; keine Begegnung ist zu befürchten, denn das Schiff kreuzt allein in den Tiefen des Wassers; keinem Sturm muß getrotzt werden, da das Schiff einige Meter unter Wasser die vollkommene Ruhe vorfindet! Dies ist das Schiff, mein Herr, das Schiff schlechthin! Und wenn es stimmt, daß der Ingenieur mehr Vertrauen in das Bauwerk hat als der Baumeister, und der Baumeister mehr als der Kapitän selbst, dann verstehen Sie, in welchem Ausmaß ich auf meine *Nautilus* vertraue, deren Kapitän, Baumeister und Ingenieur ich in einer Person bin!«

Kapitän Nemo sprach mit hinreißender Beredsamkeit. Das Feuer in seinem Blick und die Leidenschaftlichkeit seiner Bewegungen veränderten ihn. Ja, er liebte sein Schiff wie ein Vater sein Kind liebt!

Aber es stellte sich natürlich eine — vielleicht indiskrete — Frage, und ich konnte nicht umhin, sie vorzubringen.

»Sie sind also Ingenieur, Kapitän Nemo?«

»Ja, Herr Professor«, antwortete er, »ich habe in London, Paris und New York studiert, als ich noch die Kontinente der Erde bewohnte.«

»Aber wie konnten Sie diese wunderbare *Nautilus* in aller Verschwiegenheit bauen?«

»Jedes ihrer Teile, Herr Aronnax, stammt aus einem anderen Winkel der Erde und wurde mir angeblich für andere Verwendungszwecke zugesandt. Der Kiel wurde in Creusot geschmiedet, die Welle der Schraube bei Pen & Co. in London, die Stahlblechplatten für den Rumpf bei Leard in Liverpool, die Schraube bei Scott in Glasgow. Die Speicher wurden von Cail & Cie in Paris angefertigt, die Maschine von Krupp in Preußen, der Schnabel in den Werkstätten von Motala in Schweden, die Präzisionsinstrumente von den Brüdern Hart in New York etc. Jeder dieser Lieferanten erhielt meine Pläne unter einem anderen Namen.«

»Wenn die Teile auch auf diese Weise hergestellt wurden«, erwiderte ich, »so mußten sie doch noch zusammengesetzt und eingepaßt werden?«

»Herr Professor, ich hatte meine Werkstätten auf einer einsamen kleinen Insel mitten im Ozean eingerichtet. Dort haben meine Arbeiter, das sind meine tapferen Gefährten, die ich unterrichtet und ausgebildet habe, und ich unsere *Nautilus* fertiggestellt. Nachdem die Arbeit beendet war, wurden alle Spuren unseres Aufenthalts auf der kleinen Insel durch ein Feuer verwischt; wenn ich gekonnt hätte, hätte ich sie in die Luft gesprengt.«

»Dann darf ich also annehmen, daß die Gestehungskosten für dieses Schiff außergewöhnlich hoch sind?«

»Herr Aronnax, ein Schiff aus Eisen kostet 1125 Francs pro Tonne. Nun, die *Nautilus* hat 1500 Tonnen. Sie kommt daher auf 1687000 Francs, das bedeutet, die Einrichtung mitinbegriffen, zwei Millionen; zusammen mit den Kunstwerken und den Sammlungen, die sie enthält, macht dies vier oder fünf Millionen aus.«

»Eine letzte Frage, Kapitän Nemo.«

»Fragen Sie, Herr Professor!«

»Sie sind also reich?«

»Unermeßlich reich, mein Herr, ich könnte ohne Schwierigkeit die zehn Milliarden Schulden von Frankreich bezahlen!«

Ich starrte diesen seltsamen Mann an, der so zu mir sprach. Mißbrauchte er meine Leichtgläubigkeit? Die Zukunft sollte es mich lehren.

Aus: »Zwanzigtausend Meilen unter dem Meer«
Originaltitel: »Vingt mille lieues sous les mers« (1870)
Copyright © 1989 der deutschen Übersetzung
by Wilhelm Heyne Verlag GmbH & Co. KG, München
Aus dem Französischen übersetzt von Angelika Schlenk

JULES VERNE

Reise um den Mond

Kapitel XVII
TYCHO

Um sechs Uhr abends passierte das Projektil den Südpol in weniger als sechzig Kilometern Entfernung. Es war dieselbe Entfernung, in der es sich dem Nordpol genähert hatte. Die elliptische Kurve zeichnete sich also deutlich ab.

In diesem Augenblick bekamen die Reisenden wieder die wohltuende Wirkung der Sonnenstrahlen zu spüren. Sie sahen wieder die Sterne, die langsam von Osten nach Westen wandern. Das strahlende Gestirn wurde mit dreifachem Hurra begrüßt. Mit dem Licht schickte es auch seine Wärme, die bald durch die metallenen Wände drang. Die Fenster wurden wieder durchsichtig, die Eisschicht schmolz wie durch ein Wunder dahin. Sogleich wurde aus Sparsamkeitsgründen das Gas gelöscht. Nur der Luftapparat verbrauchte wie bisher die gewohnte Menge.

»Ah!« sagte Nicholl, »wie gut tun diese Wärmestrahlen! Mit welcher Ungeduld müssen die Seleniten nach einer so langen Nacht das Wiedererscheinen des Tagesgestirns ersehnen!«

»Ja«, antwortete Michel Ardan, den strahlenden Äther gleichsam einatmend, »in Licht und Wärme liegt alles Leben begründet!«

In diesem Augenblick zeigte das Bodenstück des Projektils die Tendenz, sich leicht von der Mondoberfläche zu entfernen, so daß es eine ziemlich langgezogene elliptische Bahn beschrieb. Wäre die Erde in vollem Licht gestanden, hätten Barbicane und seine Gefährten sie von dort aus sehen können. Aber in das Sonnenlicht eingetaucht, blieb sie vollkommen unsichtbar. Ein anderes Schauspiel zog ihre Aufmerksamkeit auf sich, es war der Anblick der südlichen Region des Mondes, der durch Fernrohre auf eine halbe Viertelmeile nähergerückt war. Sie wichen nicht mehr von den Fenstern und zeichneten alle Einzelheiten dieses seltsamen Festlandes auf.

Die Berge Dörfel und Leibnitz bildeten zwei gesonderte Berggruppen, deren Entfaltung ziemlich genau am Südpol beginnt. Die erste Gruppe erstreckt sich vom Pol bis zum vierundachtzigsten Breitengrad auf dem östlichen Teil des Gestirns; die zweite, die sich am östlichen Rand abzeichnet, reicht vom fünfundsechzigsten Breitengrad bis zum Pol.

Auf ihrem eigenwillig gewundenen Grat zeichneten sich glänzende Schichten ab, so wie sie Pater Secchi beschrieben hatte. Mit größerer Gewißheit als der berühmte römische Astronom konnte Barbicane nun ihre Beschaffenheit erkennen.

»Das ist Schnee!« rief er.

»Schnee?« wiederholte Nicholl.

»Ja, Nicholl, Schnee, dessen Oberfläche tief gefroren ist. Seht, wie er die hellen Strahlen reflektiert. Erkaltete Lava könnte keine derart intensive Reflexion bewirken. Es gibt also Wasser und Luft auf dem Mond. So wenig es auch sein mag, aber die Tatsache kann nicht mehr bestritten werden!«

Nein, dies war unbestreitbar! Und wenn Barbicane jemals die Erde wiedersehen sollte, werden die Aufzeichnungen zu seinen selenographischen Beobachtungen diese bemerkenswerte Tatsache bezeugen.

Die Berge Dörfel und Leibnitz erhoben sich inmitten einer mäßig weiten Ebene, die von einer endlosen Reihe von Talkesseln und ringförmigen Wällen begrenzt war. Nur diese beiden Gebirgsketten trafen sich in der Region der Talkessel. Verhältnismäßig wenig hügelig, ragen hie und da nur einige spitze Berggipfel hervor, von welchen der höchste siebentausendsechshundertunddrei Meter mißt.

Aber das Projektil flog hoch über all diesem und das Gebirgsrelief verschwand im stark blendenden Glanz der Scheibe. Die Mondlandschaft zeigte sich den Reisenden wieder in ihrem altertümlichen Gewand in grellen Farben, ohne Schattierungen, ohne Nuancen der Schatten, in kontrastvollem Schwarz und Weiß, denn es fehlte ihr das diffuse Licht. Dennoch konnten sie nicht den Blick von dieser öden Welt abwenden, gerade diese Fremdheit fesselte sie. Sie bewegten sich über diesem unwegsamen Gelände, wie wenn ein Sturmwind sie mit sich fortgetrieben hätte, die Gipfel und die Höhlen unter ihren Füßen entschwanden ihrem Blick. Sie erklommen die Wälle, erforschten die geheimnisvollen Öffnungen, vermaßen die Klüfte. Aber nirgends entdeckten sie eine Spur von Vegetation oder Anzeichen von Städten; nichts als Schichtungen, Lavaströme, geglättete Massen, die gleich riesigen Spiegeln die Sonnenstrahlen mit unerträglichem Glanz reflektierten. Diese Welt kannte nichts Lebendiges; es war eine tote Welt, in der die Lawinen, die von den Gipfeln der Berge abgingen, geräuschlos in den Abgrund rollten. Sie waren zwar in Bewegung, aber es fehlte ihnen das dröhnende Tosen.

Barbicane stellte in wiederholten Beobachtungen fest, daß die Bodenerhebungen am Rand der Mondscheibe eine einheitliche Gestaltung aufwiesen, obwohl sie anderen Einwirkungen unterworfen waren als die mittlere Region. Dieselbe Bildung von kreisförmigen Flächen, dieselben Bodenerhebungen. Man hätte dennoch annehmen können, daß sie sich in der Beschaffenheit unterschieden. Denn in der Mitte war die noch verformbare Kruste des Mondes der doppelten Anziehungskraft des Mondes und der Erde unterworfen, die in entgegengesetzter Richtung entsprechend eines vom Mond zur Erde verlängerten Radius wirkte. An den Rändern der Scheibe hingegen war die Anziehungskraft des Mondes sozusagen senkrecht zur Anziehungskraft der Erde gewesen. Man sollte meinen, daß die unter diesen beiden Bedingungen entstandenen Bodenerhebungen eine unterschiedliche Gestalt hätten annehmen müssen. Dies war jedoch nicht der Fall. Der Mond hatte demnach aus sich selbst heraus zu einem Bildungs- und Gestaltungsprinzip gefunden. Er hatte nichts fremden Einflüssen zu verdanken. Dies rechtfertigte das bemerkenswerte Urteil Aragos: »Kein fremder Einfluß hat auf die Gestaltung der Bodenbeschaffenheit des Mondes eingewirkt.«

Was auch immer gewesen sein mochte, in seinem derzeitigen Zustand war der Mond ein Bild des Todes, ohne daß man erkennen konnte, ob er jemals von Leben erfüllt war.

Michel Ardan glaubte jedoch, eine Reihe von Ruinen zu erkennen, die er der Aufmerksamkeit Barbicanes empfahl. Dies war ungefähr beim achtzigsten Breiten- und dreißigsten Längengrad.

Diese Gruppierung von Steinen, die ziemlich regelmäßig angeordnet waren, stellte eine riesige Festung dar, die eine dieser langen Furchen beherrschte, die in prähistorischer Zeit den Flüssen als Bett dienten. Nicht weit davon entfernt, erhob sich das fünftausendsechshundertsechsundvierzig Meter hohe Ringgebirge Short, das dem asiatischen Kaukasus gleicht. Michel Ardan behauptete in seiner üblichen Begeisterung, daß dies »eindeutig« eine Festung sei. Unterhalb der Festung entdeckte er die niedergerissenen Wälle einer Stadt, hier die noch unversehrte Wölbung einer Säulenhalle, dort zwei oder drei Säulen unter ihren Sockeln; etwas weiter entfernt eine Reihe von Rundbögen, die die Leitungen eines Äquadukts gestützt haben mußten; anderswo die eingestürzten Pfeiler einer riesigen Brücke, die ebenso breit wie die Furche gewesen sein mußte. Dies alles erkannte er, er entwickelte jedoch beim Betrachten soviel Phantasie, vor seinem Fernrohr entfaltete sich eine so unwirkliche Welt, so daß man seinen Beobachtungen nicht

Glauben schenken darf. Und doch, wer könnte behaupten, wer wagte zu sagen, daß dieser liebenswerte Kamerad nicht wirklich gesehen hat, was seine beiden Gefährten nicht sehen wollten?

Die Augenblicke waren zu kostbar, um sie mit einer so müßigen Diskussion zu vergeuden. Die angebliche oder wirkliche Selenitenstadt war bereits in der Ferne verschwunden. Die Entfernung des Projektils von der Mondscheibe begann sich zu vergrößern, und die Details begannen zu verschwimmen. Lediglich die Gebirgsreliefs, die Krater und die Ebenen blieben erkennbar und zeigten deutlich ihre Grenzlinien.

In diesem Augenblick rückte auf der linken Seite einer der schönsten Talkessel der Mondorographie ins Sichtfeld, eine der Sehenswürdigkeiten dieses Kontinents. Es war Newton, Barbicane erkannte ihn unschwer mit Hilfe der *Mappa Selenographica.*

Newton liegt genau am 77. Grad südlicher Breite und 16. Grad östlicher Länge. Er bildet einen ringförmigen Krater, dessen siebentausendzweihundertvierundsechzig Meter hohe Wälle unbezwingbar schienen.

Barbicane wies seine Gefährten darauf hin, daß die Tiefe dieses Kraters bei weitem nicht durch die Höhe des Berges und die ihn umgebende Ebene aufgewogen wurde. Dieses enorme Loch entzog sich jeder Messung, es bildete einen finsteren Abgrund, bis zu dessen Boden niemals Sonnenstrahlen vordringen konnten. Nach der Bemerkung von Humboldt herrscht dort die absolute Finsternis, die vom Licht der Sonne und der Erde nicht durchbrochen werden kann. In der Mythologie hätte man hier zu Recht den Eingang zur Hölle gesehen.

»Newton«, sagte Barbicane, »ist das vollendetste Beispiel eines Ringgebirges, er sucht seinesgleichen auf der Erde. Diese Ringgebirge bezeugen, daß die Bildung des Mondes auf dem Wege des Erkaltens auf gewaltsame Ursachen zurückzuführen ist, denn während die Oberflächengestalt unter dem Druck eines inneren Feuers von gewaltigen Höhen geprägt war, zog sich der Boden zurück und versank weit unter dem Niveau des Mondes.«

»Dem widerspreche ich nicht«, erwiderte Michel Ardan.

Einige Minuten später, nachdem sie Newton hinter sich gelassen hatten, überflog das Projektil direkt das Ringgebirge Moret. Es fuhr von weitem an den Gipfeln des Blancanus entlang und erreichte gegen halb acht Uhr abends den Talkessel Clavius. Dieser Kessel, einer der bemerkenswertesten der Scheibe, lag am 58. Grad südlicher Breite und 15. Grad östlicher Länge. Seine Höhe wird auf siebentausendeinundneunzig Meter geschätzt. Die Reisenden konnten in einer Entfernung von vierhundert Kilometern, die durch ihre Fernrohre auf vier reduziert wurde, den gesamten Umfang dieses ausgedehnten Kraters bewundern.

»Die Vulkane der Erde«, sagte Barbicane, »sind verglichen mit denen des Mondes nur Maulwurfshügel. Mißt man die alten Krater, die durch die ersten Ausbrüche des Vesuvs und des Ätna gebildet wurden, so findet man sie kaum sechstausend Meter breit. In Frankreich umfaßt der Talkessel Cantal zehn Kilometer; in Ceylon mißt der Talkessel der Insel siebzig Kilometer, und er gilt als der weiteste Kessel des Erdballs. Was sind diese Durchmesser im Vergleich zu dem des Clavius, den wir gerade überfliegen?«

»Wie breit ist er nun?« fragte Nicholl.

»Er hat eine Breite von zweihundertsiebenundzwanzig Kilometer«, antwortete Barbicane. »Es stimmt zwar, daß dieser Talkessel der bedeutendste auf dem Mond ist; es gibt aber noch viele andere, die Durchmesser von zweihundert, einhundertfünfzig oder hundert Kilometer aufweisen!«

»Ah, meine Freunde!« rief Michel aus. »Könnt ihr euch vorstellen, was dieses friedliche Nachtgestirn sein mußte, als diese von Donner erfüllten Krater alle auf einmal Lavaströme, Steinhagel, Rauchwolken und Feuer ausspieen! Was für ein großartiges Schauspiel damals, und nun welcher Verfall! Dieser Mond ist lediglich das magere Gerippe eines Feuerwerks, dessen Knallkörper, Raketen, Schwärmer und Feuerräder nach prachtvollem Aufleuchten nur traurige Fetzen Karton zurückließen. Wer könnte die Ursache nennen, den Grund, die Rechtfertigung dieser Naturkatastrophe?«

Barbicane hörte Michel Ardan nicht zu. Er betrachtete die Wälle des Clavius, die von großen Bergen gebildet wurden und eine Breite von einigen Meilen aufwiesen. Auf dem Grund der riesigen Höhlung gruben sich rund hundert kleine erloschene Krater in die Tiefe und höhlten den Boden wie mit einer Schaumkelle aus. Über ihnen erhob sich eine fünftausend Meter hohe Bergspitze.

Die Ebene ringsum bot einen trostlosen Anblick. Es gibt nichts so Ausgedörrtes wie diese Gebirgszüge, nichts so Trauriges wie diese Bergruinen, und, wenn man dies so nennen kann, wie diese Trümmer von Gipfeln und Bergen, die den Boden bedeckten! Der Trabant schien an dieser Stelle geborsten zu sein.

Das Projektil fuhr immer weiter, und dieses Felsenmeer veränderte sich nicht. Talkessel, Krater und eingestürzte Berge reihten sich unablässig aneinander. Keine Ebenen mehr, keine Meere. Eine Schweiz, ein Norwegen ohne Ende. Und schließlich, im Zentrum und auf dem höchsten Punkt dieser zerklüfteten Gegend, der glanzvollste Berg der Mondscheibe, der herrliche Tycho, den die Nachwelt für immer nach dem berühmten dänischen Astronomen benennen wird.

Wenn man bei wolkenlosem Himmel den Vollmond betrachtet, bemerkt jeder den glänzenden Punkt der südlichen Hemisphäre. Michel Ardan gebrauchte alle Metaphern, die ihm seine Phantasie eingaben, um ihn näher zu bestimmen. Für ihn war dieser Tycho eine glühende Lichtquelle, ein Strahlenzentrum, ein Krater, der Strahlen spie! Er war die Nabe eines Funkenrades, ein Seestern, der die Scheibe mit seinen silbernen Tentakeln umschloß, ein riesiges flammenerfülltes Auge, ein Glorienschein, wie geschaffen für den Kopf von Pluto! Wie ein von der Hand des Schöpfers geworfener Stern war er auf der Vorderseite des Mondes zerschellt!

Der Tycho entwickelt eine so starke Lichtkonzentration, daß die Bewohner der Erde ihn ohne Fernrohr erkennen können, obwohl sie hunderttausend Meilen* von ihm entfernt sind. Man stelle sich nun vor, wie intensiv dieses Licht für die Augen der Beobachter sein mußte, die nur einhundertfünfzig Meilen davon entfernt waren. Sein Leuchten durch den reinen Äther hindurch war so unerträglich, daß Barbicane und seine Freunde die Gläser ihrer Fernrohre mit Ruß von der Gasflamme verdunkeln mußten, um den blendenden Glanz ertragen zu können. Dann beobachteten und betrachteten sie stumm, nur einige Worte der Bewunderung und des Staunens waren zu vernehmen. All ihre Gefühle, all ihre Eindrücke waren auf diese Beobachtung konzentriert, so wie bei jeder starken Erregung sich alles Leben auf das Herz konzentriert.

Tycho gehört dem System der strahlenden Berge an, wie Aristarch und Kopernikus. Aber von allen der Vollkommenste, der Entschiedenste, zeugt er unwiderlegbar von dieser furchtbaren vulkanischen Wirkung, auf die die Bildung des Mondes zurückzuführen ist.

Tycho liegt am 43. Grad südlicher Breite und 12. Grad östlicher Länge. In seinem Zentrum befindet sich ein siebenundachtzig Kilometer breiter Krater. Er weist eine leicht elliptische Form auf und wird durch einen Gürtel von Ringwällen umschlossen, die mit einer Höhe von fünftausend Metern die äußere Ebene im Osten und im Westen überragen. Es ist eine Gruppe von Montblancs mit einem gemeinsamen Zentrum, gekrönt von einem Strahlenkranz. Was dieses unvergleichliche Gebirge in

---

* Die alte französische Meile (= lieue) entsprach ca. 4000 Metern. — *Anm. d. Übers.*

Wirklichkeit ist, all die Höhenzüge, die zum Gebirge zusammenlaufen, die inneren Auswüchse des Kraters, die Photographie vermochte es nie darzustellen. Tycho erscheint nämlich in seinem ganzen Glanz bei Vollmond. Dadurch gibt es keine Schatten, die perspektivischen Verkürzungen sind verschwunden, und die Bilder werden weiß. Ein ärgerlicher Umstand, denn es wäre interessant gewesen, dieses fremdartige Gebiet mit der Genauigkeit der Photographie darzustellen. Es besteht nur aus einer Gruppe von Höhlungen, Kratern, Talkesseln, schwindelerregenden Kreuzungen von Gebirgskämmen; dann, so weit das Auge reicht, ein Netz von Vulkanen auf einem pustelübersäten Boden. Man begreift nun, daß die brodelnden Blasen des zentralen Ausbruchs ihre ursprüngliche Form beibehielten. Durch die Erkaltung in Kristalle verwandelt, nahmen sie sich ebenso starr und feststehend aus wie früher der Mond unter dem Einfluß der plutonischen Kräfte.

Die Reisenden waren von den ringförmigen Gipfeln des Tycho nicht so weit entfernt, um nicht die wesentlichsten Details wahrnehmen zu können. Auf dem Damm selbst, den die Umwallung des Tycho bildet, stiegen die Berge auf den Seiten der inneren und äußeren Abhänge wie riesige Terrassen stufenförmig an. Sie schienen im Westen drei- bis vierhundert Fuß höher zu sein als im Osten. Kein Befestigungssystem auf der Erde war mit dieser natürlichen Festung vergleichbar. Eine auf dem Grund dieser kreisförmigen Höhlung errichtete Stadt wäre völlig unzugänglich gewesen.

Unzugänglich und auf wunderbare Weise großzügig angelegt auf diesem mit malerischen Vorsprüngen versehenen Boden! Denn die Natur hatte den Grund dieses Kraters nicht flach und leer gelassen. Er besaß seine eigene Orographie, ein Gebirgssystem, das in ihm eine eigene Welt schuf. Die Reisenden erkannten deutlich die Kegel, die Hügel in der Mitte, bemerkenswerte Veränderungen im Terrain, die von Natur aus dazu angelegt wa-

ren, die Meisterwerke der selenitischen Architektur aufzunehmen. Hier zeichnete sich ein Tempelplatz ab, dort
der Standort eines Forums, an dieser Stelle sah man die
Grundmauern eines Palastes, an einer anderen Stelle das
Plateau für eine Zitadelle. Alles wurde überragt von einem fünfzehnhundert Fuß hohen Gebirge. Ein weiter
Umfang, in den das gesamte antike Rom zehnmal hin-
eingepaßt hätte!

»Ah!« rief Michel Ardan voller Enthusiasmus bei diesem Anblick. »Was für eine großartige Stadt ließe sich in
diesem Ring von Gebirgen erbauen! Eine ruhige Stadt,
ein friedlicher Zufluchtsort außerhalb allen menschlichen Elends! Wie ruhig und einsam könnten hier all die
Menschenfeinde und Menschenhasser leben, denen das
Leben in der Gesellschaft verleidet ist!«

»Alle? Das wäre hier zu klein für sie!« erwiderte Barbicane.

Kapitel XVIII

SCHWERWIEGENDE FRAGEN

Unterdessen war das Projektil an der Umwallung des Tycho vorübergefahren. Barbicane und seine zwei Freunde
beobachteten nun mit gewissenhafter Aufmerksamkeit
die glänzenden Lichtstrahlen, die das berühmte Gebirge
auf so merkwürdige Weise in alle Himmelsrichtungen
verbreitete.

Was hatte es mit dieser strahlenden Aureole auf sich?
Welches geologische Phänomen war die Ursache dieses
glühenden Strahlenkranzes? Über diese Frage machte
sich Barbicane zu Recht Gedanken.

Vor ihren Augen dehnten sich die Lichtstrahlen mit
hochgezogenen Rändern und konkavem Zentrum in alle
Richtungen hin aus; die einen waren zwanzig Kilometer
breit, die anderen fünfzig. Die hell leuchtenden Licht-
spuren liefen an bestimmte, bis zu dreihundert Meilen

vom Tycho entfernte Orte und schienen, hauptsächlich zum Osten, Nordosten und Norden hin, die Hälfte der südlichen Hemisphäre zu bedecken. Einer dieser Strahlen schien sich bis zum Talkessel Neander am vierzigsten Meridian zu erstrecken. Ein anderer beschrieb eine Kurve, durchfurchte auf diese Weise das Meer des Nektars und brach sich nach einer Strecke von vierhundert Meilen an der Pyrenäenkette. Andere überzogen gegen Westen hin die Meere der Wolken und der Stimmungen mit einem leuchtenden Netz.

Welchen Ursprung hatten diese funkelnden Strahlen, die sowohl auf die Ebenen als auch auf die Gebirgszüge, so hoch diese auch sein mochten, trafen? Sie gingen alle von einem gemeinsamen Zentrum aus, dem Krater des Tycho; sie strahlten aus diesem heraus. Herschel führt ihr Leuchten auf ehemalige Lavaströme zurück, die durch die Kälte erstarrt sind, eine Meinung, die sich nicht durchsetzen konnte. Andere Astronomen sahen in diesen unerklärlichen Strahlen eine Art Moränen, Reihen von Findlingen, die zur Zeit der Bildung des Tycho hochgeschleudert worden waren.

»Und warum nicht?« fragte Nicholl Barbicane, der diese verschiedenen Ansichten abwog und verwarf.

»Weil so die Regelmäßigkeit dieser leuchtenden Linien und die Gewalt, die notwendig war, um vulkanische Materie in solche Entfernung zu schleudern, nicht zu erklären sind.«

»Wahrhaftig!« erwiderte Michel Ardan, »es scheint mir so leicht zu sein, den Ursprung dieser Strahlen zu erklären.«

»Wirklich?« fragte Barbicane.

»Wirklich«, erwiderte Michel. »Es genügt zu sagen, daß sie durch sternförmiges Zerspringen entstanden sind, vergleichbar mit dem Vorgang, der durch den Aufprall einer Kugel oder eines Steins auf eine Glasscheibe ausgelöst wird!«

»Gut!« erwiderte Barbicane lächelnd. »Und welche

Hand wäre kräftig genug gewesen, um einen Stein zu werfen, der einen derartigen Aufprall bewirkt hat?«

»Dafür ist keine Hand nötig«, erwiderte Michel, der sich nicht aus der Fassung bringen ließ, »und was den Stein anbetrifft, nehmen wir an, es war ein Komet.«

»Ah, die Kometen!« rief Barbicane. »Das geht zu weit! Mein wackerer Michel, deine Erklärung ist gar nicht schlecht, aber dein Komet ist unnötig. Der Stoß, der diesen Bruch verursacht hat, kann aus dem Innern des Gestirns gekommen sein. Eine heftige Zusammenziehung der Mondkruste unter Einwirkung der Erkaltung konnte ausreichen, dieses riesenhafte Zerspringen zu verursachen.«

»Na schön, eine Zusammenziehung, so etwas ähnliches wie eine Mondkolik«, erwiderte Michel Ardan.

»Im übrigen«, fügte Barbicane hinzu, »ist dies auch die Meinung des englischen Wissenschaftlers Nasmyth, und sie scheint mir hinlänglich die Strahlung dieser Gebirge zu erklären.«

»Dieser Nasmyth ist kein Dummkopf!« erwiderte Michel.

Lange Zeit bewunderten die Reisenden, die dieses Schauspiels nicht überdrüssig wurden, den Glanz des Tycho. Ihr von Lichtstrahlen durchdrungenes Projektil mußte unter der doppelten Bestrahlung durch die Sonne und den Mond wie eine weißglühende Kugel aussehen. Sie waren aus tiefer Kälte ganz plötzlich in starke Hitze geraten. So bereitete die Natur sie darauf vor, Seleniten zu werden.

Seleniten werden! Dieser Gedanke warf wieder die Frage nach der Bewohnbarkeit des Mondes auf. Konnten die Reisenden diese Frage lösen, nach dem, was sie gesehen hatten? Konnten sie daraus eine Schlußfolgerung dafür oder dagegen ziehen? Michel Ardan forderte seine beiden Freunde dazu heraus, sich eine Meinung zu bilden, und fragte sie geradewegs, ob sie glaubten, daß in der Mondwelt Tiere und Menschen vertreten seien.

»Ich denke, wir können darauf eine Antwort geben«, sagte Barbicane, »aber meiner Ansicht nach darf die Frage nicht in dieser Form gestellt werden. Ich bitte sie anders zu stellen.«

»So stelle sie selbst!« erwiderte Michel.

»Nun gut«, fuhr Barbicane fort. »Es gibt ein doppeltes Problem und dies erfordert eine doppelte Lösung. Ist der Mond bewohnbar? Ist der Mond bewohnt gewesen?«

»Gut«, antwortete Nicholl. »Versuchen wir zunächst herauszufinden, ob der Mond bewohnbar ist.«

»Um ehrlich zu sein, ich weiß es nicht«, erwiderte Michel.

»Und ich antworte mit Nein«, warf Barbicane ein. »In dem Zustand, in dem er sich derzeit befindet, mit dieser gewiß sehr reduzierten Umgebung von Atmosphäre, den zum größten Teil ausgetrockneten Meeren, den nicht ausreichenden Gewässern, der kargen Vegetation, dem schroffen Wechsel von Hitze und Kälte, den dreihundertvierundfünfzig Stunden dauernden Tagen und Nächten scheint mir der Mond unbewohnbar zu sein und auch nicht geeignet für die Entwicklung eines Tierreichs, noch ausreichend für die Bedürfnisse einer Existenz, wie wir sie uns vorstellen.«

»Einverstanden«, erwiderte Nicholl, »aber ist der Mond nicht für Lebewesen bewohnbar, die anders beschaffen sind als wir?«

»Oh, diese Frage ist schwieriger zu beantworten«, sagte Barbicane. »Ich werde es dennoch versuchen, aber ich frage Nicholl, ob die *Bewegung* für ihn das notwendige Ergebnis des Lebens ist, egal wie es auch beschaffen sei.«

»Ohne jeden Zweifel«, antwortete Nicholl.

»Nun, mein werter Kamerad, ich antworte Ihnen, daß wir die Kontinente des Mondes aus einer Entfernung von höchstens fünfhundert Metern beobachtet haben, und daß nichts den Anschein hatte, als ob sich auf der Oberfläche des Mondes etwas bewegen würde. Die Existenz von gleichwie gearteten Menschen wäre durch Einrichtungen, verschiedene Bauten oder auch selbst Ruinen zu erkennen gewesen. Doch was haben wir gesehen? Überall und stets nur die geologische Arbeit der Natur, niemals die Arbeit eines Menschen. Wenn also Repräsentanten aus dem Tierreich auf dem Mond existieren, müßten sie in diesen unergründbaren Höhlungen versteckt sein, wohin das Auge nicht reicht. Dies ist jedoch nicht anzunehmen, denn sie hätten bei der Überquerung der Ebenen, die von einer wenn auch noch so dünnen Schicht Atmosphäre bedeckt sein müssen, Spuren hinterlassen. Es sind aber nirgends Spuren sichtbar. So bleibt nur die Hypothese, daß es eine Rasse lebender Wesen gibt, denen Bewegung, die ja Leben bedeutet, fremd ist!«

»Das wären demnach lebende Kreaturen, die nicht leben«, erwiderte Michel.

»Ganz genau«, antwortete Barbicane, »was für uns überhaupt keinen Sinn ergibt.«

»So können wir uns also unsere Meinung bilden«, sagte Michel.

»Ja«, erwiderte Nicholl.

»Nun gut«, sagte Michel Ardan, »der Wissenschaftliche Ausschuß, versammelt im Projektil des Gun-Club, ist, nachdem er seine Beweisführung auf die jüngst beobachteten Tatsachen gestützt hat, bezüglich der Frage nach der derzeitigen Bewohnbarkeit des Mondes einstimmig zu dem Ergebnis gekommen: Nein, der Mond ist nicht bewohnbar.«

»Diese Entscheidung wurde vom Präsidenten Barbicane in seinem Notizbuch vermerkt, in welchem das Protokoll zur Sitzung vom 6. Dezember festgehalten ist.«

»Gehen wir nun die zweite Frage an«, sagte Nicholl, »die untrennbar mit der ersten verbunden ist. Ich frage also den ehrenwerten Ausschuß: Wenn der Mond nicht bewohnbar ist, ist er früher bewohnbar gewesen?«

»Bürger Barbicane hat das Wort«, sagte Michel Ardan.

»Meine Freunde«, antwortete Barbicane, »ich habe nicht erst diese Reise abgewartet, um mir eine Meinung von der ehemaligen Bewohnbarkeit unseres Trabanten zu machen. Ich möchte hinzufügen, daß mich unsere persönlichen Beobachtungen nur in meiner Meinung bestätigen können. Ich glaube, ja ich möchte versichern, daß der Mond von einer menschlichen Rasse ähnlich der unseren bewohnt war, daß er Tiere hervorgebracht hat, welche in ihrer Anatomie den Tieren auf der Erde entsprachen, aber ich füge hinzu, daß die Zeit dieser Menschen- und Tierrassen vorüber ist und daß sie für immer ausgestorben sind!«

»Dann wäre der Mond also eine ältere Welt als die Erde?« fragte Michel.

»Nein«, antwortete Barbicane mit Überzeugung, »aber eine Welt, die schneller gealtert ist und deren Bildung und Verfall rascher vor sich gegangen sind. Die organisatorischen Kräfte der Materie waren im Innern des Mondes im Verhältnis zum Innern der Erdkugel wesentlich stärker gewesen. Der derzeitige Zustand dieser zerklüfteten, geschundenen und aufgedunsenen Scheibe beweist dies hinlänglich. Mond und Erde waren ursprünglich nur gasförmige Massen. Diese Gase sind unter verschiedenen Einflüssen in einen flüssigen Zustand versetzt worden, und später hat sich daraus eine feste Masse gebildet. Es ist aber ganz sicher, daß unsere Himmelskugel noch in gasförmigem oder flüssigem Zustand war, als der Mond durch Erkalten bereits fest geworden war und bewohnbar wurde.«

»Das glaube ich«, sagte Nicholl.

»Damals«, fuhr Barbicane fort, »umgab ihn eine Atmosphäre. Die Gewässer, zurückgehalten durch diese gasförmige Umhüllung, konnten nicht verdunsten. Unter dem Einfluß von Luft, Wasser, Licht, Wärme der Sonne und aus dem Innern konnte sich die Vegetation auf den für sie vorbereiteten Kontinenten ausbreiten, und sicherlich entstand zu diesem Zeitpunkt das Leben, denn die

Natur vergeudet sich nicht unnütz, und eine Welt, die so wunderbar bewohnbar ist, mußte notwendigerweise auch bewohnt werden.«

»Dennoch mußten viele mit den Veränderungen unseres Trabanten einhergehende Phänomene die Ausbreitung des Pflanzen- und Tierreichs gehindert haben«, antwortete Nicholl. »Zum Beispiel diese dreihundertvierundfünfzig Stunden dauernden Tage und Nächte?«

»An den Polen der Erde dauern sie sechs Monate!«

»Halten wir fest, meine Freunde«, fuhr Barbicane fort, »daß wenn auch im derzeitigen Zustand des Mondes diese langen Tage und Nächte Temperaturunterschiede schaffen, die für den Organismus unerträglich sind, so war dies in früheren Zeiten doch anders. Die Atmosphäre umhüllte diese Scheibe mit einer flüssigen Schicht, aus der sich Dunst in Form von Wolken bildete. Diese natürliche Abschirmung milderte die Hitze der Sonnenstrahlen und hielt die nächtliche Abstrahlung zurück. Licht und Wärme konnten sich in der Luft ausbreiten. Daher rührte ein Gleichgewicht zwischen diesen Einflüssen, das jetzt, da diese Atmosphäre fast vollkommen verschwunden ist, nicht mehr existiert. Außerdem wird euch überraschen ...«

»Überrasche uns!« sagte Michel Ardan.

»Aber ich möchte glauben, daß zu der Zeit, als der Mond bewohnt war, die Tage und die Nächte keine dreihundertvierundfünfzig Stunden dauerten!«

»Und warum?« fragte Nicholl lebhaft.

»Weil es sehr wahrscheinlich ist, daß damals die Rotationsbewegung des Mondes um eine Achse und seine Umlaufbewegung nicht gleich waren, durch diese Gleichheit aber ist jeder Punkt der Scheibe fünfzehn Tage lang der Wirkung der Sonnenstrahlen ausgesetzt.«

»Einverstanden«, erwiderte Nicholl, »aber warum sollen diese beiden Bewegungen nicht gleich gewesen sein, nachdem sie es doch jetzt sind?«

»Weil diese Gleichheit nur durch die Anziehungskraft

131

der Erde bewirkt worden ist. Und wer sagt uns nun, daß zu einem Zeitpunkt, als die Erde sich noch in flüssigem Zustand befand, diese Anziehungskraft stark genug war, um die Bewegungen des Mondes zu verändern?«

»Wie kommen wir eigentlich darauf«, warf Nicholl ein, »daß der Mond schon immer ein Trabant der Erde gewesen ist?«

»Und wer sagt uns«, rief Michel Ardan aus, »daß der Mond nicht schon vor der Erde existiert hat?«

Die Phantasie verlor sich auf dem unbegrenzten Feld der Hypothesen. Barbicane wollte dem Einhalt gebieten.

»Dies sind zu hohe Spekulationen«, sagte er, »wahrhaft unlösbare Probleme. Lassen wir uns darauf nicht ein. Halten wir lediglich fest, daß die ursprüngliche Anziehungskraft nicht ausreichend war, und daß damals, dank der Ungleichheit der Rotations- und der Umlaufbewegung, der Wechsel von Tag und Nacht so ablaufen konnte wie heute auf der Erde. Im übrigen war das Leben dort selbst ohne diese Bedingungen möglich.«

»Also wäre die Menschheit auf dem Mond ausgestorben?« fragte Michel Ardan.

»Ja«, antwortete Barbicane, »nachdem sie ohne jeden Zweifel einige tausend Jahrhunderte überdauert hat. Nachdem dann die Atmosphäre allmählich dünner wurde, wird die Scheibe unbewohnbar geworden sein, wie es durch das Erkalten auch der Erdkugel eines Tages ergehen wird.«

»Durch Erkalten?«

»Zweifellos«, antwortete Barbicane. »In dem Maße, wie die inneren Feuer erloschen sind und die glühende Materie sich zusammengezogen hat, ist die Mondkruste erkaltet. Nach und nach traten die Folgen dieses Phänomens ein: Organische Lebewesen und Vegetation verschwanden. Bald wurde die Atmosphäre dünner, wahrscheinlich unterstützt durch die Anziehungskraft der Erde; die Luft zum Atmen verschwand, das Wasser verdunstete. Zu diesem Zeitpunkt, als der Mond immer unwirtlicher wurde, war er nicht mehr bewohnt. Er war eine tote Welt, genau so, wie wir sie heute sehen.«

»Und du sagst, daß der Erde das gleiche Los bestimmt ist?«

»Sehr wahrscheinlich.«

»Aber wann?«

»Wenn sie durch Erkalten der Erdkruste unbewohnbar geworden ist.«

»Und hat man Berechnungen angestellt, wann unser unglückseliger Erdball erkalten wird?«

»Sicher.«

»Und du kennst die Berechnungen?«

»Ganz genau.«

»Aber so sprich doch, du griesgrämiger Wissenschaftler«, rief Michel Ardan, »ich sterbe vor Ungeduld!«

»Nun ja, mein wackerer Michel«, antwortete Barbicane ruhig, »man weiß, welchen Temperaturrückgang die Erde im Zeitraum eines Jahrhunderts erfährt. Nach einigen Berechnungen nun wird diese Durchschnittstemperatur in einer Zeitspanne von ungefähr vierhunderttausend Jahren auf Null herabsinken!«

»Vierhunderttausend Jahre!« rief Michel. »Oh, da atme ich wieder auf! Ich hatte wirklich einen Schrecken bekommen! Beim Zuhören hatte ich den Eindruck gewonnen, wir hätten nur noch fünfzigtausend Jahre zu leben!«

Barbicane und Nicholl mußten über die Ängste ihres Gefährten lachen. Daraufhin stellte Nicholl, um abzuschließen, noch einmal die zweite Frage, um die es gerade gegangen war.

»Ist der Mond bewohnt gewesen?« fragte er.

Die Antwort war einstimmig positiv.

Aber während dieser mit gewagten Theorien angereicherten Diskussion, die dennoch die bis zu diesem Zeitpunkt erworbenen wissenschaftlichen Grundgedanken zusammenfaßte, hatte das Projektil sich schnell dem

Mondäquator genähert, wobei es sich gleichmäßig von der Scheibe entfernte. Es war in einer Entfernung von achthundert Kilometern am Talkessel Willem und am vierzigsten Breitengrad vorübergeflogen. Nachdem es dann unterm dreißigsten Grad Pitatus rechts liegen ließ, fuhr es am südlichen Meer der Wolken entlang, dessen nördliches Ende sie bereits passiert hatten. Einige Talkessel tauchten vereinzelt in der gleißenden Helligkeit des Vollmonds auf: Bouillaud, der fast viereckige Purbach mit einem Krater im Zentrum, dann Arzachel, dessen Gebirge im Innern einen unbestimmbaren Glanz verbreitet.

Das Projektil entfernte sich immer weiter, die Berge verschwammen in der Ferne, und schließlich verschwanden die Umrisse vor den Augen der Reisenden, und sie konnten von dem wundervollen, eigenwilligen und fremdartigen Gesamtbild dieses Trabanten der Erde nur eine bleibende Erinnerung behalten.

Aus: »Reise um den Mond« (1870)
Originaltitel: »Autour de la lune«
Copyright © 1989 der deutschen Übersetzung
by Wilhelm Heyne Verlag GmbH & Co. KG, München
Aus dem Französischen übersetzt von Angelika Schlenk

UNTERGEGANGENE
ZIVILISATIONEN
UND
URALTES WISSEN

H. Rider Haggard
(1856—1925)

Zunehmende Industrialisierung und das puritanische Gebaren der Gesellschaft im viktorianischen England ließen viele auf Abenteuersuche gehen — gewöhnlich nach Afrika. Unbekannte Welten warteten darauf, entdeckt zu werden, und abenteuerlustige Männer wie Richard Burton, David Livingstone, Henry M. Stanley, Robert Peary und Roald Amundsen zogen los, um sie zu finden. Etwas Fremdartiges, Mysteriöses aus alten oder gar prähistorischen Zeiten glaubten sie hinter dem Horizont zu finden.

Diese hoffnungsvolle Schwärmerei fand auch Eingang in die Literatur jener Zeit, was gewissermaßen einen Rückschlag bedeutete für die Literatur der neuen Wissenschaften und für den wachsenden Fortschrittsglauben, der sich in der westlichen Zivilisation verbreitet hatte. Die Verfasser von Geschichten über untergegangene Welten waren der Meinung, die größeren Wunder seien möglicherweise in der Vergangenheit zu finden; und der Gedanke an die unerläßliche Reise, um diese wenigen unberührten Flecken Erde zu erreichen, veranlaßte die Abenteurer, die Zivilisation hinter sich zu lassen und auf einfachere Tugenden zu bauen, wie etwa Mut, Kraft und Durchhaltevermögen.

Thomas D. Clareson stellte die Behauptung auf, daß der Grund für die Popularität dieser ›Lost Race‹-Romane* zumindest teilweise in der repressiven Emotionalität der viktorianischen Gesellschaft zu suchen sei; diese Romane erlaubten es dem Leser, seinen Urinstinkten nachzugehen, um am Ende einer gefährlichen Reise »eine nur für ihn geschaffene heidnische Prinzessin zu finden«. Diese Romane enthalten auch etliche Elemente traditio-

---

* »Lost Race: Englisch für ›verlorene‹ oder ›vergessene‹ Rasse. Vergessene Rassen, Städte, Welten stellen ein romantisches Subgenre der SF dar und schlossen zeitlich an die ›Voyages extraordinaires‹ an. Vergessene Rassen mit andersartiger Kultur leben hermetisch abgeschlossen von der übrigen Menschheit in unerforschten Gebieten.« — *Reclams Science Fiction Führer*

neller Stoffe, beim Gilgamesch-Epos und der Odyssee angefangen.

Die Lost Race-Geschichte war nach solidem Schema aufgebaut, so wie im zwanzigsten Jahrhundert entsprechende Schemata entwickelt werden sollten für den Western und die Detektivgeschichte. Es begann mit einer langen und anstrengenden Reise, mal verbunden mit der Erforschung des Landes, mal mit der Suche nach einem vermeintlichen verborgenen Schatz oder nach einer untergegangenen Welt, dem Entdecken eines versteckten Tals, eines unzugänglichen Plateaus oder einer auf keiner Karte verzeichneten Insel; und dann, inmitten wunderbarer alter Kultur, die über all das Wissen verfügt, das der übrigen Welt längst abhandengekommen ist, finden die Abenteurer eine Zivilisation, die die Jahrhunderte überdauert hat: möglicherweise Nachkommen des Volkes Israel, ein verschollener Zweig der ägyptischen Dynastien, vielleicht auch aus den antiken Stätten Griechenlands oder aus Rom, vielleicht sogar eine mächtige Rasse aus der Zeit vor dem sagenumwobenen Atlantis. Vor diesem Hintergrund maßt sich der wagemutige Held der westlichen Zivilisation nur allzugern seine standesgemäße Rolle als Führer an, der seine Feinde vernichtet, dadurch die Liebe einer leidenschaftlichen, hemmungslosen Prinzessin (die aber trotz allem reinen Herzens ist) gewinnt und mit ihr einen Hausstand gründet, in dem Ansinnen, Urvater einer edlen Rasse zu werden. Doch leider verliert der Held oft seine Prinzessin durch einen unglücklichen Umstand, auch kann es sein, daß sie lieber den Freitod wählt — dann muß der Held zurückkehren (meist nach England), eine zerstörte Welt hinter sich lassend.

Es gab auch andere Varianten des Handlungsschemas: mitunter mußte der Held die Heimat England und sein Heimchen am Herd verlassen, um nach ruhmreichen Kämpfen — und manchmal entgegen seinen ureigensten Instinkten — zurückkehren zu können; seine Entdeckungen beschränkten sich meist auf prähistorische Tierarten, nur selten auf vergangene Kulturen oder edle Wilde. Später dann, als die Oberfläche der Erde nahezu erforscht war, sollte die Reise in einer anderen Welt enden (oft mittels astraler Projektion), im Erdinnern, im Atom oder gar in einer anderen Dimension; oder in der Vergangenheit, wobei Atlantis als zivilisatorischer Mittelpunkt herhalten mußte und somit der Roman dann mit dessen Zerstörung durch Erdbeben oder Vulkanausbruch endete.

Der mit Abstand bekannteste dieser Lost Race-Autoren war Henry Rider Haggard (1856—1925). Geboren als sechster Sohn eines angesehenen Rechtsanwalts, wurde Haggard mit neunzehn Jahren Sekretär des Gouverneurs von Natal; hierdurch wurden seine Vorstellungen vom mysteriösen Afrika immer konkreter; später verbrachte er dann viel Zeit im Süden Afrikas oder anderen Teilen des Kontinents. Nach seiner Rückkehr nach England heiratete er eine reiche Erbin aus Norfolk und studierte Jura, doch der Erfolg von KING SOLOMON'S MINE (1885, dt. »König Salomons Schatzkammer«, späterer Titel: »König Salomons Diamanten«), veranlaßte ihn, sein weiteres Leben dem Schreiben zu widmen, nebenher war er auch als Landwirtschaftsfachmann und im Staatsdienst tätig.

Vereinigte »König Salomons Schatzkammer« nur einige in sich, zeigte SHE (1887, dt. »Sie«) alle Merkmale der Lost Race-Story. Über die Maßen populär und ständig nachgedruckt, bewirkte »Sie« eine Flut von Nachahmungen, einige von Haggard selbst, der drei Folgeromane schrieb. Da er Serien ganz besonders gern mochte, schrieb er fünfzehn Romane über Allan Quatermain, den Helden in »König Salomons Schatzkammer«, darunter auch einer, in dem sich die beiden großen Charaktere begegnen: SHE AND ALLAN (1920, dt. »Sie und Allan«).

In dem Roman »Sie« brechen Leo Vincey, sein Leibwächter Horace Holly und der Diener Job nach Afrika auf, um dort herauszubekommen, ob die Vinceys wirklich von einem ägyptischen Priester namens Kallikrates abstammen. Sie erreichen die afrikanische Ostküste und bahnen sich mühsam einen Weg durch Sumpfgebiete, werden von Wilden gefangengenommen und schließlich nach Kôr gebracht, einer antiken Stätte, die in einem erloschenen Vulkan verborgen liegt. Dort leben jetzt Wilde, die von der schönen und unsterblichen Sie beherrscht werden; Sie sieht in Vincey die Reinkarnation von Kallikrates, ihrer verlorenen Liebe, auf den sie seit fast zweitausend Jahren gewartet hat. Sie wollte ihn unsterblich machen, damit beide für alle Zeiten in Liebe vereint wären. Dies ist eine interessante Parallele zu jener Episode in der Odyssee, in der Calypso Odysseus ebenfalls Unsterblichkeit und ewige Jugend verspricht, wenn er nur bei ihr bleibt.

Die Haupterben dieser Lost Race-Tradition waren Edgar Rice Burroughs (1875—1950), mit seinen Mars-, Venus- und Pellucidar-Geschichten sowie einigen seiner Tarzan-Folgen, und Abraham Merritt (1884—1943), der — angefangen mit »The Moon Pool« (als Roman 1919, dt. »Der Mondsee«) — eine sehr individuelle Note in seine üppige Fantasy einbrachte. Arthur Conan Doyle (1859—1930) variierte mit THE LOST WORLD (1912, dt. »Die verlorene Welt«, spätere Titel: »Die vergessene Welt« und »Der streitbare Professor«) die Lost Race-Thematik. LOST HORIZON (1933, dt. »Irgendwo in Tibet«) von James Hilton (1900—1954) dürfte der letzte bedeutsame Roman in dieser Richtung gewesen sein, der alle unentbehrlichen Elemente — darunter eine verborgene Zivilisation, zwei schöne ›Prinzessinnen‹, großen Reichtum, Klugheit und fast auch Unsterblichkeit — enthielt.

Heutzutage ist diese romantisch verklärte Denkweise, die die Lost Race-Geschichten überhaupt erst möglich machte, kaum noch zu finden — eventuell in abgewandelter Form in der Heroic Fantasy, in Ufo-Abenteuern oder in Büchern, die sich in der Tradition Dänikens mit den geheimnisvollen Rätseln vergangener Zeiten beschäftigen.

HENRY RIDER HAGGARD

Sie

24

ÜBER DIE SCHLUCHT

Am nächsten Tag weckten uns die Stummen schon vor
Sonnenaufgang, und nachdem wir uns den Schlaf aus
den Augen gerieben und uns an den Überresten eines
Marmorbeckens im äußeren Hof, aus dem noch immer
Wasser sprudelte, gewaschen und erfrischt hatten, erwartete uns Ayesha, zum Aufbruch bereit, bei ihrer Sänfte, während der alte Billali und die beiden stummen Träger sich um unser Gepäck kümmerten. Wie immer war
Ayesha verschleiert gleich der Statue der Wahrheit, und
mir kam der Gedanke, daß diese sie möglicherweise auf
den Gedanken gebracht hatte, ihre Schönheit zu verhüllen. An diesem Morgen jedoch schien sie sehr bedrückt
und trug nicht jene stolze, unbekümmerte Haltung zur
Schau, an welcher man sie unter tausend Frauen, selbst
wenn diese wie sie verschleiert gewesen wären, auf den
ersten Blick erkannt haben würde. Sie blickte auf, als wir
zu ihr traten — denn ihr Kopf war gesenkt —, und be-
grüßte uns. Leo fragte, wie sie geschlafen habe.

»Schlecht, mein Kallikrates«, antwortete sie, »schlecht!
Seltsame und unheimliche Träume quälten mich in
dieser Nacht, und ich frage mich, was sie wohl bedeuten. Mir ist fast, als drohe mir etwas Böses; doch wie
könnte mir etwas Böses zustoßen? Würdest du wohl«,
fuhr sie mit einem plötzlichen Anflug weiblicher Zärtlichkeit fort, »würdest du wohl, wenn mir etwas Schlimmes
geschähe und ich eine Weile schlafen und dich verlassen
müßte, meiner liebend gedenken? Würdest du, mein
Kallikrates, meiner wohl harren, bis ich wiederkehre, so
wie ich viele Jahrhunderte lang auf dich wartete?«

Ohne auf Antwort zu warten, fuhr sie fort: »Kommt, wir wollen aufbrechen, denn wir haben einen weiten Weg vor uns und müssen, bevor ein zweites Mal die Sonne über den Horizont steigt, am Platz des Lebens sein.«

Nach fünf Minuten schritten wir wiederum durch die ungeheure Ruinenstadt, deren Bauten in dem grauen Halbdunkel auf zugleich großartige wie bedrückende Weise um uns emporragten. Im gleichen Augenblick, da der erste Strahl der aufgehenden Sonne gleich einem goldenen Pfeil durch diese steinerne Wildnis schoß, erreichten wir das Tor der äußeren Mauer. Wir warfen einen letzten Blick auf die uralten majestätischen Säulenbauten, stießen — bis auf Job, für den Ruinen keinerlei Reize hatten — einen Seufzer des Bedauerns aus, weil uns keine Zeit blieb, sie näher zu erforschen, und betraten nach Durchquerung des großen Grabens wieder die Ebene.

Mit der Sonne stieg auch Ayeshas Stimmung, und zur Frühstückszeit hatte sie wieder ihre sonstige Ausgeglichenheit zurückgewonnen und schob lachend ihre Bedrücktheit auf die Erinnerung, die sich für sie mit dem Raum, in dem sie geschlafen hatte, verbanden.

»Diese Barbaren sind überzeugt, daß in Kôr böse Geister hausen«, sagte sie, »und fast glaube ich, sie haben recht, denn eine so schlechte Nacht wie diese habe ich bisher nur ein einziges Mal verbracht. Ich erinnere mich ganz genau daran. Es war in der gleichen Kammer, damals, als du tot zu meinen Füßen lagst, Kallikrates. Ich will sie nie wieder betreten; es ist ein unheilvoller Ort.«

Nach einer kurzen Frühstücksrast marschierten wir flott weiter, so daß wir um zwei Uhr nachmittags am Fuß der ungeheuren Felswand standen, welche den Rand des an dieser Stelle bis zu einer Höhe von fünfzehnhundert oder zweitausend Fuß schroff aufsteigenden Vulkans bildete. Wir machten halt, was mich nicht im mindesten verwunderte, denn eine Fortsetzung des Marsches schien gänzlich ausgeschlossen.

»Nun beginnt unsere Mühsal erst so recht«, sagte Ayesha und stieg aus ihrer Sänfte, »denn hier müssen wir uns von diesen Männern trennen und uns allein behelfen. Du«, wandte sie sich an Billali, »bleibst mit diesen Sklaven hier und wartest auf unsere Rückkunft. Bis morgen mittag sollten wir wieder hier sein — wenn nicht, so warte.«

Billali verneigte sich ehrfürchtig und versprach, ihrem erlauchten Befehl zu gehorchen, selbst wenn sie bis zu ihrem Tode warten müßten.

»Dieser Mann, o Holly«, sagte ›Sie‹, auf Job deutend, »sollte am besten auch hierbleiben, denn da er nicht sehr beherzt und mutig ist, könnte ihm Schlimmes zustoßen. Überdies sind die Geheimnisse des Ortes, zu dem wir uns begeben, für gewöhnliche Augen nicht bestimmt.«

Ich übersetzte dies Job, der mich sogleich inständigst, fast mit Tränen in den Augen, bat, ihn nicht zurückzulassen. Er sei überzeugt, sagte er, daß er nichts Schlimmeres erblicken werde, als er bereits gesehen habe, und der Gedanke, allein bei diesen ›gräßlichen Wilden‹ zu bleiben, die sicherlich die Gelegenheit nützen würden, ihn mit dem heißen Topf zu töten, sei ihm entsetzlich.

Ich übersetzte seine Worte Ayesha, die achselzuckend erwiderte: »Nun gut, so mag er mitkommen, doch ich habe ihn gewarnt. Er kann diese Lampe tragen, und dies hier«, und sie deutete auf eine schmale Planke von etwa sechzehn Fuß Länge, die an die lange Tragstange ihrer Sänfte festgebunden war und anscheinend bei dem ungewöhnlichen Unternehmen einem unbekannten Zweck dienen sollte.

Wir beluden also Job mit dieser festen, doch dabei sehr leichten Planke und drückten ihm eine Lampe in die Hand. Die andere band ich zusammen mit einem Krug voll Öl auf meinen Rücken, während wir Leo mit den Lebensmittelvorräten und einem Ziegenschlauch voll Wasser versahen. Als wir fertig waren, befahl ›Sie‹ Billali und den sechs stummen Trägern, sich hinter ein etwa hundert Meter entferntes blühendes Magnoliengebüsch zurückzuziehen und dort bei Todesstrafe zu warten, bis wir.verschwunden waren. Sie verbeugten sich demütig und entfernten sich. Der alte Billali drückte mir zum Abschied freundlich die Hand und flüsterte mir zu, daß er froh sei, nicht an dieser wunderbaren Expedition teilnehmen zu müssen. Im nächsten Augenblick waren sie fort, und nachdem Ayesha uns kurz gefragt hatte, ob wir bereit seien, wandte sie sich ab und blickte die steile Felswand empor.

»Du meine Güte, Leo«, sagte ich, »da sollen wir doch hoffentlich nicht hinaufklettern!«

Während Leo, der teils fasziniert, teils verwirrt schien, die Achseln zuckte, begann Ayesha den Felsen auch schon zu erklimmen, und uns blieb nichts anderes übrig, als ihr zu folgen. Es war erstaunlich anzusehen, mit welcher Leichtigkeit und Grazie sie von einem Felsblock zum anderen sprang. Der Aufstieg war jedoch nicht ganz so schwierig, wie ich gedacht hatte, obgleich es eine oder zwei unangenehme Stellen gab, an denen es nicht ratsam war, sich umzublicken. Auf diese Weise gelangten wir ohne große Mühe bis in eine Höhe von etwa fünfzig Fuß, und lediglich Job wurde durch seine Planke ein wenig behindert. Da wir uns dabei seitwärts bewegten, befanden wir uns nun etwa fünfzig oder sechzig Schritte links von unserem Ausgangspunkt. Plötzlich stießen wir auf einen Felsvorsprung, der anfangs ziemlich schmal war, sich dann jedoch immer mehr verbreiterte und zudem gleich einem Blütenblatt nach innen bog, so daß wir, als wir ihm folgten, in eine Art Furche oder Felsfalte gerieten, die wie eine Gasse immer tiefer führte und uns den Blicken der unten Wartenden völlig verbarg. Diese Gasse, die von der Natur geformt schien, mündete nach fünfzig oder sechzig Schritten plötzlich in eine gleichfalls natürliche, im rechten Winkel zu ihr liegende Höhle. Daß es sich um eine natürliche und nicht künstlich angelegte Höhle handelte, schloß ich aus ihrer unregelmäßigen Form und ihrem gekrümmten Verlauf, die den Eindruck erweckten, als sei sie durch eine ungeheuer starke Explosion von Gasen entstanden, welche, dem Weg des geringsten Widerstandes folgend, sich eine Bresche durch das Gestein bahnten. Sämtliche von den alten Kôrern angelegten Höhlen waren hingegen von nahezu perfekter Regelmäßigkeit und Symmetrie. Am Eingang dieser Höhle blieb Ayesha stehen und befahl uns, die beiden Lampen anzuzünden. Ich tat es, gab ihr die eine und nahm die andere selbst. Darauf betrat sie, uns vorangehend, die Höhle, wobei sie sich größter Vorsicht befleißigte, denn der Boden war äußerst uneben, gleich einem Flußbett mit großen Steinen übersät und an manchen Stellen voller tiefer Löcher, in denen man sich leicht ein Bein brechen konnte.

Etwa zwanzig Minuten lang drangen wir in diese Höhle vor, welche, soweit ich dies bei den zahlreichen Krümmungen und Biegungen beurteilen konnte, etwa eine Viertelmeile lang war. Endlich erreichten wir das andere Ende, und während ich mich mühte, das Dunkel mit meinen Augen zu durchdringen, fegte plötzlich ein Windstoß über uns hinweg und löschte beide Lampen aus.

Ayesha, die uns ein Stück voraus war, rief uns, und als wir zu ihr krochen, wurden wir durch einen Anblick belohnt, dessen Düsterkeit und Größe uns überwältigte. In dem schwarzen Fels vor uns tat sich ein mächtiger Abgrund auf, gezackt, zerrissen und zerfetzt, als hätte in ferner Vorzeit ein schreckliches Naturereignis das Gestein gespalten, als hätten ungeheure Blitze darin eingeschlagen. Die Schlucht war auf unserer Seite von einer schroff abfallenden Wand begrenzt, und vermutlich auf der anderen, die wir nicht sehen konnten, ebenfalls, doch da es um uns nahezu völlig finster war und von der

144

Oberfläche des fünfzehnhundert oder zweitausend Fuß hohen Felsens nur ein ganz schwacher Lichtschimmer zu uns herunterdrang, konnten wir nicht erkennen, wie breit sie war. Die Höhle, die wir durchschritten hatten, endete hier in einem höchst merkwürdigen riesigen Felsvorsprung, der etwa fünfzig Fuß weit in die Schlucht hineinragte und dessen Form dem Sporn am Fuße eines Hahnes ähnelte. Dieser ungeheure Sporn war nur an seiner Basis mit dem Felsgestein verbunden, ansonsten jedoch ohne jede Stütze.

»Hier müssen wir hinüber«, sagte Ayesha. »Seht euch vor, daß ihr nicht schwindlig werdet oder der Sturm euch in die Schlucht hinabreißt, denn sie ist wahrlich bodenlos«, und ohne uns länger Zeit zu furchtsamen Überlegungen zu lassen, stieg sie den Sporn hinan, und wir folgten ihr, so gut wir konnten. Ich ging hinter ihr, dann folgte Job, mühsam seine Planke schleppend, und Leo bildete die Nachhut. Es war wunderbar anzusehen, wie diese unerschrockene Frau ohne Zagen den gefährlichen Weg erklomm. Ich selbst sah mich nach wenigen Schritten infolge des starken Luftzuges und aus Furcht vor einem Fehltritt veranlaßt, mich auf Hände und Knie niederzulassen und weiterzukriechen, und die beiden anderen taten es mir nach.

Ayesha hingegen schritt, ihren Körper den Windstößen entgegenstemmend, aufrecht weiter und schien nicht einen Augenblick die Ruhe oder das Gleichgewicht zu verlieren.

Als wir nach einigen Minuten etwa zwanzig Schritte auf dieser schrecklichen Brücke, die immer schmaler wurde, hinter uns gebracht hatten, fegte plötzlich ein starker Windstoß durch die Schlucht. Ich sah, wie Ayesha sich dagegen warf, doch die Bö fuhr unter ihren schwarzen Mantel und riß ihn ihr herunter, so daß er wie ein verwundeter Vogel in die Schlucht hinunterflatterte und im Dunkel verschwand. Ich klammerte mich an den Felsen, und um mich blickend, spürte ich, wie der große

Sporn gleich einem lebendigen Wesen mit einem dröhnenden Geräusch erzitterte. Es war ein schauriger Anblick, der sich uns bot, so im Dunkel zwischen Himmel und Erde schwebend: unter uns Hunderte und aber Hunderte Fuß gähnender Leere, allmählich immer dunkler werdend und schließlich in absoluter Schwärze endend, so daß die Tiefe sich nicht abschätzen ließ — über uns, ansteigend zu schwindelnder Höhe, der Fels, und weit, weit in der Ferne ein Streifen blauen Himmels. Und in die ungeheure Schlucht hinab fuhr brausend und brüllend der Sturm und trieb Wolken und Nebelfetzen vor sich her, bis wir fast blind und zutiefst verwirrt waren.

Unsere Lage war so entsetzlich und so unwirklich, daß sie uns anscheinend unsere Angst nahezu vergessen ließ, doch bis zum heutigen Tag tritt sie mir im Traum oft vor die Augen, und dann erwache ich, in kalten Schweiß gebadet.

»Voran! Voran!« rief die weißgekleidete Gestalt vor uns, denn nun, da der Mantel ihr entrissen worden war, trug ›Sie‹ nur noch ihr weißes Gewand, in dem sie mehr einer Windsbraut als einem Weibe glich. »Voran, oder ihr stürzt ab und zerschellt in Stücke. Blickt fest auf den Boden und klammert euch mit aller Kraft an den Felsen.«

Wir gehorchten und krochen mühsam den zitternden, sturmumtosten Pfad entlang. Wie lange es so weiterging, vermag ich nicht zu sagen; nur hin und wieder, wenn es unbedingt nötig war, wagten wir um uns zu blicken, doch endlich sahen wir, daß wir uns auf der äußersten Spitze des Sporns befanden, einer Felsplatte, wenig größer als ein Tisch, die wie ein Schiff auf und nieder schwankte. Uns an den Felsen klammernd, legten wir uns nieder und blickten um uns, während Ayesha sich mit flatterndem Haar dem Wind entgegenstemmte und, der gräßlichen Tiefe unter uns nicht achtend, mit der Hand auf etwas vor sich deutete. Jetzt wurde uns klar, wozu die schmale Planke, die Job und ich mühsam mitgeschleppt hatten, bestimmt war. Jenseits des Abgrunds befand sich irgend etwas — was es war, konnten wir jedoch nicht erkennen, denn infolge des Schattens, den der auf der anderen Seite aufragende Felsen warf, war es hier finster wie in tiefer Nacht.

»Wir müssen eine Weile warten«, rief Ayesha; »bald wird es Licht geben.«

Ich fragte mich, was sie wohl meinte. Wie konnte es an diesem grauenvollen Ort jemals mehr Licht geben? Während ich noch darüber nachdachte, durchbohrte plötzlich gleich einem riesigen Flammenschwert ein Strahl der untergehenden Sonne die stygische Finsternis und hüllte, auf die Felsplatte fallend, Ayeshas liebliche Gestalt in unirdischen Glanz. Ich wünschte, ich könnte die wilde, wundervolle Schönheit dieses Feuerschwerts, das Dunkelheit und Nebelschwaden durchdrang, beschreiben. Woher es kam, weiß ich bis heute nicht, doch ich nehme an, daß sich in dem gegenüberliegenden Fels ein Spalt befand, durch den es drang, als die untergehende Sonne dahinter vorbeiglitt. Ich kann nur sagen, es war das prächtigste Bild, das ich je gesehen habe. Mitten durch das schwärzeste Dunkel stach dieses Flammenschwert, und wohin es drang, war Licht, ein so strahlend helles Licht, daß wir selbst auf diese Entfernung die Äderung des Gesteins erkennen konnten, während außerhalb davon — ja schon wenige Zoll von seinem Rand — tiefstes Dunkel herrschte.

Und im Lichte dieses Sonnenstrahles, auf den ›Sie‹ gewartet, nach dem sie unsere Ankunftszeit berechnet hatte, wissend, daß er bei Sonnenuntergang seit Tausenden von Jahren auf diese Stelle fiel, sahen wir nun, was vor uns lag. Etwa elf oder zwölf Meter vom äußersten Ende der Felszunge, auf der wir standen, erhob sich, offenbar vom Grund der Schlucht emporsteigend, ein zuckerhutförmiger Kegel, dessen Spitze uns direkt gegenüberlag. Diese Spitze allein hätte uns jedoch nicht viel genützt, denn ihr uns nächster Punkt war gute vierzig Fuß entfernt. Auf ihrem Rand aber, der kreisrund und ausgehöhlt war, ruhte ein mächtiger flacher Stein — anscheinend ein Gletscherstein —, dessen Kante nur etwa zwölf Fuß von uns entfernt war. Dieser riesige Felsblock schwebte auf dem Rand des Kegels oder Miniaturkraters wie ein Geldstück auf dem Rand eines Weinglases, und in dem grellen Licht, das auf ihn und uns fiel, sahen wir deutlich, wie er unter den Windstößen schwankte.

»Rasch die Planke!« sagte Ayesha, »wir müssen hinüber, solange es hell ist; gleich wird das Licht verschwinden.«

»Oh, großer Gott, Sir«, stöhnte Job, »sie will doch nicht etwa, daß wir auf diesem Ding dort hinübergehen!« und er schob mir gehorsam das lange Brett zu.

»Freilich, Job«, rief ich ihm in einem Anfall von Galgenhumor zu, obgleich mir bei dem Gedanken, über die Planke schreiten zu sollen, ebenso unbehaglich zumute war wie ihm.

Ich schob die Planke weiter zu Ayesha, welche sie geschickt so über den Abgrund legte, daß das eine Ende auf dem schwankenden Stein, das andere auf der äußersten Spitze des zitternden Sporns ruhte. Dann setzte sie, damit sie nicht vom Wind hinweggefegt wurde, den Fuß darauf und wandte sich zu mir um.

»Seit ich letztes Mal hier war, o Holly«, rief sie, »hat der Halt des schwankenden Steins etwas nachgelassen, und deshalb bin ich mir nicht sicher, ob er uns tragen wird. Ich will darum zuerst hinübergehen, denn mir kann nichts geschehen«, und ohne weitere Umstände trat sie leicht, doch entschlossen auf die unsichere Brücke und stand in der nächsten Sekunde auf dem schwankenden Stein.

»Er hält«, rief sie. »Jetzt halte die Planke! Ich will auf die andere Seite des Steins treten, damit er durch euer größeres Gewicht nicht umkippt. Komm jetzt schnell, o Holly, denn gleich wird das Licht verschwinden.«

Langsam erhob ich mich, denn nie in meinem Leben fühlte ich mich schrecklicher als in diesem Augenblick und ich schäme mich nicht einzugestehen, daß ich zögerte und mich nicht entschließen konnte.

»Du hast doch nicht etwa Angst«, rief dieses seltsame Geschöpf, auf der höchsten Stelle des schwankenden Steins stehend. »Dann mache Platz für Kallikrates.«

Diese Worte rissen mich aus meiner Unentschlossenheit, denn es ist besser, in einen Abgrund zu stürzen und zu sterben, als von einem solchen Weib ausgelacht zu werden. Ich biß also die Zähne zusammen, und im nächsten Augenblick befand ich mich auf dieser furchtbaren, schmalen, sich biegenden Planke, unter mir und um mich bodenlose Leere. Große Höhe hatte mich schon immer mit Schaudern erfüllt, doch noch nie war ich mir der Entsetzlichkeit einer solchen Lage so bewußt gewesen. Oh, wie gräßlich war das Gefühl, mit dem dieses auf zwei unsicheren Stützen ruhende Brett mich erfüllte! Ein Schwindel befiel mich, und ich glaubte hinabzustürzen; und die Erleichterung, die ich empfand, als ich auf dem wie ein Boot in der Brandung schwankenden Stein zu mir kam, läßt sich nicht schildern. Ich weiß nur, daß ich mit einem kurzen, doch inbrünstigen Stoßgebet der Vorsehung für meine Errettung dankte.

Nun war Leo an der Reihe, und obgleich er ziemlich unbehaglich dreinblickte, überquerte er die Planke wie ein Seiltänzer. Ayesha ergriff seine Hand und rief, sie drückend: »Tapfer, mein Geliebter, tapfer! Der alte griechische Geist lebt noch in dir!«

Jetzt befand sich nur noch der arme Job auf der anderen Seite der Schlucht. Er kroch an die Planke heran und schrie jämmerlich: »Ich kann nicht, Sir. Ich werde in dieses Satansloch hinabstürzen.«

»Du mußt«, rief ich mit gespielter Munterkeit, »du mußt, Job, es ist kinderleicht.«

»Ich kann nicht, Sir — wirklich nicht.«

»Wenn er nicht kommt, muß er dort bleiben und zugrunde gehen. Siehe, das Licht schwindet schon! Gleich wird es fort sein!« sagte Ayesha.

Ich hob den Kopf. Sie hatte recht. Die Sonne glitt bereits über den Rand des Spaltes, durch den ihr Licht zu uns drang.

»Wenn du dort bleibst, Job, wirst du elend sterben«, rief ich. »Es wird gleich finster.«

»Komm, sei ein Mann, Job«, schrie auch Leo; »es ist ganz leicht.«

So von uns bestürmt, warf sich der Arme mit einem schrecklichen Angstschrei der Länge nach auf die Planke nieder und begann — den Mut, darauf zu gehen, besaß er nicht —, sich ruckweise hinüberzuziehen, wobei seine Beine zu beiden Seiten in die Tiefe baumelten.

Die heftigen Stöße, die er dem Brett versetzte, brachten den großen Stein, der auf einer nur wenige Zoll großen Felsfläche ruhte, bedenklich ins Schwanken, doch noch schlimmer war, daß, als er erst halb herüber war, plötzlich das strahlende helle Licht erlosch und wieder tiefstes Dunkel um uns herrschte.

»Um Himmels willen, weiter, Job!« schrie ich voll Todesangst, während der Stein, durch jeden Stoß in stärkere Schwingung versetzt, so heftig schwankte, daß wir uns kaum darauf zu halten vermochten.

»Die Planke rutscht!« schrie der arme Job im Dunkeln, und ich hörte ihn verzweifelt zappeln und glaubte schon, es sei um ihn geschehen.

Im gleichen Augenblick jedoch berührte seine in höchster Angst ausgestreckte Hand die meine, und ich packte sie und zog und zog mit aller Kraft, die mir die Vorsehung in solch reichem Maß geschenkt hat — und zu meiner tiefsten Erleichterung lag Job im nächsten Augenblick keuchend neben mir. Doch die Planke! Ich spürte, wie sie rutschte, hörte sie gegen einen Felsvorsprung schlagen — und dann war sie verschwunden.

»Wie kommen wir nun zurück?« rief ich.

»Keine Ahnung«, erwiderte Leo im Dunkeln. »›Ein jeder Tag hat seine eigene Plage.‹ Ich bin froh und dankbar, daß ich hier bin.«

Da rief mir Ayesha zu, ihre Hand zu nehmen und ihr nachzukriechen.

25

DER GEIST DES LEBENS

Ich gehorchte und spürte voll Furcht und Zittern, wie sie mich zum Rand des Steines führte. Als ich mich mit meinen Füßen vorwärtstastete, trafen sie ins Leere.

»Ich stürze!« keuchte ich.

»Nein, vertraue mir nur und laß dich fallen«, erwiderte Ayesha.

Wenn man meine Lage bedenkt, wird man sicherlich zugeben, daß dies ein wenig viel verlangt war, zumal ich ja Ayeshas Charakter kannte. Wie konnte ich wissen, ob sie mich nicht einem gräßlichen Schicksal zu überantworten gedachte? Doch wir sind im Leben nicht selten gezwungen, blindlings zu vertrauen, und so war es jetzt.

»Lasse dich los!« rief sie, und da ich keine andere Wahl hatte, tat ich es.

Ich fühlte, wie ich ein Stück die Kante des Steines hinabglitt; dann fiel ich ins Leere, und mich durchzuckte der Gedanke, ich sei verloren. Doch nein! Im nächsten Augenblick stießen meine Füße auf steinigen Boden, und ich spürte, daß ich auf etwas Festem stand, außer Reichweite des Windes, den ich über mir heulen hörte. Während ich so dastand und dem Himmel für diese neue Gnade dankte, hörte ich ein Scharren und Rutschen, und plötzlich erschien Leo neben mir.

»Holla, alter Junge!« rief er aus, »bist du's? Es wird allmählich interessant, nicht wahr?«

Kaum hatte er dies gesagt, da stürzte mit schrecklichem Gebrüll Job auf uns herab und riß uns zu Boden. Als wir uns hochgerappelt hatten, stand auch Ayesha bei uns und befahl, die Lampen anzuzünden, die zum Glück, ebenso wie der Ölkrug, unversehrt geblieben waren.

Ich holte meine Schachtel mit Wachszündhölzern hervor und strich eins an; es brannte an diesem unheimlichen Ort ebenso lustig wie in einem englischen Salon.

Nach wenigen Minuten brannten beide Lampen, und in ihrem Licht erblickten wir ein seltsames Bild. Wir standen dicht zusammengedrängt in einer Felsenkammer, die etwa zehn Fuß im Quadrat messen mochte, und machten höchst ängstliche Gesichter; das heißt, bis auf Ayesha, die ruhig und gelassen mit verschränkten Armen auf die Lampen wartete. Die Kammer schien teils von der Natur geformt, teils aus der Spitze des Kegels herausgehauen. Das Dach des natürlichen Teils bildete der schwankende Stein, das des hinteren Teils der Kammer, der sich abwärts neigte, war aus dem Felsgestein herausgeschlagen. Im übrigen war die Kammer warm und trocken — verglichen mit dem schwankenden Stein über uns und dem zitternden Felssporn, der mitten ins Leere ragte, eine wahre Stätte der Geborgenheit.

»So!« sagte ›Sie‹, »die Gefahr ist überstanden, obgleich ich einmal schon fürchtete, der schwankende Stein würde herabstürzen und euch in die bodenlose Tiefe schleudern, denn diese Schlucht reicht, soviel ich weiß, bis in den tiefsten Schoß der Erde. Der Fels, auf dem der Stein ruht, ist unter seinem schwankenden Gewicht morsch geworden. Nun, da er«, und sie deutete mit ihrem Kopf auf Job, der sich, auf dem Boden hockend, mit einem roten Taschentuch die Stirn abwischte, »den man mit Recht das ›Schwein‹ nennt, da er dumm ist wie ein Schwein, nun, da er die Planke hinunterfallen ließ, wird es nicht einfach sein, die Schlucht wieder zu überqueren, und ich muß nachdenken, wie wir dies anstellen werden. Doch nun ruht eine Weile aus und seht euch um. Was für eine Höhle, glaubt ihr, ist dies?«

»Keine Ahnung«, erwiderte ich.

»Würdest du es für möglich halten, o Holly, daß dereinst ein Mann dieses luftige Nest zu seiner Behausung erkor und hier viele Jahre lebte? Daß er sie nur jeden zwölften Tag verließ, um die Nahrung, das Wasser und das Öl sich zu holen, das die Leute in reichlichem Maß brachten und als Opfergabe in den Eingang des Tunnels legten, durch den wir hierhergelangt sind?«

Wir blickten erstaunt auf, und sie fuhr fort:

»Ja, so war es. Es war ein Mann, der sich Noot nannte, und obgleich er später als das Volk von Kôr lebte, verfügte er doch über seine Weisheit. Ein Eremit war er und ein Philosoph, wohlvertraut mit den Rätseln der Natur; er war es, der das Feuer, welches ich euch zeigen will, entdeckte, das Feuer, in dem Blut und Leben der Natur sind und das dem, der darin badet und atmet, ein Leben spendet, das so lange währt, wie die Natur lebt. Doch gleich dir, o Holly, verschmähte es dieser Mann Noot, aus seinem Wissen Nutzen zu ziehen. ›Vom Übel‹, so sagte er, ›ist das Leben für den Menschen, denn der Mensch wird geboren, um zu sterben.‹ Deshalb vertraute er sein Geheimnis niemandem an; deshalb wählte er diese Höhle als Behausung, an welcher die das Leben Suchenden vorüberkommen mußten, und die Amahagger jener Zeit verehrten ihn als Heiligen und Eremiten. Und als ich in dieses Land kam — weißt du, Kallikrates, wie ich hierherkam? Ich will es dir ein andermal erzählen, es ist eine seltsame Geschichte —, damals also hörte ich von diesem Philosophen. Ich wartete auf ihn, als er seine Nahrung holte, und begleitete ihn, obwohl ich große Furcht hatte, die Schlucht zu überschreiten, hierher. Dann betörte ich ihn mit meiner Schönheit und meinem Witz und durch schmeichlerische Worte, so daß er mich schließlich hinabführte und mir die Geheimnisse des Feuers anvertraute, doch erlaubte er mir nicht, darin zu baden, und aus Furcht, er könnte mich erschlagen, gehorchte ich, zumal ich sah, daß er schon sehr alt war und bald sterben würde. Ich kehrte zurück, nachdem ich alles, was er von dem wunderbaren Weltgeist wußte, erfahren hatte, und das war viel, denn der Mann war weise und uralt und hatte durch Reinheit, Enthaltsamkeit und

Betrachtung seines unschuldigen Geistes den Schleier zwischen dem uns Sichtbaren und den großen unsichtbaren Wahrheiten, deren leiser Flügelschlag zuweilen durch die grobe Luft des Irdischen zu uns dringt, nahezu zerrissen. Dann, wenige Tage später, traf ich dich, mein Kallikrates, der du mit der schönen Ägypterin Amenartas hierhergewandert warst, und ich lernte zum erstenmal, für immer und ewiglich, zu lieben, was mich bewog, mit dir an diesen Ort zu kommen und für dich und mich die Gabe des Lebens zu empfangen. So begaben wir uns gemeinsam mit der Ägypterin, die nicht von dir lassen wollte, hierher und entdeckten, daß der alte Noot gestorben war — wie es schien, noch gar nicht lange. Dort lag er, von seinem langen weißen Bart bedeckt«, und sie deutete auf eine Stelle neben mir, »doch sicherlich ist er indessen längst zu Staub zerfallen, und der Wind hat seine Asche fortgetragen.«

Ich streckte meine Hand aus und tastete im Staub herum, bis meine Finger plötzlich etwas berührten. Es war ein Menschenzahn, stark vergilbt, doch unversehrt. Ich hob ihn auf, zeigte ihn Ayesha. Lachend sagte sie:

»Ja, er ist ohne Zweifel von ihm. Siehe, was von Noot und von Noots Weisheiten geblieben ist — ein kleiner Zahn! Das ganze Leben hätte er haben können und wollte es um seines Gewissens willen nicht. Dort lag er also, noch gar nicht lange tot, und wir stiegen dort hinab, wohin ich euch führen werde, und dann trat ich, all meinen Mut zusammennehmend und den Tod wagend, um die herrliche Krone des Lebens zu gewinnen, in die Flammen, und seht! Leben, wie ihr es niemals kennen werdet, bis auch ihr es fühlt, floß in mich, und ewig jung und schön über alle Maßen trat ich daraus hervor. Ich streckte meine Arme nach dir aus, Kallikrates, und bat dich, mich auf ewig zur Braut zu nehmen, doch du wandtest, als ich sprach, geblendet von meiner Schönheit, dich ab und legtest deine Arme um Amenartas' Hals. Da erfüllte mich wilder Zorn und raubte mir die

Vernunft, und ich entriß dir deinen Speer und durchbohrte dich mit ihm, so daß du dort, vor meinen Füßen, am Ort des Lebens tot niedersankst. Ich wußte damals noch nicht, daß ich mit meinen Augen und der Kraft meines Willens töten kann, und erstach dich deshalb in meinem Zorn mit dem Speer.*

Ach, wie weinte ich, als du tot warst, daß ich die Gabe ewiger Jugend besaß. So sehr weinte ich dort am Ort des Lebens, daß mir sicherlich, wäre ich sterblich gewesen, das Herz gebrochen wäre. Und sie, die dunkelhäutige Ägypterin — sie verfluchte mich bei ihren Göttern. Bei Osiris verfluchte sie mich und bei Isis, bei Nephtys und bei Anubis, bei Sachmet, der Löwenhäuptigen, und bei Set; bei ihnen allen wünschte sie Böses auf mich herab, Böses und nie endende Einsamkeit. Ach, noch jetzt sehe ich ihr dunkles Gesicht wie eine Sturmwolke über mir dräuen, doch anhaben konnte sie mir nichts, und ich wußte nicht, ob ich sie vernichten konnte. Ich versuchte es nicht, mir lag damals nichts daran; und so trugen wir dich gemeinsam fort. Und später schickte ich sie — die Ägypterin — hinweg durch die Sümpfe, und es scheint, sie blieb am Leben und gebar einen Sohn und schrieb die Geschichte nieder, die dich, ihren Gemahl, zurückführte zu mir, ihrer Rivalin und deiner Mörderin.

---

* Der Leser wird sicherlich bemerken, daß Ayeshas Bericht von Amenartas' Darstellung auf der Tonscherbe abweicht. Dort hieß es: »Da tötete sie ihn in ihrem Zorn mit ihrer Zauberkraft.« Es ließ sich nie feststellen, welches die richtige Version ist, doch man erinnert sich, daß sich in Kallikrates' Leiche eine Speerwunde befand, was für Ayeshas Darstellung zu sprechen scheint; es sei denn, sie wurde ihm nach dem Tode zugefügt. Auch ließ sich nicht ermitteln, wie die beiden Frauen — ›Sie‹ und die Ägypterin Amenartas — imstande waren, den Leichnam des Mannes, den sie beide liebten, über die grauenhafte Schlucht und den zitternden Felssporn zu schaffen. Was für ein schreckliches Bild müssen die beiden in ihrem Kummer und in ihrer Schönheit geboten haben, als sie den Toten gemeinsam über diese grauenhafte Stätte schleppten! Vielleicht jedoch ließ sie sich damals leichter passieren. — L.H.H.

Dies war die Geschichte, mein Geliebter, und jetzt ist die Stunde da, die sie krönen soll. Wie alles auf Erden, besteht sie aus Bösem und aus Gutem — vielleicht mehr aus Bösem als aus Gutem —, und sie ist in blutigen Lettern geschrieben. Es ist die Wahrheit; ich habe dir nichts verschwiegen, Kallikrates. Und nun noch eins vor dem Augenblick deiner Prüfung. Wir begeben uns hinab in des Todes Gegenwart, denn Leben und Tod sind enge Nachbarn, und wer weiß, ob nicht etwas geschehen wird, das uns wiederum für Ewigkeiten trennt? Ich bin nur ein Weib, keine Prophetin, welche die Zukunft lesen kann. Doch eines weiß ich — ich erfuhr es aus dem Munde des weisen Mannes Noot —: Daß mein Leben nur verlängert und von stärkerem Glanz erfüllt ist. Doch ewig währt mein Leben nicht. Deshalb, o Kallikrates, sage mir, bevor wir gehen, daß du mir wahrhaftig verzeihst und mich von Herzen liebst. Siehe, Kallikrates: ich tat viel Böses — vielleicht war es böse, vor zwei Nächten das Mädchen, das dich liebte, zu töten —, doch sie widersetzte sich mir und erfüllte mich mit Zorn, indem sie mir Unglück prophezeite, und deshalb erschlug ich sie. Sieh dich vor, wenn auch du die Macht erhältst, daß du nicht gleichfalls vor Zorn und Eifersucht tötest, denn unbesiegbare Kraft ist eine gefährliche Waffe in eines irrenden Menschen Hand. Ja, ich habe gesündigt — gesündigt dank der Bitternis einer großen Liebe —, aber dennoch kann ich das Gute vom Bösen unterscheiden, und mein Herz ist nicht ganz verhärtet. Deine Liebe, Kallikrates, soll das Tor meiner Erlösung sein, so wie vor Zeiten meine Leidenschaft der Pfad war, der mich zum Bösen führte. Denn tiefe, nicht erhörte Liebe ist die Hölle edler Herzen und die Mitgift der Verdammten; Liebe jedoch, die noch reiner von der Seele des Erwählten widergespiegelt wird, verleiht uns Flügel, die über uns selbst uns erheben und zu dem machen, was wir sein können. Darum, Kallikrates, reiche mir deine Hand und lüfte meinen Schleier so furchtlos, als sei ich nur ein Bauernmäd-

chen und nicht die weiseste und schönste Frau auf dieser
weiten Welt, und sieh mir in die Augen und sage mir,
daß du mir von ganzem Herzen vergibst und daß du
mich von ganzem Herzen liebst.«

Sie hielt inne, und die seltsame Zärtlichkeit ihrer Stimme schien uns wie ein Vermächtnis zu umschweben. Ihr
Klang rührte mich noch mehr als ihre Worte, so menschlich war er — so tief weiblich. Auch Leo war seltsam an-
gerührt. Bisher war er wider sein besseres Urteil von ihr
bestrickt gewesen, so wie ein Vogel von einer Schlange,
doch nun schien all dies von ihm abzufallen, und er erkannte, daß er dieses seltsame und prächtige Geschöpf
wahrhaftig liebte, so wie, ach, ich es liebte. Ich sah, wie
seine Augen sich mit Tränen füllten, und dann trat er
rasch zu ihr, hob den dünnen Schleier, ergriff ihre Hand
und sagte, tief ihr in die Augen blickend:

»Ayesha, ich liebe dich von ganzem Herzen, und soweit dies in meiner Macht steht, vergebe ich dir Ustanes
Tod. Was sonst gewesen ist, mußt du mit deinem Schöp-
fer abmachen; ich weiß nichts davon. Ich weiß nur, daß
ich dich liebe, wie ich nie zuvor geliebt, und daß ich,
mag es nah oder fern sein, bis zum Ende der Deine bleiben werde.«

»Nun«, erwiderte Ayesha in stolzer Demut, »da mein
Gebieter so königlich spricht und mich so reich beglückt,
will ich ihm in Worten nicht nachstehen und mich an
Hochherzigkeit beschämen lassen. Siehe!« und sie
nahm seine Hand und legte sie auf ihr schönes Haupt
und sank langsam vor ihm nieder, bis ihr Knie einen Augenblick den Boden berührte, »siehe! Zum Zeichen
meiner Ergebenheit sinke ich vor meinem Herrn aufs
Knie! Siehe!« und sie küßte ihn auf den Mund, »zum
Zeichen meiner Liebe küsse ich meinen Herrn. Siehe!«,
und sie legte ihre Hand auf sein Herz, »bei meiner Sün-
de, bei den Jahrhunderten der Einsamkeit und des War-
tens, die sie tilgten, bei der großen Liebe, die mich erfüllt, und bei dem Ewigen Geist, der alles Leben zeugt

und zu dem alles Leben wiederum zurückkehren muß — schwöre ich:

Ich schwöre in dieser ersten heiligsten Stunde erfüllter Weiblichkeit, daß ich dem Bösen entsagen und mich dem Guten verschreiben will. Ich schwöre, daß ich, geleitet von deinem Wort, stets dem geraden Pfad der Pflicht folgen will. Ich schwöre, daß ich allen Ehrgeiz ablegen und mir für alle meine endlosen Tage die Weisheit zum Leitstern küren will, der mich zur Wahrheit und zur Erkenntnis des Rechten führen soll. Ich schwöre, daß ich dich ehren und lieben will, Kallikrates, den die Woge der Zeit zurück in meine Arme trieb, ja, bis ans Ende, mag es bald kommen oder spät. Ich schwöre — nein, genug der Schwüre, was sind schon Worte? Doch du wirst erkennen, daß Ayeshas Zunge frei von Falsch ist.

Ich habe es geschworen, und du, mein Holly, bist Zeuge meines Eides. Nun, mein Gatte, sind wir vermählt, vermählt bis ans Ende aller Tage — das Dunkel ist unser Traualtar, und das Gelübde unserer Ehe schreiben wir in den Sturm, der es empor zum Himmel tragen soll und immer wieder rund um diese Welt, so lange sie sich dreht.

Als Hochzeitsgabe setze ich dir aufs Haupt die Sternenkrone meiner Schönheit und schenke dir unbegrenztes Leben, Weisheit ohne Maß und unbeschränkten Reichtum. Siehe! Die Großen dieser Welt sollen dir zu Füßen liegen, ihre schönen Frauen vor dem strahlenden Glanz deiner Gestalt die Augen sich verhüllen, und ihre Weisen soll dein Wissen beschämen. Du sollst in den Herzen der Menschen lesen wie in einem offenen Buch und sie führen, wohin es dir beliebt. Gleich jener alten Sphinx Ägyptens sollst ewiglich du über ihnen thronen, anflehen sollen sie dich, ihnen das Rätsel deiner unvergänglichen Größe zu enthüllen, und du sollst mit deinem Schweigen ihrer spotten!

Siehe! Noch einmal küsse ich dich, und mit diesem Kuß gebe ich dir Herrschaft über Land und Meer, über den Bauer in seiner Hütte, über den König in seinem Palast, über die mit Türmen gekrönten Städte und alle, die in ihnen wohnen. So weit der Sonne Strahlen reichen, wo immer in stillen Wassern der Mond sich spiegelt, wo immer Stürme brausen und des Himmels blauer Bogen sich wölbt — vom reinen schneeverhüllten Norden bis zum liebestrunkenen Süden, der auf dem blauen Lager der Meere ruht gleich einer Braut —, soll deine Macht sich erstrecken, deine Herrschaft eine Heimstatt haben. Keine Krankheit, weder Furcht noch Sorge noch Vergänglichkeit des Leibes und des Geistes, wie sie allen anderen Menschen drohen, sollen mit den Schatten ihrer Flügel dich auch nur streifen. Einem Gotte gleich sollst du Gut und Böse in deiner Hand halten, und ich, selbst ich, demütige mich vor dir. Dies ist die Macht der Liebe, dies die Hochzeitsgabe, die ich dir schenke, Kallikrates, Geliebter, mein Gebieter und Gebieter des Alls.

Nun ist es geschehen; nun habe ich meine Jungfräulichkeit dir hingegeben; und ob Sturm kommt, ob Sonnenschein, ob Gutes oder Böses, ob der Tod — nichts kann es jemals ungeschehen machen. Denn wahrhaft, es ist, was ist, und was geschehen ist, ist geschehen für immer und unabänderlich. — Doch jetzt laßt uns aufbrechen, damit alles in rechter Ordnung sich erfüllt«, und eine der Lampen ergreifend, schritt sie uns voran zum Ende der von dem schwankenden Stein überdachten Kammer und blieb dort stehen.

Wir folgten ihr und bemerkten in der Wand des Felskegels eine Treppe oder vielmehr einige vorspringende Steinzacken, die einer Treppe ähnelten. Ayesha sprang flink wie eine Gemse hinab, und wir folgten ihr weniger anmutsvoll. Nach etwa zehn oder zwölf derartigen Stufen endete die Treppe in einem schrecklich steilen Abhang, der sich zuerst nach außen und dann nach innen wandte. Trotz seiner Steilheit war er jedoch nicht unpassierbar, und wir stiegen ihn beim Licht der Lampe ohne große Mühe hinab, obgleich wir uns bei dem Gedanken, daß wir in das Innere eines toten Vulkans eindrangen, ganz und gar nicht behaglich fühlten. Zur Vorsicht prägte ich mir den Weg so gut wie möglich ein; was gar nicht so schwierig war, denn überall lagen Felsbrocken von höchst merkwürdiger und phantastischer Gestalt herum, von denen viele in dem schwachen Licht den grimmigen Fratzen mittelalterlicher Wasserspeier glichen.

Lange stiegen wir so hinab, mindestens eine halbe Stunde, bis wir nach vielen hundert Fuß endlich die Spitze des umgekehrten Kegels erreichten. Dort befand sich die Mündung eines Ganges, der so niedrig und eng war, daß wir uns bücken und im Gänsemarsch hindurchkriechen mußten. Nach etwa fünfzig Metern erweiterte sich der Gang plötzlich zu einer Höhle, die so riesengroß war, daß wir weder ihre Decke noch ihre Wände erkennen konnten. Nur am Echo unserer Schritte, der tiefen Stille und der stickigen Luft erkannten wir, daß es eine Höhle war. Viele Minuten lang schritten wir in ehrfurchtsvollem Schweigen weiter wie verlorene Seelen im Hades, vor uns Ayeshas weiße, geisterhaft schwebende Gestalt, bis wiederum die Höhle in einem Gang endete, der in eine zweite, viel kleinere Höhle führte. Deutlich konnten wir ihre gewölbte Decke und die Wände erkennen, und aus ihrem zerklüfteten Aussehen schlossen wir, daß sie gleich dem Gang, der uns durch das Innere des Felsens zu dem zitternden Felssporn geführt, durch eine ungeheure Gasexplosion entstanden war. Diese Höhle endete schließlich in einem dritten Gang, durch den ein schwacher Lichtschimmer drang.

Ich hörte, wie Ayesha erleichtert seufzte, als sie dieses Licht erblickte.

»Macht euch bereit«, sprach sie, »den tiefsten Schoß der Erde zu betreten, in dem sie das Leben empfängt, das Mensch und Tier erfüllt — ja jeden Baum und jede Blume. Seid bereit, o Männer, denn hier sollt ihr neu geboren werden!«

Flink eilte sie voran, und voll Furcht und Neugier stolperten wir ihr nach, so gut es ging. Was für ein Anblick würde sich uns bieten? Während wir den Gang hinabliefen, wurde der Lichtschein immer greller, und seine grellen Büschel trafen uns wie die Strahlen eines Leuchtturms, die einer nach dem anderen über dunkle Meeresweiten huschten. Doch dies war nicht alles, denn mit den Strahlen drang uns ein markerschütterndes Getöse entgegen, das wie das Donnern und Krachen vom Blick gefällter Bäume klang. Nun waren wir am Ende des Ganges und — o Himmel!

Wir standen in einer dritten Höhle, etwa fünfzig Fuß lang und hoch und dreißig Fuß breit. Ihr Boden war mit feinem weißen Sand bedeckt und ihre Wände durch irgendeinen mir unbekannten Prozeß seltsam geglättet. Die Höhle war nicht finster wie die anderen, sondern vom milden Schein eines rosigen Lichts erfüllt, schöner als alles, was ich je gesehen hatte. Wir sahen zuerst jedoch keine Strahlen und hörten das donnernde Geräusch nicht mehr. Plötzlich aber, als wir so dastanden, voll Staunen das wunderbare Bild betrachteten und uns fragten, woher dieser riesige Lichtschein wohl kam, geschah etwas Schreckliches und zugleich unsagbar Schönes. Vom anderen Ende der Höhle kam ein lautes Zischen und Krachen, welches so unheimlich und furchteinflößend war, daß wir alle erschauderten und Job sogar auf die Knie sank, und eine mächtige Wolke oder Säule aus Feuer, vielfarbig wie ein Regenbogen und grell wie ein Blitz, flammte auf. Vielleicht vierzig Sekunden lang schoß sie lodernd und donnernd und langsam sich im Kreise drehend empor, dann wurde der fürchterliche Lärm allmählich leiser und verstummte, während das Feuer verlosch, und zurück blieb nur der rosige Lichtschein, den wir anfangs gesehen hatten.

»Tretet näher, tretet näher!« rief Ayesha in jubelndem Ton. »Sehet den Quell, das Herz des Lebens, wie es pocht im Busen der großen Welt. Sehet den Stoff, aus dem alle Dinge ihre Kraft ziehen, den strahlenden Geist der Welt, ohne den sie nicht leben kann, sondern erkalten und sterben muß wie der tote Mond. Tretet näher und badet in den lebenden Flammen und laßt ihre Kraft in all ihrer jungfräulichen Stärke in eure armseligen Körper strömen — nicht wie sie jetzt schwach in euren Busen glüht, gefiltert durch die feinen Siebe Tausender dazwischen befindlicher Leben, sondern so, wie sie hier ist im Quell und Sitz allen irdischen Seins.«

Wir folgten ihr durch den rosigen Lichtschein zum Ende der Höhle, bis wir schließlich an der Stelle standen, wo der mächtige Puls schlug und die große Flamme entsprang. Und während wir uns ihr näherten, erfüllte uns eine wilde, köstliche Empfindung, ein herrliches Gefühl solch ungestümer Lebenskraft, daß unsere bisherige Stärke uns matt und lahm und schwach erschien. Es war das bloße Fluidum der Flamme, der hauchfeine Äther, den sie zurückgelassen hatte, der auf uns wirkte und uns das Gefühl verlieh, wir seien stark wie Riesen und flink wie Adler.

Als wir das andere Ende der Höhle erreichten, blickten wir einander in dem herrlichen Lichtschein an und brachen in unserer Leichtherzigkeit und göttlichen Berauschtheit in lautes Lachen aus — selbst Job, der seit einer Woche nicht ein einziges Mal gelacht hatte. Mir war, als seien alle genialen Kräfte, deren der menschliche Geist fähig ist, in mir aufgeblüht. Ich hätte Verse von Shakespearischer Schönheit sprechen können, und allerlei großartige Gedanken durchzuckten mich; es schien, als hätten sich die Fesseln meines Fleisches gelöst, als sei mein Geist frei, sich zum himmlischen Reiche seines Ursprungs emporzuschwingen. Die Empfindungen, die mich durchströmten, sind unbeschreiblich. Erfüllt von neuem, klarem Leben und fähig einer nie empfundenen Freude, schien ich aus einem Pokal tieferen Wissens zu schlürfen, als mir je beschieden war. Mein Selbst war wie verwandelt und verklärt, und sämtliche Bereiche des Möglichen lagen offen vor mir.

Da plötzlich, während ich mich an dieser wunderbaren Kraft meines neugefundenen Selbst berauschte, drang von fernher ein unheimliches brodelndes Geräusch an mein Ohr, welches langsam zu einem Krachen und Tosen anschwoll und alles Schreckliche und Schöne, das einem Ton nur innewohnen kann, in sich vereinte. Näher und immer näher kam es, auf uns zurollend, wie alle Donnerräder des Himmels hinter den Pferden des Blitzes, und mit ihm die strahlend helle Wolke vielfarbigen Lichtes, die eine Weile, langsam sich um sich drehend, vor uns stehenblieb und dann, begleitet von dem Donnerlärm — wohin, weiß ich nicht genau — entschwand.

So überwältigend war dieser Anblick, daß wir uns alle, bis auf ›Sie‹, die aufrecht dastand und ihre Hände dem Feuer entgegenstreckte, davor niederwarfen und die Gesichter im Sand verbargen.

Als es verschwunden war, sprach Ayesha.

»Endlich, Kallikrates«, sagte sie, »ist der große Augenblick gekommen. Wenn die Flamme wiederkehrt, mußt du in ihr baden. Wirf deine Kleider von dir, denn sie würde sie verbrennen, obgleich sie dich selbst nicht verletzen wird. Du mußt in der Flamme stehen bleiben, solange deine Sinne es ertragen, und wenn sie dich umarmt, sauge das Feuer tief bis zu deinem Herzen ein und laß es jeden Teil von dir umspielen, so daß kein Hauch von seiner Kraft verlorengeht. Hast du mich verstanden, Kallikrates?«

»Ja, ich habe verstanden, Ayesha«, erwiderte Leo, »doch, obwohl ich wahrlich kein Feigling bin, fürchte ich dieses schreckliche Feuer. Wie kann ich wissen, ob es mich nicht gänzlich zerstören wird, so daß ich mich und auch dich verliere? Trotzdem will ich es tun«, fügte er hinzu.

Ayesha dachte einen Augenblick nach und sagte dann:

»Es wundert mich nicht, daß du dich fürchtest. Sage

mir, Kallikrates: Wenn du mich in der Flamme stehen und unversehrt aus ihr hervortreten sähest, würdest du dich ihr auch anvertrauen?«

»Ja«, antwortete er, »ich will es tun, selbst wenn sie mich tötet! Ja, ich will es tun!«

»Und ich will es auch!« rief ich.

»Ei, mein Holly!« lachte sie laut. »Ich dachte, du wolltest nichts von langem Leben wissen? Hast du dich eines anderen besonnen?«

»Ich weiß nicht«, entgegnete ich, »doch eine innere Stimme ruft mir zu, von der Flamme zu kosten und aus ihr Lebenskraft zu schöpfen.«

»Das höre ich gern«, sagte sie. »So bist du also doch nicht ganz der Torheit verfallen. Seht, ich will ein zweites Mal in diesem Lebensquell mich baden. Vielleicht kann ich dadurch meine Schönheit und meine Lebensspanne noch vergrößeren. Und sollte dies nicht möglich sein, so kann es mir doch gewiß nicht schaden.

Doch es gibt noch einen anderen Grund«, fuhr sie nach kurzer Pause fort, »warum ich noch einmal in das Feuer tauchen will. Als ich das erstemal von seiner Kraft kostete, war mein Herz voll Leidenschaft, voll Haß auf diese Ägypterin Amenartas, und deshalb sind trotz allen Strebens, mich davon zu befreien, Leidenschaft und Haß seit jener traurigen Stunde meiner Seele eingeprägt geblieben. Jetzt aber ist es anders. Jetzt bin ich glücklicher Stimmung, und reinste Gedanken erfüllen mich, und so soll es für immer sein. Darum, Kallikrates, will ich noch einmal in die Flamme tauchen und mich reinigen und läutern, auf daß ich deiner noch mehr würdig bin. Darum verbanne auch du, wenn du in dem Feuer stehst, alles Böse aus deinem Herzen und lasse milden Frieden in deine Seele ziehen. Entfalte die Schwingen deines Geistes, gedenke deiner Mutter Kuß und beschwöre in dir das Höchste herauf, das je auf silbernen Schwingen durch die Stille deiner Träume schwebte. Denn aus dem Keime dessen, was in diesem erhabenen Augenblick du bist, wird die Frucht dessen erwachsen, was du hinfort für alle Zeiten sein wirst.

Nun rüste dich, nun sei bereit, als nahe deine letzte Stunde, als solltest du ins Land der Schatten treten und nicht durch der Glorie Pforten in das Reich strahlend schönen Lebens. Sei bereit!«

Aus: »Sie«. Originaltitel: »She« (1887)
Copyright © 1970 der deutschen Übersetzung
by Diogenes Verlag AG, Zürich
Aus dem Englischen übersetzt von Helmut Degner

ZU
NEUEN UFERN

Edward Bellamy
(1850—1898)

Genau ein Jahr nach dem Erscheinen von »Sie«, einem von schwärmerischer Hinwendung zur Vergangenheit geprägten Roman, veröffentlichte Edward Bellamy (1850—1898) ein Buch, das das Interesse der Weltöffentlichkeit auf die Utopien lenkte und den Glauben an den Fortschritt neu belebte. Dieses Buch hieß LOOKING BACKWARD, 2000—1887 (1888, dt. »Ein Rückblick aus dem Jahr 2000 auf das Jahr 1887«); innerhalb von zwei Jahren erreichte es eine Auflage von 300000 Exemplaren. Jedermann wollte es gelesen haben, um allerorts mitreden zu können. Mit der Gründung von über 150 nationalen Vereinen wurde der ernsthafte Versuch unternommen, die im Buch beschriebene Vorstellung von einer besseren Welt Wirklichkeit werden zu lassen. Und im Zuge dieser allgemeinen Begeisterung entstanden auch eine politische Partei sowie die beiden Zeitungen ›The Nationalist‹ und ›The New Nation‹.

Die vortragähnlichen, idealistischen Kapitel von »Ein Rückblick ...« hatten nicht übermäßig viel Handlung, doch war das Buch dermaßen spannend geschrieben, daß ein Großteil der Leserschaft nicht umhin konnte, die Kapitel sehr genau und in der exakten Reihenfolge zu lesen, um auch jede Einzelheit zu erfahren vom Schicksal des Mannes, der länger als ein Jahrhundert geschlafen hatte und sich nun mit anderen gesellschaftlichen Umgangsformen und Wunderwerken der Wissenschaft konfrontiert sah. Das Buch endet mit Bellamys glücklicher Eingebung, die normalerweise vorhandene Enttäuschung darüber, daß der Held aufwacht und erkennen muß, daß sein Utopia nur geträumt war, einmal genau umzudrehen: Julian West bemerkt beim Aufwachen, daß er geträumt hat, doch der Traum, der seinen Schlaf gestört hat, war der, daß er in der schrecklichen Vergangenheit aufwachte.

Die Vereinigten Staaten fanden verhältnismäßig spät zur Utopie. William Dean Howells (1837—1920), mit A TRAVELLER FROM ALTRURIA (1894, dt. »Ein Reisender aus Altrurien«) selbst ein Autor von Utopien, glaubte, daß der Ursprung der Utopien in der Weite des Westens zu suchen sei. Dieser hatte die Unzufriedenen absorbiert, doch zwischen 1880 und 1900 zeichneten sich exakte Grenzen ab, und das menschliche Denken konzentrierte sich immer stärker darauf, die eigene persönliche Situation zu überdenken. Howells schrieb:

Verlor ein Mann seine Arbeit, versuchte er sich in etwas anderem; florierte sein Geschäft nicht, begann er es anders aufzuziehen. Haute beides nicht hin, ging er nach Westen, erwarb dort ein Stück Land und wurde mit ihm gemeinsam groß. Die unbeschwerte Zeit des Wachstums ist aber nun vorbei, kein freies Land mehr vorhanden; Geschäftigkeit zwar allerorts, doch die Hand, die sich vormals »in etwas anderem« versucht hatte, ist nun zittrig geworden. Der Kampf ums Überleben hat sich geändert: aus der rauhen Methode Mann-gegen-Mann ist ein diszipliniertes Kräftemessen geworden, und die Männer aus der alten Zeit müssen jetzt vor organisiertem Unternehmertum und Kapitalkonzentration kapitulieren.

Seit Bestehen der Zeitung ›The Republic‹ war politische Neuordnung stets Teil utopischer Werke, insofern bot Bellamy nichts Neues. Seine Utopie war eine Art humanitärer Sozialismus, obwohl sie zu seinen Lebzeiten nicht als sozialistisch eingestuft wurde. Was mit »Ein Rückblick ...« an Neuem in die utopische Literatur eingebracht wurde, war die Vorstellung von der Zukunft; anstatt im Nirgendwo, existierte diese Utopie in der Zukunft. Dies verlieh der Vision etwas Verheißungsvolles und ein bisher nicht gekanntes Realitätsbewußtsein. Ironischerweise sah sich die Menschheit — zu einem Zeitpunkt, da sie glaubte, Schwieriges überwunden zu haben — mit einer neuen Barriere konfrontiert: der Zukunft. Doch mit dieser Zukunft war die Hoffnung verbunden, daß die Wissenschaft in der Lage sei, der Menschheit zu einer neuen, Wohlstand bringenden Welt zu verhelfen.

Englische Autoren hatten diesen Prozeß wenige Jahre zuvor durchgemacht. Edward Bulwer-Lytton (1803—1873) veröffentlichte den utopischen Roman THE COMING RACE (1871, dt. »Das Geschlecht der Zukunft«); es geht darin um eine unterirdische Rasse, die Vril-Ya genannt wird (dies gab später Bovril, einer englischen Fleischkraftbrühe, den Namen); diese haben sich zu geistigen und gefühlsmäßigen Überwesen entwickelt. Jedoch waren etliche von Bulwer-Lyttons Zeitgenossen mit den von ihm beschriebenen Segnungen der Wissenschaft keineswegs einverstanden.

Samuel Butler (1835—1902) siedelte seine Utopie im Landesinnern Neuseelands an, als er EREWHON (1872, dt. »Ergindwon oder Jenseits der Berge«) schrieb; eine hochentwickelte Zivilisation verdammt alle Maschinen, weil Maschinen sich auch weiterentwickeln, ein Bewußtsein erlangen und schließlich die Menschheit unterjochen können. W. H. Hudson (1841—1922) schrieb A CRYSTAL AGE (1887), eine Utopie, in der Engländer eine Toga tragen und den Acker bestellen. William Morris (1834—1896) befürwortete ebenfalls eine Vernichtung aller Maschinen in NEWS FROM NOWHERE (1890, dt. »Neues aus Nirgendland«, späterer Titel: »Kunde von Nirgendwo«).

Nach dem anfänglichen Erfolg seiner eher pessimistischen ›Scientific Romances‹* geriet H.G. Wells (1866—1946) zunehmend unter den Einfluß der Fabian Society** (die, wie er schrieb, »viel dazu beitrug, mich davon abzuhalten, eine erfolgreiche, rein literarische Karriere,

---

* Etwa: ›Wissenschaftlicher Abenteuerroman‹
** Fabian Society: 1883 gegründete Vereinigung britischer Sozialisten, erstrebten eine allmähliche gesetzliche Sozialisierung; Grundlage für die Labour Party. — Anm. d. Übers.

die mir unweigerlich bevorstand, weiterhin anzustreben«) und begann propagandistische Romane zu schreiben über utopische Staaten, die — nachdem ein schrecklicher, aber unvermeidbarer Krieg geführt worden war — von Wissenschaftlern und Technikern beherrscht wurden. Eine Anlehnung an diese Kriegsszenerie findet sich auch in dem klassischen Science Fiction-Film THINGS TO COME (1933), an dessen Drehbuch er mitschrieb. Im Gegensatz dazu bediente Wells sich in WHEN THE SLEEPER WAKES (1899, dt. »Wenn der Schläfer erwacht«) nicht nur Bellamys Handlungsschema, sondern schrieb den Roman möglicherweise sogar als Reaktion auf dessen Vision.

Teilweise von Bellamy, stärker aber noch von Wells' folgenden propagandistischen Romanen beeinflußt, entstand eine ganze Reihe von antiutopischen Werken. Die erste dieser Dystopien war E.M. Forsters »The Machine Stops« (1909, dt. »Die Maschine versagt«, späterer Titel: »Die Maschine stoppt«), es folgte Samjatins MY (1924, dt. »Wir«), den Höhepunkt bilden Aldous Huxleys BRAVE NEW WORLD (1932, dt. »Welt — wohin?«, spätere Titel: »Wackere neue Welt« und »Schöne neue Welt«) und George Orwells 1984 (1949, dt. »1984«).

Die SF-Magazine der dreißiger und vierziger Jahre waren großteils geprägt von der utopischen Vision einer Zukunft, in der Not und Armut durch neue Technologien, Gewaltherrschaft durch kluge Gesetze beseitigt werden sollten, andererseits erschienen aber auch etliche Dystopien in diesem Zeitraum. THE SPACE MERCHANTS (1953, dt. »Eine Handvoll Venus und ehrbare Kaufleute«) von Frederik Pohl und Cyril M. Kornbluth bereicherte die Magazine als ausgereifte Anti-Utopie, wobei jedoch der an der SF ausgerichtete Schwerpunkt auf die Glaubwürdigkeit gelegt wurde. In der heutigen Zeit dominiert das Anti-Utopische, möglicherweise als unmittelbare Folge zweier Weltkriege sowie des nuklearen Holocausts der Amerikaner in Asien, der viel dazu beitrug, eine ganze Generation junger Menschen zu desillusionieren.

Die utopischen Gedanken Bellamys haben die Zeit überdauert, zumindest als Hintergrundphilosophie in den Werken einiger zeitgenössischer SF-Autoren. Besonders augenfällig wird dies in den Romanen von Mack Reynolds, der sich mit seiner eigenen Version von Bellamys Roman auch in der Öffentlichkeit zu seinen Wurzeln bekannte.

EDWARD BELLAMY

Ein Rückblick aus dem Jahr 2000
auf das Jahr 1887

1

Die Lichter der Stadt Boston erblickte ich zum erstenmal
im Jahre 1857. »Was denn«, werden Sie nun sagen,
»achtzehnhundertsiebenundfünfzig? Er hat sich sicher
versprochen. Er meint natürlich neunzehnhundertsieben-
undfünfzig.« Verzeihen Sie, aber das ist kein Irrtum. Es
war etwa vier Uhr nachmittags am 26. Dezember des
Jahres 1857, als ich zum erstenmal den Ostwind von Boston einatmete, der, das kann ich dem Leser versichern,
in jener fernen Zeit dieselbe alles durchdringende Kraft
besaß, durch die er sich noch heute, im Jahre des Herrn
2000, auszeichnet.

Diese Behauptungen erscheinen auf den ersten Blick
natürlich absurd, besonders wenn ich hinzufüge, daß ich
ein junger Mann von anscheinend etwa dreißig Jahren
bin, und ich kann niemand einen Vorwurf machen,
wenn er sich weigert, auch nur ein einziges weiteres
Wort von dem zu lesen, was eine schlimme Zumutung
an sein Wohlwollen zu werden verspricht. Dennoch versichere ich dem Leser allen Ernstes, daß keinerlei Zumutung beabsichtigt ist, und ich werde, wenn er mir ein
paar Seiten folgen mag, den Versuch unternehmen, ihn
zur Gänze davon zu überzeugen. Wenn ich nun, zunächst unter Vorbehalt, die noch zu beweisende Behauptung vorbringen darf, daß ich meine Geburtszeit
besser kenne als der Leser, dann kann ich mit meiner Erzählung fortfahren. Wie jedes Kind weiß, existierte in der
zweiten Hälfte des neunzehnten Jahrhunderts weder un-

173

sere heutige Zivilisation noch etwas Vergleichbares, obwohl die Keime, aus denen sie sprießen sollte, bereits vorhanden waren. Doch war noch nichts geschehen, um die uralte Unterteilung der Gesellschaft in vier Klassen zu verändern; man bezeichnete damals diese Klassen treffender als Nationen, da die Unterschiede zwischen ihnen weit gewichtiger waren als jene zwischen beliebigen heutigen Nationen, zwischen arm und reich, zwischen Gebildeten und Ungebildeten. Ich selbst war sowohl reich als auch gebildet und besaß deshalb alle Voraussetzungen für das Glück, das die Glücklichsten jener Zeit finden konnten. Ich lebte im Luxus und ging ausschließlich den Freuden und den angenehmeren Seiten des Lebens nach, und ich erhielt die Mittel zu meinem Leben durch die Arbeit anderer, ohne ihnen einen Gegendienst zu erweisen. Meine Eltern und Großeltern hatten auf die gleiche Weise gelebt, und ich erwartete, daß meine Nachkommen, falls sich solche einstellen sollten, ein ähnlich angenehmes Leben führen konnten.

Aber wie konnte ich leben, ohne der Welt zu dienen? werden Sie fragen. Warum sollte die Welt einem Menschen, der doch fähig war, ihr zu dienen, den ungestörten Müßiggang erlauben? Die Antwort ist die, daß mein Urgroßvater eine Summe Geldes angesammelt hatte, von der alle seine Nachkommen lebten. Die Summe, werden Sie nun sogleich einwenden, muß gewiß sehr groß gewesen sein, da sie auch nach drei Generationen des Müßiggangs nicht erschöpft war. Dem war jedoch nicht so. Ursprünglich war die Summe keineswegs groß. Sie war vielmehr nun, nachdem drei Generationen angenehm von ihr gelebt hatten, erheblich größer als zu Beginn. Das Geheimnis, zu gebrauchen ohne zu verbrauchen und ohne Verbrennung Wärme zu bekommen, scheint wie ein Wunder, aber es war nicht mehr als die geschickte Anwendung einer Kunst, die heute in Vergessenheit geraten ist, die es aber, von unseren Vorfahren zu höchster Vollkommenheit entwickelt, erlaubte, fremden Schultern die Last des eigenen Lebensunterhaltes aufzubürden. Wer dieses Ziel erreichte, nach dem alle strebten, lebte, wie man sagte, von den Gewinnen seiner Investitionen.

Es würde uns zu sehr aufhalten, wenn wir an dieser Stelle erklären wollten, wie die altertümlichen Methoden der Industrie eine solche Möglichkeit schufen. Ich will nur einen Augenblick verweilen, um zu sagen, daß Zinserträge aus Investitionen auf einer Art von Steuer beruhten, die ein Mensch, der Geld besaß oder geerbt hatte, den Werken jener auferlegen konnte, die in der Industrie tätig waren. Nun soll man nicht annehmen, daß ein Arrangement, das, gemessen an unseren modernen Ansichten, so unnatürlich und unvernünftig scheint, von unseren Vorfahren niemals in Frage gestellt worden wäre. Seit Urzeiten hatten sich die Gesetzgeber und Propheten bemüht, die Zinsen abzuschaffen oder sie zumindest auf den niedrigsten Satz zu begrenzen. Jedoch waren alle diese Bemühungen fehlgeschlagen, was natürlich nicht anders zu erwarten war, solange die alte soziale Ordnung vorherrschte. Zu der Zeit, über die ich schreibe — die zweite Hälfte des neunzehnten Jahrhunderts —, hatten die meisten Regierungen die Versuche, in dieser Angelegenheit regulierend einzugreifen, gänzlich aufgegeben.

Wenn ich dem Leser einen allgemeinen Eindruck von der Art geben will, auf welche die Menschen in jenen Tagen zusammenlebten — insbesondere von den Beziehungen der Armen und Reichen zueinander —, dann fällt mir nichts Passenderes ein, als die Gesellschaft, wie sie damals war, mit einer gewaltigen Kutsche zu vergleichen, an welche der größte Teil der Menschheit geschirrt war, um sie mühselig über eine sehr steile, sandige Straße zu ziehen. Hunger war der Kutscher, der keinen Verzug duldete, aber die Geschwindigkeit war zwangsläufig sehr niedrig. Trotz der Schwierigkeit, die Kutsche über eine so unwegsame Straße zu ziehen, drängten sich in ihr Menschen, die niemals, nicht einmal bei den steilsten Steigungen, von ihr herabstiegen. Die Sitze auf der Kutsche waren luftig und äußerst bequem. Hoch über dem Staub konnten ihre Besitzer nach Belieben die Landschaft bewundern oder kritisch die Verdienste der Zugmannschaft erörtern. Natürlich waren diese Plätze sehr begehrt und der Wettstreit um sie scharf, denn jeder suchte als wichtigstes Ziel im Leben einen Sitz auf der Kutsche zu ergattern, den er später seinem Kind hinterlassen konnte. Auf der Kutsche galt die Regel, daß jedermann seinen Sitz einem anderen nach seiner Wahl überlassen konnte, doch es gab auch viele Unfälle, durch welche ein Sitz jederzeit ganz verloren gehen konnte. Denn obwohl so bequem, waren die Sitze dennoch sehr unsicher, und bei jedem Rucken der Kutsche rutschten Menschen heraus und stürzten zu Boden, wo sie sogleich gezwungen waren, das Seil zu ergreifen und beim Ziehen eben dieser Kutsche zu helfen, auf der sie zuvor so angenehm gefahren waren. Natürlich betrachtete man es als schreckliches Unglück, den Sitz zu verlieren, und die Furcht, daß dies einem selbst oder den Freunden geschehen konnte, hing ständig wie eine Gewitterwolke über den Häuptern der Mitfahrer.

Aber dachten sie denn nur an sich selbst? werden Sie fragen. Wurde ihnen nicht ihr eigener Luxus unerträglich, wenn sie sich mit dem Los ihrer Brüder und Schwestern im Geschirr verglichen, wohl wissend, daß ihr eigenes Gewicht deren Mühsal vergrößerte? Empfanden sie kein Mitgefühl für jene Menschen, von denen sie nur ein Glücksfall unterschied? Oh, natürlich; jene, die fuhren, brachten immer wieder ihr Mitleid für jene zum Ausdruck, welche die Kutsche ziehen mußten; und dies ganz besonders, wenn das Fahrzeug, wie es häufig geschah, eine schlechte Wegstrecke oder einen besonders steilen Hügel erreichte. In solchen Augenblicken bot das verzweifelte Bemühen der Zugmannschaft, ihr gequältes Springen und Stürzen unter der erbarmungslosen Peitsche des Hungers, der Anblick der vielen, die am Seil erschöpft zusammenbrachen und in den Staub getrampelt wurden, ein äußerst unangenehmes Schauspiel, das häufig auf der Kutsche höchst anerkennenswerte Äußerungen des Mitgefühls hervorrief. Zu solchen Zeiten feuerten manche Passagiere die Arbeiter am Seil mit aufmunternden Zurufen an, ermahnten sie zur Geduld und machten ihnen Hoffnung auf eine andere Welt, in welcher sie für ihr schweres Schicksal belohnt werden würden, während andere Mitfahrer Salben und Tinkturen für die Verkrüppelten und Verletzten beisteuerten. Es sei, so meinte man einmütig, sehr bedauerlich, daß die Kutsche so schwer zu ziehen sei, und man war allgemein erleichtert, wenn ein besonders schlechtes Straßenstück überwunden war. Die Erleichterung galt natürlich nicht allein der Zugmannschaft, denn es bestand auf diesen schlechten Wegstrecken immer die Gefahr, daß die Kutsche ganz umkippte, so daß alle Passagiere ihre Sitze verloren.

Der Wahrheit halber muß eingeräumt werden, daß die größte Wirkung des Elends unter den Arbeitern am Seil darin bestand, den Passagieren eine besondere Wertschätzung ihrer Sitze auf der Kutsche einzuschärfen, und sie zu veranlassen, sich verbissener denn je festzuhalten. Wenn die Passagiere sicher gewesen wären, daß weder sie selbst noch einer ihrer Freunde je herunterfallen würde, dann hätten sie wahrscheinlich nicht nur nicht für Tinkturen und Verbände gespendet, sondern sich auch kaum Gedanken um das Los jener gemacht, die die Kutsche zogen.

Ich bin mir wohl bewußt, daß dies den Männern und Frauen des zwanzigsten Jahrhunderts als schreiende Ungerechtigkeit erscheinen muß, aber es gibt zwei sehr eigenartige Tatsachen, die dies teilweise erklären können. Zunächst war man fest und aufrichtig davon überzeugt, daß es keinen anderen Weg für den Fortschritt der Gesellschaft gebe als diesen, daß nämlich viele am Seil zogen und wenige fuhren; und zudem sei keinerlei radikale Verbesserung möglich — nicht am Geschirr, nicht an der Kutsche, an der Straße oder der Verteilung der Mühsal. Es war schon immer so gewesen, und es würde immer so sein. Es war eine Schande, aber man konnte nichts tun, und die Philosophie verbat es, Mitgefühl auf etwas zu verschwenden, das nicht zu heilen war.

Die zweite Tatsache ist noch seltsamer, denn sie beruht auf einer Halluzination, welche die Menschen auf der Kutsche allgemein teilten, nämlich, daß sie nicht ganz genauso waren wie ihre Brüder und Schwestern, die am Seil zogen, sondern vielmehr aus einem feineren Stoff gewirkt, so daß sie in gewisser Weise zu einer höheren Art von Wesen zählten, die es ganz selbstverständlich erwarten konnten, gezogen zu werden. Dies scheint unerklärlich, doch da ich selbst einmal auf eben dieser Kutsche fuhr und die Halluzinationen teilte, sollte man mir Glauben schenken. Das Seltsamste an dieser Halluzination war, daß jene, die gerade erst vom Boden auf die Kutsche gestiegen waren, ihrem Einfluß erlagen, ehe noch die Wundmale vom Seil an ihren Händen abgeheilt waren. Und jene, deren Eltern oder Großeltern so glücklich gewesen waren, ihre Sitze auf der Kutsche zu behaupten, waren unverbrüchlich überzeugt, der Wesensunterschied zwischen ihrer Art von Menschlichkeit und der gewöhnlichen sei absolut. Es ist offensichtlich, daß eine solche Täuschung das Mitleid für das Leiden der Mehrheit der Menschen zu einem distanzierten, philosophischen Mitgefühl dämpft. Nur dies kann ich als einzigen Anlaß für Nachsicht gegenüber der Gleichgültigkeit anführen, die zu jener Zeit, über die ich schreibe, auch meine Haltung zu dem Elend meiner Brüder kennzeichnete.

Im Jahre 1887 wurde ich dreißig Jahre alt. Ich war noch unverheiratet, aber mit Edith Bartlett verlobt. Sie fuhr wie ich auf der Kutsche. Das soll, um uns nicht weiter mit einer Illustration zu belasten, die, wie ich hoffe, ihren Zweck erfüllt und dem Leser einen allgemeinen Eindruck von unserer damaligen Lebensart verschafft hat, bedeuten, daß ihre Familie wohlhabend war. In jener Zeit, als Geld allein bestimmte, was im Leben zählte und bedeutsam war, reichte es für eine Frau aus, wohlhabend zu sein, um Freier anzuziehen; Edith Bartlett jedoch war dazu noch hübsch und anmutig.

Meine Leserinnen, ich bin mir wohl klar, daß Sie nun protestieren werden. »Hübsch mag sie gewesen sein«, höre ich Sie sagen, »aber anmutig auf keinen Fall in den Kostümen jener Zeit, als die Kopfbedeckung aus einem absurden, einen Fuß hohen Bauwerk bestand; und die unglaublich umfangreichen Röcke verunzierten mit Hilfe gewisser künstlicher Vorrichtungen die weibliche Gestalt schlimmer, als es jede frühere Erfindung der Schneiderinnen vermocht hatte. Man kann sich kaum vorstellen, wie jemand in so einer Aufmachung anmutig wirkt!« Das ist sicher ein gewichtiger Einwand, und ich kann nur erwidern, daß die Damen des zwanzigsten Jahrhunderts zwar liebreizende Beweise dafür sind, wie gut eine richtig gewählte Bekleidung die weibliche Anmut betont, daß aber meine Erinnerung an ihre Urgroßmütter mich in die Lage versetzt zu bekräftigen, daß kein noch so unförmiges Kostüm sie völlig verhüllen konnte.

Unsere Eheschließung mußte warten, bis das Haus fertiggestellt war, das ich in einer der begehrtesten Wohngegenden der Stadt bauen ließ — soll heißen, in einem Bezirk, der überwiegend von Reichen bewohnt war. Sie müssen wissen, daß die Vorliebe, in bestimmten Stadtteilen Bostons zu wohnen, damals nicht in natürlichen Gegebenheiten begründet war, sondern sich eher an der Zusammensetzung der Nachbarschaft orientierte. Jede Klasse oder Nation lebte für sich in einem eigenen Viertel. Ein reicher Mann, der unter Armen lebte, oder ein Gebildeter unter Ungebildeten, war wie ein einsamer Mensch inmitten einer eifersüchtigen, fremden Rasse.

Als der Bau des Hauses begann, rechneten wir damit, daß es im Winter 1886 fertiggestellt sein würde. Doch im Frühling des folgenden Jahres war es immer noch nicht fertig, und meine Eheschließung lag in ferner Zukunft. Die Ursache der Verzögerung, die für einen heftig Verliebten natürlich besonders quälend war, lag in einer Reihe von Streiks, was bedeutet, daß sich die Maurer, Zimmerleute, Schreiner, Anstreicher, Klempner und andere Handwerker, die am Hausbau beteiligt waren, gemeinsam weigerten, weiterzuarbeiten. Der Anlaß für diese Streiks ist mir entfallen, denn sie brachen damals so häufig aus, daß niemand mehr nach den Hintergründen fragte. Seit der großen Wirtschaftskrise von 1873 hatte es in allen Industriezweigen immer wieder Streiks gegeben. Es war sogar eher die Ausnahme, wenn eine bestimmte Sparte von Handwerkern mehr als ein paar Monate ohne Unterbrechung ihren Beruf ausübte.

Wer die angegebenen Jahreszahlen beachtet hat, wird natürlich in diesen Unregelmäßigkeiten in der Industrie die erste, noch unzusammenhängende Phase jener großen Bewegung erkennen, die schließlich zum Aufbau des modernen Wirtschaftssystems mit allen seinen sozialen Konsequenzen führte. Im Rückblick ist das alles so offensichtlich, daß es jedes Kind verstehen kann, aber da wir keine Propheten waren, hatten wir damals keine klare Vorstellung, was uns geschah. Was wir allerdings sahen, war, daß sich die Industrie des Landes in einem seltsamen Zustand befand. Die Beziehung zwischen den Arbeitenden und den Arbeitgebern, zwischen Arbeit und Kapital, schien aus unerklärlichen Gründen aus dem Lot geraten zu sein. Die Arbeiterklasse war sehr plötzlich und schwer mit einer tiefen Unzufriedenheit über ihre Lebensbedingungen infiziert worden und hatte die Vorstellung, daß diese gewaltig verbessert werden könnten, wenn sie nur wüßten, wie sie es anfangen sollten. Sie forderten einmütig und lautstark höhere Löhne, eine kürzere Arbeitszeit, bessere Wohnungen, bessere Ausbildung und einen gerechten Anteil am Luxus und den schöneren Dingen des Lebens — Forderungen, die keine Aussicht auf Erfüllung hatten, solange die Welt nicht erheblich reicher würde, als sie es damals war. Zwar wußten sie teilweise, was sie wollten, aber sie wußten nicht, wie sie es erreichen konnten, und die große Begeisterung, mit der sie sich um jeden scharten, von dem sie in dieser Angelegenheit Aufklärung erhofften, verschaffte vielen zwielichtigen Anführern eine unverdiente Ehre, hatten doch einige von ihnen kaum Aufklärung zu bieten. Doch für wie phantastisch man die Hoffnungen der Arbeiter auch hielt, die Hingabe, mit der sie einander bei den Streiks unterstützten, die ihre Hauptwaffe darstellten, und die Opfer, die sie sich auferlegten, um die Streiks durchzustehen, ließ keinen Zweifel über ihre tödliche Entschlossenheit offen.

Was der Ausgang der Arbeitskämpfe — dies war das Wort, mit dem die Bewegung, die ich gerade beschrieb, meist bezeichnet wurde — betraf, gingen die Ansichten der Angehörigen meiner Klasse je nach individuellem Temperament weit auseinander. Der Optimist brachte sehr energisch vor, schon in der Natur der Dinge sei begründet, daß die Hoffnungen der Arbeiterschaft nie erfüllt werden würden, ganz einfach, weil die Welt nicht den Reichtum besaß, sie zu erfüllen. Nur weil die Massen sehr hart arbeiteten und vom Allernötigsten lebten, blieb die ganze Menschheit vom Hungertod verschont, und solange die Welt insgesamt so arm war, blieb jede merkliche Verbesserung ihrer Lebensbedingungen ausgeschlossen. Es waren nicht die Kapitalisten, so behaupteten die Optimisten, gegen den die Arbeitenden antraten, sondern die unerbittliche Umwelt der Menschheit selbst, und irgendwann würden sie trotz ihrer Dickschädel gewiß die Wahrheit erkennen und sich entschließen, zu ertragen, was sie doch nicht ändern konnten.

Ein weniger optimistischer Mensch mochte all dies einräumen. Selbstverständlich waren die Hoffnungen der Arbeitenden aus ganz natürlichen Gründen nicht zu erfüllen; es gebe aber Grund zur Befürchtung, daß die Arbeiter diese Tatsache erst verständen, wenn sie die Gesellschaft ins Chaos gestürzt hatten. Sie hatten genug Wählerstimmen und Macht, um dies nach Belieben zu tun, und ihre Anführer glaubten, daß sie es auch tun sollten. Einige dieser verzagten Beobachter gingen sogar so weit, den baldigen Zusammenbruch der Gesellschaft zu prophezeien. Die Menschheit, meinten sie, die doch die oberste Sprosse der Zivilisation erklommen habe, stehe kurz davor, kopfüber ins Chaos zu stürzen, worauf sie sich zweifellos wieder aufrappeln würde, um abermals den Aufstieg zu beginnen. Erlebnisse dieser Art, geschehen in historischen und prähistorischen Zeiten, seien möglicherweise die Erklärung für die unerklärlichen Beulen auf dem menschlichen Schädel. Die Geschichte der Menschheit verliefe wie alle großen Bewegungen zyklisch und kehre zu ihrem Ausgangspunkt zurück. Die Vorstellung, unendlich lange geradlinig fortschreiten zu können, war eine Phantasie, die auf keiner sachlichen Grundlage beruhte. Die parabolische Bahn eines Kometen sei vielleicht eine noch bessere Analogie für den Aufstieg der Menschheit. Vom Aphel der Barbarei aus nach oben und sonnenwärts strebend habe die menschliche Rasse das Perihel der Zivilisation nur erreicht, um abermals niederzustürzen, ihrem tiefen Ziel in den Abgründen des Chaos entgegen.

Dies war natürlich eine extreme Meinung, aber ich erinnere mich an ernstzunehmende Männer, die sich bei der Erörterung der Zeichen der Zeit auf ganz ähnliche Weise äußerten. Unter gebildeten Menschen herrschte die Ansicht vor, die Gesellschaft nähere sich einer kritischen Periode, deren Ergebnis große Veränderungen sein konnten. Die Arbeitskämpfe, ihre Ursachen, ihr Verlauf und ihre Behebung waren in Druckerzeugnissen und ernsthaften Unterhaltungen das häufigste Diskussionsthema.

Die nervöse Spannung der Öffentlichkeit könnte nicht deutlicher illustriert werden als durch den Schrecken über das Gerede einer kleinen Gruppe von Männern, die sich Anarchisten nannten und das amerikanische Volk unter Androhung von Gewalt dazu bringen wollten, ihre Ansichten zu übernehmen — als wäre eine mächtige Nation, die gerade eben eine Rebellion der Hälfte ihrer Bevölkerung niedergeschagen und damit ihr politisches System gerettet hatte, bereit, aus Angst ein neues Sozialgefüge anzunehmen.

Als einer der Wohlhabenden, für den viel auf dem Spiele stand, teilte ich natürlich die Befürchtungen meiner Klasse. Der ganz besondere Groll, den ich damals gegen die Arbeiterklasse hegte — daß sie nämlich mit ihren Streiks meine ersehnte Heirat verzögerten —, bereicherte meine Gefühle für sie zweifellos um eine gewisse Feindseligkeit.

2

Der 30. Mai 1887 fiel auf einen Montag. Dieser Tag war im letzten Drittel des neunzehnten Jahrhunderts ein Staatsfeiertag, der den Namen »Decoration Day« trug und zu Ehren jener Soldaten der Nordstaaten abgehalten wurde, die im Krieg um die Einheit des Bundes ihr Leben gegeben hatten. Die Kriegsveteranen pflegten an diesem Tag, von militärischen und zivilen Prozessionen und Kapellen begleitet, die Friedhöfe zu besuchen und Blumenkränze auf die Gräber ihr toten Kameraden zu legen. Die Zeremonie war sehr feierlich und ergreifend. Der ältere Bruder von Edith Bartlett war im Krieg gefallen, und so hatte es sich die Familie zur Gewohnheit gemacht, am Decoration Day den Friedhof Mont Auburn zu besuchen, auf dem er lag.

Ich hatte um Erlaubnis gebeten, mich ihnen anschließen zu dürfen, und als wir bei Einbruch der Dämmerung in die Stadt zurückkehrten, begleitete ich die Familie meiner Verlobten nach Hause, um mit ihr zu Abend zu essen. Nach dem Mahl nahm ich im Salon die Abendzeitung zur Hand und las von einem neuen Streik im Baugewerbe, der die Fertigstellung meines Hauses wahrscheinlich noch weiter verzögern würde. Ich erinnere mich noch genau, wie zornig ich reagierte und wie heftig ich schimpfte — so heftig jedenfalls, wie es in Anwesenheit von Damen erlaubt war. Ich ließ mich über Arbeiter im allgemeinen und über die Streikenden im besonderen aus. Die Anwesenden äußerten ihr Mitgefühl, und bei den Bemerkungen, die in der darauf folgenden Unterhaltung über das ungebührliche Betragen der Arbeiterführer fielen, hätten die betreffenden Herrschaften gewiß rote Ohren bekommen. Man war sich einig, daß es immer schlimmer würde, und niemand könne sagen, was als nächstes käme. »Das Schlimmste überhaupt«, sagte Mrs. Bartlett, »ist doch, daß die Arbeiter gleichzeitig auf der ganzen Welt verrückt spielen. In Europa ist es sogar noch schlimmer als hier. Ich würde es bestimmt nicht wagen, dort zu leben. Ich fragte Mr. Bartlett neulich, wohin wir auswandern könnten, wenn all die schlimmen Dinge geschehen, mit denen die Sozialisten drohen, und er erwiderte, daß er außer Grönland, Patagonien und dem chinesischen Reich kein Land wüßte, in dem man die Gesellschaft wirklich stabil nennen könne.« — »Die Chinesen wußten schon genau, was sie taten«, ergänzte jemand anders, »als sie sich weigerten, unsere westliche Zivilisation anzunehmen. Sie wußten besser als wir, wohin das führen würde. Sie erkannten, daß es eine Katze im Sack war.«

Ich erinnere mich, daß ich Edith danach zur Seite zog, um sie zu überreden, besser sofort zu heiraten und nicht auf die Fertigstellung des Hauses zu warten. Wir konnten in der Zwischenzeit auf Reisen gehen und zurückkehren, sobald unser Haus bereit war. Sie war an diesem Abend sehr hübsch; das Trauerkleid, das sie zu

Ehren des Tages trug, hob sich stark von ihrer hellen Haut ab. Ich sehe sie immer noch ganz genau vor mir. Als ich mich verabschiedete, folgte sie mir in die Eingangshalle, und ich gab ihr wie immer einen Gutenachtkuß. Dieses Lebewohl unterschied sich in nichts von den vorherigen Gelegenheiten, bei denen wir uns über Nacht oder für einen Tag getrennt hatten. Ich konnte nicht ahnen, und ich bin sicher, sie auch nicht, daß dies mehr als ein ganz gewöhnliches Lebewohl war.

Ah, aber dann!

Die Stunde, zu der ich meine Verlobte verließ, war für Liebende recht früh, aber dies warf keinen Makel auf meine Ergebenheit. Ich litt an chronischer Schlaflosigkeit, und obwohl sonst vollkommen gesund, war ich an diesem Tag ziemlich erschöpft, nachdem ich in den zwei vorangegangenen Nächten kaum Schlaf gefunden hatte. Edith wußte dies und hatte darauf bestanden, mich um neun Uhr am Abend zu verabschieden, nicht ohne mich streng zu ermahnen, sofort zu Bett zu gehen.

Das Haus, in dem ich lebte, war von drei Generationen der Familie bewohnt gewesen, und ich war der letzte lebende Sproß dieser Familie. Es war ein großes, altes, aus Holz erbautes Herrenhaus, sehr elegant und altmodisch eingerichtet, aber in einem Viertel gelegen, das seit langem nicht mehr als Wohngegend in Frage kam, da man in der Nähe Mietshäuser und Manufakturen gebaut hatte. Es war kein Haus, in das ich meine Braut führen konnte, und schon gar nicht eine so wählerische wie Edith Bartlett. Ich hatte es zum Verkauf ausgeschrieben und benutzte es inzwischen nur noch als Schlafplatz; meine Mahlzeiten nahm ich im Club ein. Ein Diener, ein treuer farbiger Mann mit Namen Sawyer, lebte bei mir und befriedigte meine wenigen Bedürfnisse. Einen Teil des Hauses würde ich allerdings sehr vermissen, wenn ich es aufgab, und das war die Schlafkammer, die ich in den Keller gebaut hatte. In der Stadt mit ihren unablässigen Nachtgeräuschen hätte ich nie schlafen können, wenn ich gezwungen gewesen wäre, ein Zimmer in den oberen Stockwerken zu benutzen, aber in dieses unterirdische Zimmer drang kein Laut der Außenwelt. Wenn ich es betrat und die Tür schloß, umgab mich die Stille eines Grabes. Um die Feuchtigkeit der Erde abzuhalten, waren die Wände aus Zement gebaut und sehr dick, und der Boden war auf ähnliche Weise geschützt. Damit der Raum ein ebenso sicherer Hort vor Gewalt und Flammen war, in dem man auch Wertgegenstände aufbewahren konnte, hatte ich die Decke aus hermetisch schließenden Steinplatten bauen lassen, und die Außentür bestand aus Eisen mit einer dicken Schicht Asbest. Ein kleines Rohr, das mit einem Windrad auf dem Dach verbunden war, stellte die Luftzufuhr sicher.

Es mag scheinen, als sollte der Bewohner einer solchen Kammer fähig sein, seinen Schlaf zu finden, aber sogar dort geschah es selten, daß ich zwei Nächte hintereinander gut schlief. Ich war an das Wachen so gewöhnt, daß ich mir kaum Gedanken über eine schlaflose Nacht machte. Doch eine zweite Nacht, die ich statt im Bett in meinem Lesesessel verbrachte, erschöpfte mich, und aus Angst vor nervösen Störungen erlaubte ich es mir nicht, länger als zwei Nächte keinen Schlaf zu finden. Aus dieser Äußerung entnehmen Sie sicher, daß ich für den Notfall einige künstliche, schlaffördernde Mittel als Hilfe zur Verfügung hatte, und das war tatsächlich der Fall. Wenn nach zwei schaflosen Nächten die dritte kam, ohne daß ich schläfrig wurde, rief ich Dr. Pillsbury.

Er war kein richtiger Arzt, sondern das, was man in jenen Tagen einen »Wunderdoktor« oder »Quacksalber« nannte. Er selbst bezeichnete sich als »Professor für animalischen Magnetismus«. Ich hatte ihn bei meinen laienhaften Forschungen auf dem Gebiet des Mesmerismus kennengelernt. Ich glaube nicht, daß er viel von Medizin verstand, aber er war gewiß ein bemerkenswerter Hypnotiseur. Ihn also rief ich, wenn die dritte schlaflose Nacht bevorstand, um mich von seinen Manipulationen einschläfern zu lassen. Wie groß meine Erregung oder Sorge auch war, Dr. Pillsbury gelang es stets in kürzester Zeit, mich in tiefen Schlaf zu versetzen, aus dem ich erst durch eine Umkehrung der Mesmerisierung wieder erweckt werden konnte. Das Aufwecken des Schläfers war dabei einfacher, als ihn in Schlaf zu versetzen, und so hatte ich Dr. Pillsbury der Einfachheit halber gebeten, Sawyer entsprechend einzuweisen.

Nur mein treuer Diener wußte, zu welchem Zweck Dr. Pillsbury mich besuchte oder daß er mich überhaupt besuchte. Wenn Edith meine Frau wurde, mußte ich ihr natürlich mein Geheimnis anvertrauen. Ich hatte es ihr bisher noch nicht erzählt, weil mit dem mesmerischen Schlaf zweifellos ein gewisses Risiko verbunden war, und ich wußte, daß sie Einwände gegen meinen Umgang damit haben würde. Das Risiko bestand natürlich darin, daß der Schlaf zu tief wurde und in eine Trance überging, die der Hypnotiseur nicht mehr aufzulösen vermochte und die schließlich zum Tode führte. Einige Experimente hatten mich jedoch überzeugt, daß das Risiko zu vernachlässigen war, wenn man die richtigen Vorsichtsmaßnahmen ergriff, und aus diesem Grund hoffte ich, wenn auch etwas unsicher, Edith überzeugen zu können. Ich ging, nachdem wir uns verabschiedet hatten, sofort nach Hause und schickte Sawyer nach Dr. Pillsbury. In der Zwischenzeit suchte ich meine unterirdische Schlafkammer auf und vertauschte mein Festtagsgewand gegen einen bequemen Hausmantel. Dann setzte ich mich und las die Briefe, die mit der Abendpost gekommen waren und die Sawyer auf meinem Lesetisch bereitgelegt hatte.

Einer kam vom Baumeister meines Hauses. Er bestätigte, was ich bereits aus dem Zeitungsartikel wußte. Die neuen Streiks, las ich, hatten die Vertragserfüllung auf unbestimmte Zeit verzögert, da weder Arbeitgeber noch Arbeiter von ihrer Haltung in der fraglichen Sache abweichen wollten. Caligula wünschte einst, die Römer

187

hätten mehr als einen Hals zum Abschlagen, und ich muß eingestehen, daß ich, als ich diesen Brief las, ganz ähnliche Wünsche in bezug auf die amerikanische Arbeiterklasse hegte. Die Rückkehr Sawyers mit dem Doktor unterbrach meine düsteren Grübeleien.

Offenbar hatte es ihm Umstände gemacht zu kommen, denn er war bereit, die Stadt noch in der gleichen Nacht zu verlassen. Der Doktor berichtete mir, daß er nach unserer letzten Begegnung von einer vielversprechenden beruflichen Verbesserungsmöglichkeit in einer weit entfernten Stadt gehört habe und entschlossen sei, das Angebot anzunehmen. Auf meine etwas panisch vorgebrachte Frage, wer mir dann helfen solle, meinen Schlaf zu finden, nannte er mir die Namen mehrerer Hypnotiseure in Boston, die, wie er betonte, ebenso große Kräfte besaßen wie er.

In dieser Hinsicht etwas erleichtert wies ich Sawyer an, mich am nächsten Morgen um neun Uhr zu wecken, legte mich im Hausmantel bequem aufs Bett und überließ mich der Kunst des Hypnotiseurs. Es lag sicher an meiner außergewöhnlich großen Nervosität, daß ich langsamer als sonst das Bewußtsein verlor, aber schließlich ergriff mich eine köstliche Benommenheit.

3

»Er wird gleich die Augen öffnen. Es ist besser, wenn er zuerst nur einen von uns sieht.«

»Aber versprich mir, es ihm nicht zu sagen!«

Die erste Stimme gehörte einem Mann, die zweite einer Frau, und beide sprachen flüsternd.

»Ich will sehen, wie er sich macht«, erwiderte der Mann.

»Nein, nein, du mußt es mir versprechen!« erwiderte die zweite Stimme nachdrücklich.

»Laß ihr doch ihren Willen!« flüsterte eine dritte Stimme, ebenfalls eine Frau.

»Nun gut, dann verspreche ich es«, gab der Mann zurück. »Rasch, geht! Er kommt zu sich.«

Ich hörte Kleider rascheln und öffnete die Augen. Ein gutaussehender, vielleicht sechzigjähriger Mann stand über mich gebeugt und musterte mich mit großem Wohlwollen, in das sich starke Neugierde mischte. Er war mir völlig fremd. Ich drückte mich auf einem Ellbogen hoch und sah mich um. Das Zimmer war leer. Ich war gewiß noch nie darin gewesen, nicht einmal in einem nur annähernd auf diese Weise möblierten. Ich richtete den Blick wieder auf meinen Gefährten. Er lächelte.

»Wie fühlen Sie sich?« fragte er.

»Wo bin ich?« verlangte ich zu wissen.

»Sie sind in meinem Haus«, antwortete er.

»Wie bin ich hergekommen?«

»Darüber wollen wir sprechen, wenn Sie bei Kräften sind. Einstweilen bitte ich Sie, keine Angst zu haben. Sie sind unter Freunden und in guten Händen. Wie fühlen Sie sich?«

»Etwas seltsam«, gab ich zurück, »aber sonst wohl ganz gut. Wollen Sie mir nicht sagen, wie es kam, daß ich Ihre Gastfreundschaft in Anspruch nehmen mußte? Was mit mir geschehen ist? Wie ich herkam? Ich legte mich in meinem eigenen Haus zum Schlafen.«

»Wir haben später noch genug Zeit für Erklärungen«, erwiderte mein unbekannter Gastgeber mit einem beruhigenden Lächeln. »Es ist wohl besser, aufregende Themen zu meiden, bis Sie wieder halbwegs bei sich sind. Wollen Sie so freundlich sein und ein paar Schluck von dieser Mixtur nehmen? Sie wird Ihnen guttun. Ich bin Arzt.«

Ich wies das Glas mit einer Geste zurück und setzte mich auf der Couch auf, wenn auch etwas mühsam, da mein Kopf seltsam leicht war.

189

»Ich bestehe darauf, sofort zu erfahren, wo ich bin und was Sie mit mir getan haben«, sagte ich.

»Mein lieber Herr«, antwortete mein Gefährte, »ich muß Sie bitten, sich nicht aufzuregen. Es wäre mir lieber gewesen, Sie hätten nicht so bald schon Erklärungen verlangt, aber da Sie darauf bestehen, will ich versuchen, Ihre Wißbegier zu befriedigen, vorausgesetzt, Sie nehmen erst diesen Trank zu sich, der Sie etwas kräftigen wird.«

Darauf trank ich, was er mir angeboten hatte. Dann sagte er: »Es ist nicht so einfach, wie Sie vielleicht vermuten, wenn ich Ihnen sagen soll, wie Sie hergekommen sind. Sie können mir darüber wahrscheinlich genausoviel sagen wie ich Ihnen. Sie wurden gerade eben aus einem tiefen Schlaf, oder besser, aus einer Trance erweckt. Soviel kann ich Ihnen sagen. Sie erwähnten, daß Sie in Ihrem eigenen Haus waren, als Sie in Schlaf fielen. Darf ich fragen, wann das war?«

»Wann?« gab ich zurück. »Sie fragen wann? Nun, gestern abend natürlich, um etwa zehn Uhr. Ich gab meinem Diener Sawyer die Anweisung, mich um neun Uhr zu wecken. Wo steckt Sawyer denn?«

»Das kann ich Ihnen leider nicht sagen«, erwiderte mein Gastgeber, während er mich neugierig musterte. »Aber ich bin sicher, daß seine Abwesenheit entschuldbar ist. Können Sie mir nun etwas genauer sagen, wann Sie in diesen Schlaf fielen? Das Datum, meine ich.«

»Nun, gestern abend war es, aber das sagte ich bereits. Es sei denn, ich habe einen ganzen Tag verschlafen. Allmächtiger! Das kann doch nicht sein; und doch habe ich das seltsame Gefühl, lange Zeit geschlafen zu haben. Es war der Decoration Day, an dem ich mich schlafen legte.«

»Decoration Day?«

»Ja, Montag der 30.«

»Entschuldigen Sie, aber der 30. wovon?«

»Nun, von diesem Monat natürlich, es sei denn, ich

hätte bis Juni geschlafen, aber das kann wohl nicht sein.«

»Wir haben September.«

»September! Sie wollen damit doch wohl nicht sagen, daß ich seit Mai geschlafen habe! Gütiger Himmel! Das ist ja unglaublich!«

»Wir werden sehen«, erwiderte mein Gefährte. »Sie sagten also, Sie hätten sich am 30. Mai schlafen gelegt?«

»Ja.«

»Darf ich fragen in welchem Jahr?«

Ich starrte ihn wie betäubt an und konnte eine Weile kein Wort herausbringen.

»In welchem Jahr?« wiederholte ich schließlich schwach.

»Ja, in welchem Jahr, bitte. Danach werde ich Ihnen sagen können, wie lange Sie geschlafen haben.«

»Es war das Jahr 1887«, sagte ich.

Mein Gefährte bestand darauf, daß ich noch einen Schluck aus dem Glas nahm, und fühlte meinen Puls.

»Mein guter Herr«, sagte er. »Ihr Betragen zeichnet Sie als kultivierten Menschen aus, was in jenen Tagen beileibe nicht so selbstverständlich war wie heute. Nun, dann werden Sie zweifellos beobachtet haben, daß die Welt voller Wunder ist. Die Gründe aller Phänomene sind letztlich einander gleich, und die Resultate ebenso. Es steht zu erwarten, daß Sie über das, was ich Ihnen jetzt sagen werde, erschrecken werden; aber ich vertraue darauf, daß meine Worte Ihre Ausgeglichenheit nicht über Gebühr strapazieren werden. Ihre Erscheinung ist die eines jungen Mannes von knapp dreißig Jahren, und Ihre körperliche Verfassung scheint sich kaum von der eines Menschen zu unterscheiden, der gerade aus einem etwas zu langen und tiefen Schlaf geweckt wurde. Und doch ist heute der zehnte September des Jahres 2000, so daß Sie genau hundertdreizehn Jahre, drei Monate und elf Tage geschlafen haben.«

Ich trank benommen noch einen Schluck von dem

191

Gebräu, das mein Gastgeber mir angeboten hatte, wurde schon bald sehr müde und fiel in einen tiefen Schlaf.

Als ich erwachte, war das Zimmer, das bei meinem ersten Erwachen künstlich beleuchtet gewesen war, taghell. Mein geheimnisvoller Gastgeber saß neben mir. Er blickte mich nicht an, und so hatte ich eine gute Gelegenheit, ihn zu mustern und über meine ungewöhnliche Situation nachzudenken, bevor er bemerkte, daß ich erwacht war. Meine Benommenheit war verschwunden und mein Geist völlig klar. Die Geschichte von meinem hundertdreizehn Jahre langen Schlaf, die ich zuvor in meinem benommenen Zustand ohne Einwände akzeptiert hatte, kam mir nun wieder in den Sinn, doch ich verwarf sie als eine unverschämte Lüge, deren Motive ich im Augenblick nur erahnen konnte.

Gewiß war mit mir, bevor ich in diesem fremden Haus bei meinem unbekannten Gastgeber erwachte, etwas Außergewöhnliches geschehen, aber meine Vorstellungskraft war völlig überfordert, wenn ich mir auszumalen versuchte, was es gewesen sein konnte. War ich etwa einer Art Verschwörung zum Opfer gefallen? Es sah ganz danach aus; und doch, wenn man dem Gesichtsausdruck überhaupt vertrauen konnte, dann war dieser Mann an meiner Seite mit seinem feinen, klugen Gesicht gewiß kein Mensch, dem man ein Verbrechen oder eine Schandtat zutrauen konnte. Dann begann ich mich zu fragen, ob ich nicht das Opfer eines raffinierten Streiches von Freunden geworden war, die auf irgendeine Weise von meiner unterirdischen Kammer erfahren und die Gelegenheit ergriffen hatten, mich von den Gefahren der mesmerischen Experimente zu überzeugen. Allerdings stieß ich bei dieser Theorie auf einige Widersprüche. Sawyer hätte mich nie hintergangen, und ich hatte auch keine Freunde, denen ein solcher Scherz zuzutrauen war; dennoch schien mir die Vermutung, daß mir jemand einen Streich spielte, noch die wahrscheinlichste

192

von allen. Halb erwartend, hinter einem Vorhang oder einem Stuhl das grinsende Gesicht eines Bekannten zu entdecken, sah ich mich vorsichtig um. Als mein Blick auf meinen Gastgeber fiel, sah er mich an.

»Sie haben zwölf Stunden fest geschlafen«, sagte er unvermittelt, »und ich kann sehen, daß es ihnen gutgetan hat. Sie sehen viel besser aus. Ihre Hautfarbe ist gesund, Ihre Augen klar. Wie fühlen Sie sich?«

»Ich habe mich nie besser gefühlt«, sagte ich und setzte mich auf.

»Sie erinnern sich zweifellos an Ihr erstes Erwachen«, erkundigte er sich, »und an Ihre Überraschung, als ich Ihnen sagte, wie lange Sie geschlafen haben?«

»Sie sagten, glaube ich, daß ich hundertdreizehn Jahre geschlafen hätte.«

»Genau.«

»Sie müssen doch zugeben«, sagte ich mit einem ironischen Lächeln, »daß die Geschichte recht unwahrscheinlich klingt.«

»Ungewöhnlich, das muß ich zugeben«, erwiderte er, »aber unter entsprechenden Bedingungen ist sie weder unmöglich noch im Widerspruch zu dem, was wir über den Trancezustand wissen. Wenn er wie in Ihrem Fall vollkommen ist, dann sind die Lebensfunktionen völlig aufgehoben, und das Gewebe altert nicht mehr. Die Dauer der Trance ist zeitlich nicht begrenzt, solange die Außenbedingungen den Körper vor physischem Schaden bewahren. Ihre Trance war in der Tat die längste, von der wir sicher wissen, aber wären Sie nicht in der völlig intakten Kammer entdeckt worden, dann wären Sie wahrscheinlich noch ewige Zeiten in diesem Zustand unterbrochener Lebensfunktionen geblieben, bis schließlich die allmähliche Abkühlung der Erde das Körpergewebe zerstört und den Geist befreit hätte.«

Ich mußte zugeben, daß die Urheber, falls ich tatsächlich das Opfer eines Scherzes war, einen bewundernswerten Agenten für ihren Betrug gewählt hatten. Die beeindruckende und sogar wortgewandte Art dieses Mannes hätte sogar der Behauptung, der Mond bestünde aus Käse, Glaubwürdigkeit verliehen. Das Lächeln, mit dem ich ihm begegnet war, als er mir seine Traumhypothese unterbreitete, hatte ihn nicht im mindesten beirrt.

»Vielleicht«, sagte ich, »wollen Sie so freundlich sein, mir einige Einzelheiten über die Umstände zu nennen, unter denen Sie die Kammer und ihren Inhalt entdeckten. Ich liebe interessante Geschichten.«

»In diesem Fall«, lautete die ernste Antwort, »könnte keine Geschichte so seltsam sein wie die Wahrheit. Sie müssen wissen, daß ich schon vor vielen Jahren die Idee hatte, im großen Garten hinter diesem Haus ein Labor zu bauen, in dem ich chemische Experimente durchführen kann, für die ich mich besonders interessiere. Am letzten Donnerstag begann dann endlich die Aushebung des Kellers. Die Arbeiten wurden noch am gleichen Abend abgeschlossen, und am Freitag sollten die Maurer kommen. Donnerstagabend gab es einen Wolkenbruch, und am Freitagmorgen war mein Keller ein Froschteich; die Wände waren hinuntergespült. Meine Tochter, die mit mir herausgekommen war, um die Katastrophe zu betrachten, machte mich auf ein Stück Mauerwerk aufmerksam, das freigelegt worden war, als eine Wand einstürzte. Ich wischte ein wenig Erde fort, und als ich bemerkte, daß es ein Teil eines größeren Mauerstücks war, beschloß ich, es zu untersuchen. Die Arbeiter, die ich holen ließ, legten etwa drei Meter unter der Erdoberfläche ein längliches Gewölbe frei. Es lag in der Ecke der Grundmauern eines Hauses, das früher hier gestanden haben mußte. Eine Schicht Asche und Holzkohle auf dem Gewölbe zeigte, daß das Haus durch einen Brand zerstört worden war. Das Gewölbe selbst war hingegen völlig intakt, der Zement so gut wie beim Bau. Es gab eine Tür, aber wir konnten sie nicht aufbekommen und verschafften uns Eintritt, indem wir eine Steinplatte vom Dach entfernten. Die Luft, die herauskam, war schal aber rein, trocken und nicht sehr kalt. Ich stieg mit einer Laterne hinein und fand ein Schlafzimmer, das im Stil des neunzehnten Jahrhunderts eingerichtet war. Auf dem Bett lag ein junger Mann. Wir mußten natürlich annehmen, daß er schon lange tot war, mindestens ein Jahrhundert; aber der außergewöhnlich gute Zustand des Körpers überraschte mich und ebenso meine medizinischen Kollegen, die ich hinzuzog. Wir hätten nicht geglaubt, daß man eine Leiche so kunstfertig einbalsamieren konnte, und doch war da ein eindeutiger Beweis dafür, daß unsere unmittelbaren Vorfahren diese Kunst beherrscht hatten. Meine Medizinerkollegen, die natürlich sehr neugierig waren, wollten sofort durch Experimente klären, mit welchen Methoden die Einbalsamierung geschehen war, aber ich hielt sie zurück. Mein Motiv dabei, jedenfalls das einzige Motiv, das ich jetzt erwähnen muß, war die Erinnerung daran, daß ich einmal gelesen hatte, wie intensiv sich Ihre Zeitgenossen mit dem animalischen Magnetismus beschäftigten. Ich hielt es nicht für ausgeschlossen, daß Sie in einer Trance lagen, und daß die Lösung des Rätsels, warum Ihr Körper nach so langer Zeit so gut erhalten war, nicht in der Balsamierungskunst zu suchen war, sondern auf das Vorhandensein von Leben hinwies. Doch mir kam diese Idee so ausgefallen vor, daß ich es nicht wagte, sie meinen Kollegen vorzutragen und mich womöglich lächerlich zu machen; ich zog es vor, ihnen einen anderen Grund für die Verschiebung der Experimente zu nennen. Doch kaum hatten sie mich verlassen, da versuchte ich Sie wiederzubeleben. Das Ergebnis ist Ihnen bekannt.«

Und wenn es um noch Unglaublicheres gegangen wäre, die Ausführlichkeit seines Berichtes und die beeindruckende Art und Persönlichkeit des Erzählers hätten jeden Zuhörer ins Schwanken gebracht; mir wurde seltsam, als ich, nachdem er geendet hatte, zufällig einen Blick auf mein Abbild in einem Spiegel warf, der an der Wand hing. Ich stand auf und trat vor den Spiegel. Das

Gesicht, das ich sah, war keinen Tag älter als jenes, das ich gesehen hatte, als ich mich für den Decoration Day zurechtmachte und mir die Krawatte umband; und dieser Mann wollte mich glauben machen, der Feiertag sei vor hundertdreizehn Jahren begangen worden. Mir fiel wieder ein, daß ich nur das Opfer einer gewaltigen Betrügerei sein konnte. Ich erkannte empört, welche Freiheiten man sich mit mir erlaubt hatte.

»Wahrscheinlich wundern Sie sich«, sagte mein Gastgeber, »daß Sie, obwohl Sie ein Jahrhundert gealtert sind, seit Sie sich in Ihrer unterirdischen Kammer zum Schlafen legten, äußerlich unverändert sind. Das sollte Sie aber nicht erstaunen. Dank des völligen Stillstandes der Lebensfunktionen konnten Sie eine so lange Zeit überleben. Wenn Ihr Körper während der Trance irgendeine Veränderung erlitten hätte, dann hätte er sich schon lange aufgelöst.«

»Mein Herr«, erwiderte ich und wandte mich zu ihm um, »ich kann mir beim besten Willen nicht erklären, aus welchem Grund Sie mir mit ernstem Gesicht eine so haarsträubende Geschichte erzählen; aber Sie sind gewiß zu intelligent um anzunehmen, daß ein geistig gesunder Mensch sich von ihr täuschen ließe. Verschonen Sie mich ein für allemal mit diesem wortreichen Unfug und verraten Sie mir, warum Sie sich weigern, mir eine vernünftige Erklärung dafür zu geben, wo ich bin und wie ich hierher kam. Wenn Sie dazu nicht bereit sind, werde ich mich selbst vergewissern, und niemand wird mich daran hindern können.«

»Dann glauben Sie nicht, daß wir das Jahr 2000 schreiben?«

»Halten Sie es wirklich für nötig, mir diese Frage zu stellen?« gab ich zurück.

»Nun gut«, erwiderte mein ungewöhnlicher Gastgeber. »Da ich Sie nicht überzeugen kann, sollen Sie sich selbst überzeugen. Sind Sie stark genug, um mir die Treppe hinauf zu folgen?«

»Ich bin so stark wie eh und je«, antwortete ich erzürnt, »und möglicherweise muß ich das unter Beweis stellen, wenn dieser Scherz noch viel weitergetrieben wird.«

»Ich bitte Sie, mein Herr«, antwortete mein Gastgeber, »nicht zu sehr davon auszugehen, daß Sie das Opfer eines Streiches sind, denn sonst könnten Ihre Reaktionen, wenn Sie von der Wahrheit meiner Behauptungen überzeugt sind, etwas heftig ausfallen.«

Die echte Besorgnis und das Mitgefühl, das ich aus seiner Stimme heraushörte, und das völlige Fehlen von irgendeiner Art Ablehnung als Reaktion auf meine hitzigen Worte erschreckten mich, und so folgte ich ihm mit seltsam gemischten Gefühlen aus dem Raum. Er führte mich zwei Treppen hinauf, dann kam eine dritte kürzere, und wir traten auf eine Terrasse auf dem Dach des Hauses hinaus. »Bitte, sehen Sie sich um«, sagte er als wir die Plattform erreicht hatten, »und sagen Sie mir, ob dies das Boston des neunzehnten Jahrhunderts ist!«

Unter mir erstreckte sich eine große Stadt. Kilometerlange breite Straßen, beschattet von Bäumen und gesäumt von großen Häusern, die überwiegend nicht in großen Blocks beisammen standen, sondern in größeren oder kleineren Grünanlagen verstreut lagen. In allen Richtungen sah ich große, offene Plätze mit Bäumen, zwischen denen in der Spätnachmittagssonne Statuen glänzten und Springbrunnen funkelten. Bürogebäude von gewaltigen Ausmaßen und einem architektonischen Wagemut, der in meinen Tagen nicht seinesgleichen gekannt hatte, erhoben sich majestätisch. Nein, diese Stadt oder eine vergleichbare hatte ich noch nie gesehen. Ich blickte zum westlichen Horizont. Dieses blaue Band, das sich da im Sonnenuntergang wand, war das nicht der Charles? Ich blickte nach Osten und sah den Hafen von Boston zwischen den Landzungen, und alle grünen Inselchen waren da.

Nun wußte ich, daß man mir, was die Ungeheuerlichkeit betraf, die mit mir geschehen war, die Wahrheit gesagt hatte.

4

Ich verlor nicht das Bewußtsein, aber die Anstrengung, meine Lage einzuschätzen, ließ mich schwindeln, und ich weiß noch, daß mein Gefährte mich stützen mußte, als er mich vom Dach in ein geräumiges Zimmer im oberen Stockwerk führte, wo er darauf bestand, daß ich ein oder zwei Gläser guten Wein trank und etwas ausruhte.

»Ich denke, jetzt geht es wohl wieder«, sagte er aufmunternd. »Ich hätte kein so abruptes Mittel gewählt, um Sie zu überzeugen, hätte mich nicht Ihr Verhalten dazu gezwungen. Ich muß gestehen«, fuhr er lachend fort, »daß ich einen Augenblick lang Angst hatte, das zu erleiden, was man im neunzehnten Jahrhundert wohl einen Knockout nannte, wenn ich nicht sofort handelte. Ich erinnerte mich, daß die Bostoner Ihrer Tage berühmte Faustkämpfer waren, und ich hielt es für angebracht, keine Zeit zu verlieren. Ich nehme aber an, daß Sie mich jetzt von dem Vorwurf, Sie hintergangen zu haben, freisprechen werden.«

»Wenn Sie mir erzählt hätten«, erwiderte ich einigermaßen eingeschüchtert, »daß nicht hundert, sondern tausend Jahre vergangen sind, seit ich das letztemal diese Stadt sah, dann würde ich es Ihnen jetzt glauben.«

»Es ist nur ein Jahrhundert vergangen«, antwortete er, »aber viele Jahrtausende der Weltgeschichte haben weniger tiefgreifende Veränderungen gesehen. Und nun«, fuhr er fort, und streckte mit unwiderstehlicher Freundlichkeit die Hand aus, »will ich Sie im Boston des zwanzigsten Jahrhunderts und in diesem Haus herzlich willkommen heißen. Mein Name ist Leete, Dr. Leete.«

»Und mein Name«, sagte ich, während ich seine Hand schüttelte, »ist Julian West.«

»Sehr erfreut, Ihre Bekanntschaft zu machen, Mister West«, gab er zurück. »Da dieses Haus auf dem Grundstück Ihres ehemaligen Hauses errichtet ist, wird es Ihnen hoffentlich nicht schwerfallen, sich heimisch zu fühlen.«

Nach einer Erfrischung bot Dr. Leete mir sein Bad und neue Kleider an, was ich freudig akzeptierte.

Anscheinend hatten die großen Veränderungen, von denen mein Gastgeber gesprochen hatte, nicht in der Männerkleidung stattgefunden, denn bis auf ein paar Details überraschten mich meine neuen Kleider überhaupt nicht.

Körperlich war ich nun wieder der alte. Aber der Leser wird sich gewiß fragen, wie es um meine Geistesverfassung stand. Was dachte ich nun, wird er wissen wollen, da ich mich so plötzlich in einer neuen Welt wiederfand? Lassen Sie mich darauf antworten, daß er sich vorstellen soll, er würde unvermittelt und schneller als er mit den Augen zwinkern kann, von der Erde ins Paradies oder in die Unterwelt versetzt. Wie, glaubt er, würde er sich dort fühlen? Würde er in Gedanken sogleich zur Erde zurückkehren, die er gerade verlassen hat, oder würde er nach dem ersten Schrecken sein früheres Leben eine Weile vergessen, um sich voller Interesse und aufgeregt seiner neuen Umgebung zu widmen? Ich kann dazu nur sagen, daß, wenn seine Erfahrung im Ausmaß derjenigen ähnlich wäre, die ich hier schildere, die zweite Annahme wahrscheinlich die richtige wäre. Das Erstaunen und die Neugierde, in die meine neue Umgebung mich versetzte, schlugen mich nach dem ersten Schreck so in ihren Bann, daß ich keinen anderen Gedanken fassen konnte. Für den Augenblick war die Erinnerung an mein früheres Leben verloren.

Kaum hatte ich mich dank der Dienste meines freundlichen Gastgebers körperlich erholt, da brannte ich schon darauf, zum Dach des Hauses zurückzukehren; und kurz darauf saßen wir gemütlich in Lehnstühlen und betrachteten die Stadt unter uns. Nachdem Dr. Leete einige meiner Fragen beantwortet hatte, etwa nach alten Landmarken, die ich vermißte, und nach neuen, die sie ersetzt hatten, wollte er wissen, welcher Unterschied zwischen der alten und der neuen Stadt mir am stärksten ins Auge fiele.

»Um zunächst von den kleinen Dingen zu sprechen«, erwiderte ich, »so glaube ich, daß mich als erstes das völlige Fehlen von Schornsteinen und ihrem Rauch beeindruckte.«

»Ah!« rief mein Gefährte sehr interessiert, »ich hatte die Kamine ganz vergessen, denn sie werden schon lange nicht mehr benutzt. Die unsaubere Methode, Dinge zu verbrennen, um Wärme zu erhalten, ist schon seit fast einem Jahrhundert veraltet.«

»Und allgemein«, fuhr ich fort, »beeindruckt mich an der Stadt am meisten ihre Pracht, die mich denken läßt, daß ihre Bewohner in materiellem Wohlstand leben.«

»Ich würde einiges dafür geben, einen Blick auf das Boston Ihrer Zeit zu werfen«, antwortete Dr. Leete. »Zweifellos waren, wie Sie bereits andeuteten, die Städte jener Epoche recht unansehnlich. Und wenn Sie auch den Geschmack hatten — woran ich keineswegs zweifle —, sie herauszuputzen, so fehlten Ihnen doch aufgrund der Armut, die aus dem unzulänglichen Wirtschaftssystem herrührte, die Mittel dazu. Außerdem erlaubte der ausgeprägte Individualismus, der damals vorherrschte, kein großes Engagement für die Allgemeinheit. Der wenige Reichtum, den Sie sahen, wurde fast gänzlich in Form von privatem Luxus genossen. Heute dagegen ist der beliebteste Verwendungszweck für überschüssige Mittel die Ausschmückung unserer Stadt, worüber sich alle gleichermaßen freuen können.«

Der Sonnenuntergang hatte schon begonnen, als wir aufs Hausdach zurückgekehrt waren, und während wir sprachen, senkte sich langsam die Dunkelheit über die Stadt.

»Es wird dunkel«, sagte Dr. Leete. »Lassen Sie uns ins Haus zurückgehen, damit ich Ihnen meine Frau und meine Tochter vorstellen kann.«

Seine Worte erinnerten mich an die Frauenstimmen, die ich flüstern gehört hatte, als ich zu Bewußtsein gekommen war; und da ich höchst neugierig darauf war, die Damen des Jahres 2000 kennenzulernen, stimmte ich dem Vorschlag gerne zu.

Das Zimmer, in dem wir Frau und Tochter meines Gastgebers vorfanden, war wie das ganze Haus mit sanftem Licht beleuchtet, das, wie ich wußte, künstlich sein mußte, wenn ich auch nicht die Quelle entdecken konnte, aus der es kam. Mrs. Leete war eine außergewöhnlich schöne und jung gebliebene Frau, die etwa im gleichen Alter war wie ihr Gatte, während die Tochter, deren Fraulichkeit gerade erblühte, das schönste Mädchen war, das ich je gesehen hatte. Ihr Gesicht war mit den tiefblauen Augen, der zarten Bräune und den vollkommenen Zügen so bezaubernd, wie es ein Gesicht nur sein konnte, aber selbst wenn ihrem Antlitz diese besonderen Reize gefehlt hätten, so hätte sie mit der makellosen Anmut ihrer Figur unter den Frauen des neunzehnten Jahrhunderts dennoch als Schönheit gegolten. In diesem hübschen Wesen waren weibliche Weichheit und Zartheit köstlich mit jener strahlenden Gesundheit und übersprudelnden Vitalität vereint, die ich bei den jungen Damen, mit denen ich sie vergleichen konnte, allzuoft vermißt hatte. Es war ein vergleichsweise geringfügiger, aber dennoch verblüffender Zufall, daß ihr Name ausgerechnet Edith war.

Dieser Abend war in der Geschichte sozialer Gepflogenheiten gewiß einzigartig, aber es wäre ein großer Fehler, wollte man annehmen, daß unser Gespräch unter Schwierigkeiten und in gespannter Atmosphäre verlief. Ich glaube, gerade unter sogenannten unnatürli-

201

chen, oder besser: unter außergewöhnlichen Bedingungen, verhalten sich die Menschen am natürlichsten, da solche Situationen zweifellos jede Künstlichkeit verbieten. Ich wußte auf jeden Fall, daß meine Unterhaltung mit den Angehörigen eines anderen Zeitalters und einer anderen Welt von einer tiefen Aufrichtigkeit und Offenheit geprägt war, wie sie sonst nur unter alten Freunden üblich ist. Zweifellos hatte das herausragende Taktgefühl meiner Gastgeber viel damit zu tun. Natürlich war unser Gesprächsthema das seltsame Erlebnis, das mich hergeführt hatte, aber sie sprachen mit so schlichtem, direktem Interesse darüber, daß das Thema seine absurden und unheimlichen Untertöne verlor, die sonst übermächtig geworden wären. Man hätte annehmen können, daß sie es durchaus gewohnt waren, Gäste aus einem anderen Jahrhundert zu bewirten, so vollkommen war ihr Takt.

Ich für meinen Teil kann mich nicht erinnern, daß mein Geist je wacher und aufmerksamer arbeitete als an diesem Abend, noch waren meine intellektuellen Fähigkeiten jemals schärfer. Natürlich kam mir keinen Augenblick das Bewußtsein über meine erstaunliche Situation abhanden; die größte Auswirkung bestand bislang in jedoch nur einer fiebrigen Erregung, einer Art geistiger Vergiftung.*

Edith Leete beteiligte sich kaum an der Unterhaltung,

---

* Um diesen außerordentlichen Geisteszustand zu erklären, muß ich daran erinnern, daß es in meiner Umgebung, abgesehen von unserem Gesprächsthema, so gut wie nichts gab, das mich an mein Schicksal erinnerte. Kaum einen Block von meinem alten Heim in Boston entfernt hätte ich soziale Kreise finden können, die mir erheblich fremder gewesen wären. Die Sprechweise der Bostoner des zwanzigsten Jahrhunderts unterscheidet sich von der ihrer kultivierten Vorfahren des neunzehnten Jahrhunderts weniger als die Sprechweise ihrer kultivierten Vorfahren von der Sprache Washingtons und Franklins, während die Unterschiede im Stil von Kleidung und Möbeln nicht größer waren, als man es nach Ablauf einer einzigen Generation hätte erwarten können.

aber immer wenn die Anziehungskraft ihrer Schönheit meinen Blick auf sich zog, sah ich, daß sie mich wie gebannt, fast fasziniert, beobachtete. Es war offensichtlich, daß ich ihr Interesse in außerordentlichem Maße erregte, was aber, da ich sie für ein kluges Mädchen hielt, nicht weiter erstaunlich war. Wenn ich auch glaube, daß Neugierde das Hauptmotiv für ihr Interesse war, so rührte es mich doch viel stärker an, als es bei einem weniger schönen Mädchen der Fall gewesen wäre.

Dr. Leete und die Damen schienen sich sehr für meinen Bericht über die Umstände zu interessieren, unter denen ich mich in die unterirdische Kammer zum Schlaf niedergelegt hatte. Jeder hatte eine Vermutung beizusteuern, warum ich dort vergessen worden wäre, und die Theorie, auf die wir uns schließlich einigten, bietet wenigstens eine plausible Erklärung, wenn auch niemand je erfahren wird, ob sie in ihren Einzelheiten zutrifft. Die Ascheschichten, die man über der Kammer gefunden hatte, deuteten darauf hin, daß das Haus niedergebrannt war. Wir ließen es dahingestellt, ob der Brand in der Nacht ausgebrochen war, in der ich einschlief. Man braucht nur anzunehmen, daß Sawyer sein Leben durch das Feuer oder einen mit ihm verbundenen Unfall verlor, und man kann den Rest mühelos folgern. Niemand außer ihm und Dr. Pillsbury wußten von der Existenz der Kammer und der Tatsache, daß ich mich in ihr befand. Und Dr. Pillsbury, der noch in der gleichen Nacht nach New Orleans aufgebrochen war, hatte wahrscheinlich überhaupt nicht von dem Brand erfahren. Die Schlußfolgerung meiner Freunde und Bekannten mußte natürlich sein, daß ich in den Flammen den Tod gefunden hatte. Eine Aushebung der Ruinen hätte, wenn sie nicht sehr gründlich gewesen wäre, keinesfalls mein Refugium in den Grundmauern zutage gefördert. Um ganz sicher zu gehen, zumindest wenn man auf dem Grundstück neu gebaut hatte, wäre eine solche Aushebung nötig gewesen, aber die unruhigen Zeiten und der schlechte Ruf der Gegend hatten vielleicht dazu geführt, daß das Grundstück unbebaut geblieben war. Wenn man die Größe der Bäume im Garten bedachte, sagte Dr. Leete, dann war das Grundstück mindestens ein halbes Jahrhundert lang unbebaut geblieben.

5

Nachdem sich die Damen später am Abend zurückgezogen und Dr. Leete und mich alleingelassen hatten, fragte er nach meinem Schlafbedürfnis und sagte, wenn ich glaubte, daß es Zeit zum Schlafen sei, dann sei mein Bett bereit; wenn ich aber lieber wach bleiben wollte, dann würde er mir mit Freuden Gesellschaft leisten. »Ich bin ein Spätaufsteher«, sagte er, »und ohne Ihnen schmeicheln zu wollen, kann ich sagen, daß ich mir kaum einen interessanteren Gesprächspartner als Sie vorstellen kann. Man bekommt gewiß nicht oft die Gelegenheit, mit einem Mann aus dem neunzehnten Jahrhundert zu sprechen.«

Nun hatte ich den ganzen Abend über mit einiger Sorge dem Augenblick entgegengesehen, da ich mich allein zur Nachtruhe würde zurückziehen müssen. Von diesen freundlichen Fremden umgeben, angeregt und beruhigt durch ihr mitfühlendes Interesse, war ich fähig gewesen, mein seelisches Gleichgewicht aufrecht zu erhalten. Doch in Gesprächspausen hatte ich, lebhaft wie Blitze, Visionen von der schrecklichen Fremdartigkeit gesehen, der ich ins Auge blicken mußte, wenn es keine Ablenkung mehr gab. Ich wußte, daß ich in dieser Nacht nicht schlafen konnte, und ich stehe gewiß nicht als Feigling da, wenn ich zugebe, daß ich Angst davor hatte, wachzuliegen und nachzudenken. Als ich die Frage meines Gastgebers genau in dieser Weise offen beantwortete, erwiderte er, daß es seltsam wäre, wenn ich mich nicht genauso fühlte, doch ich sollte mir wegen meines Schlafes keine Sorgen machen; wenn ich zu Bett gehen wollte, könnte er mir ein starkes Mittel geben, mit dessen Hilfe ich unweigerlich die Nacht durchschlafen würde. Am nächsten Morgen würde ich dann zweifellos mit dem Gefühl aufwachen, schon lange Bürger dieser Stadt zu sein.

»Bevor ich das erreiche«, entgegnete ich, »muß ich ein wenig mehr über das Boston erfahren, in dem ich jetzt bin. Vorhin auf dem Dach erwähnten Sie, daß ein Jahrhundert vergangen sei, das durch größere Veränderungen in den Lebensbedingungen der Menschen gekennzeichnet sei als manches Jahrtausend. Mit der Stadt vor Augen konnte ich es leicht glauben, aber ich bin sehr neugierig zu erfahren, welches diese Veränderungen waren. Und ich möchte mit einem wichtigen Thema beginnen und fragen, welche Lösung Sie für das Problem der Arbeitskämpfe gefunden haben? Dies war die wichtigste Frage des neunzehnten Jahrhunderts, und unsere Gesellschaft stand kurz vor dem Untergang, weil nirgends eine Antwort in Sicht war. Es ist sicher hundert Jahre Schlaf wert, wenn ich jetzt erfahren kann, wie die Antwort lautet, falls Sie eine gefunden haben.«

»Ah, so etwas wie Arbeitskämpfe gibt es heute nicht mehr«, erwiderte Dr. Leete, »und es gibt auch keine Möglichkeit, daß sie entstehen könnten; wir dürfen wohl behaupten, das Problem gelöst zu haben. Die Gesellschaft hätte gewiß den Untergang verdient, wenn sie bei der Beantwortung einer so einfachen Frage versagt hätte. Man könnte sogar sagen, daß die Frage sich von selbst beantwortet hat. Die Lösung kam als Ergebnis eines Prozesses der industriellen Entwicklung, der gar keinen anderen Abschluß finden konnte. Die Gesellschaft mußte diese Entwicklung nur erkennen und sie nutzen, als die Tendenz unübersehbar geworden war.«

»Ich kann nur sagen«, antwortete ich, »daß sich zu der Zeit, als ich einschlief, keine solche Entwicklung abzeichnete.«

»Ich glaube, Sie sagten, Sie seien im Jahre 1887 eingeschlafen.«

»Ja, am 30. Mai 1887.«

Mein Gefährte betrachtete mich einige Augenblicke
nachdenklich. Dann bemerkte er: »Und Sie wollen mir
sagen, daß wirklich niemand die Natur der Krise erkannte, auf welche die Gesellschaft zusteuerte? Natürlich
glaube ich Ihnen. Die einzigartige Blindheit Ihrer Zeitgenossen gegenüber den Zeichen der Zeit ist ein Phänomen, über das heute viele Historiker schreiben, denn
diese Blindheit ist für uns sehr schwer zu verstehen,
scheinen die Vorzeichen doch im Rückblick so offensichtlich und unverwechselbar; wir meinen, daß auch
Sie diese Vorboten der kommenden Veränderung hätten
sehen müssen. Es würde mich sehr freuen, Mister West,
wenn Sie mir einen etwas genaueren Eindruck davon
vermitteln könnten, mit welcher Einstellung Sie und andere gebildete Menschen den Staat und die Zukunftsaus-
sichten der Gesellschaft im Jahre 1887 betrachteten. Sie
müssen doch zumindst die Verschärfung der wirtschaftlichen und sozialen Probleme erkannt haben; die tiefe
Unzufriedenheit aller Klassen mit den Ungerechtigkeiten
der Gesellschaft und das große Elend der Menschheit
waren die Vorboten für kommende Veränderungen.«

»Das haben wir in der Tat erkannt«, gab ich zu. »Wir
hatten das Gefühl, die Gesellschaft zerrte an ihrem An-
ker und drohte abzutreiben. Wohin sie treiben würde,
konnte niemand sagen, aber alle fürchteten die Klippen.«

»Dennoch«, sagte Dr. Leete, »war die Richtung der
Strömung deutlich wahrzunehmen, wenn Sie sich nur
die Mühe gemacht hätten, sie zu beobachten — und sie
führte nicht zu den Klippen, sondern in tieferes Fahrwas-
ser.«

»Wir hatten damals ein beliebtes Sprichwort«, antwortete ich. »›Hinterher ist jeder klug.‹ Und die Wahrheit
dieses Wortes weiß ich heute mehr denn je zu schätzen.

Ich kann nur sagen, daß die Aussichten, als ich zu Bett ging, so waren, daß ich mich, als ich heute von Ihrem Hausdach hinunterblickte, nicht gewundert hätte, wenn ich statt dieser prächtigen Stadt einen Haufen verkohlter und überwucherter Ruinen vorgefunden hätte.«

Dr. Leete hatte aufmerksam zugehört und nickte nachdenklich, als ich geendet hatte. »Was Sie da sagen«, bemerkte er schließlich, »wird man als höchst wertvolle Bekräftigung für Storiots Ansichten betrachten. Seine Analyse Ihrer Zeit wurde, was die Verzweiflung und die Verwirrung der Menschen anging, allgemein für übertrieben gehalten. Wir wissen, daß es eine Zeit des Übergangs voller Aufregung und Wirren war; aber da wir so deutlich die Tendenz der damals wirkenden Kräfte erkennen, mußten wir natürlich annehmen, daß in der Öffentlichkeit eher Hoffnung als Furcht vorherrschte.«

»Sie haben mir noch nicht verraten, wie Ihre Antwort auf das Rätsel lautet«, sagte ich. »Ich brenne darauf zu erfahren, durch welche Verleugnung der Naturgesetze der Friede und der Wohlstand, den Sie heute genießen, die Folge einer Ära wie der meinen waren.«

»Entschuldigen Sie«, gab mein Gastgeber zurück, »aber rauchen Sie?« Erst als die Zigarren angezündet waren und gut brannten, fuhr er fort. »Da Sie nun, genau wie ich selbst, eher zum Reden als zum Schlafen aufgelegt sind, kann ich wohl nichts Besseres tun, als Ihnen ein Bild von unserem modernen Wirtschaftssystem zu entwerfen, um dem Eindruck zu begegnen, seine Entwicklungt sei mit einem Geheimnis verbunden. Die Bostoner Ihrer Tage standen im Ruf, große Frager zu sein, und ich will Ihnen meine Abstammung beweisen, indem ich Sie zunächst etwas frage. Welches würden Sie als das wichtigste Element der Arbeitskämpfe jener Zeit betrachten?«

»Nun, die Streiks natürlich«, erwiderte ich.

»Genau. Aber warum waren die Streiks so schrecklich?«

»Wegen der großen Gewerkschaften.«

»Und warum gab es diese großen Organisationen?«

»Die Arbeiter behaupteten, sie müßten sich organisieren, damit sie nicht von den großen Firmen betrogen würden.«

»Das ist genau der Punkt«, sagte Dr. Leete. »Die Arbeiterorganisationen und die Streiks waren nur die Folge davon, daß sich das Kapital stärker denn je konzentrierte. Bevor diese Konzentration begann, als Handel und Industrie noch in den Händen unzähliger kleiner Unternehmer mit wenig Kapital lagen, war der einzelne Arbeiter relativ wichtig und unabhängig in seiner Beziehung zum Arbeitgeber. Und da ein wenig Kapital oder eine neue Idee ausreichte, damit ein Mann ein eigenes Geschäft gründen konnte, wurden aus Arbeitern ständig Arbeitgeber, so daß es keine feste Grenzlinie zwischen den beiden Klassen gab. Die Gewerkschaften waren damals winzig klein, und ein Generalstreik wäre unmöglich gewesen. Aber als aus den kleinen Firmen mit wenig Kapital große Konzerne mit viel Kapital wurden, veränderte sich das. Der einzelne Arbeiter, der dem Kleinunternehmer noch relativ wichtig gewesen war, stand einer großen Firma unbedeutend und machtlos gegenüber, während ihm zugleich der Weg nach oben zum Unternehmertum verschlossen blieb. Der Selbsterhaltungstrieb zwang ihn, sich mit seinen Gefährten zu verbünden.

Die Aufzeichnungen aus jener Zeit beweisen, daß die Empörung gegen die Konzentration des Kapitals gewaltig war. Die Menschen glaubten, dies bedrohe die Menschheit mit einer Tyrannei, die viel schrecklicher war als alles, was man je erlebt hatte. Sie glaubten, die großen Firmen wollten ihnen ein Sklavenjoch auferlegen, wie es die Menschheit noch nicht gesehen hatte, und die Sklaven würden nicht einmal für Menschen, sondern für seelenlose Maschinen arbeiten, die keine menschliche Regung kannten, nur unersättliche Gier. Im Rückblick verwundert uns Ihre Verzweiflung nicht, denn die Menschheit war nie mit einem elenderen und schrecklicheren

Schicksal konfrontiert als mit jener Ära vereinter Tyrannei, deren Kommen man fürchtete.

Unterdessen wurden, allen öffentlichen Protesten zum Trotz, die kleineren Firmen von immer größeren Monopolen geschluckt. In den Vereinigten Staaten hatten Einzelunternehmen in keinem Bereich der Wirtschaft mehr Erfolgschancen, wenn sie nicht von gewaltigem Kapital gestützt wurden. Im letzten Jahrzehnt des Jahrhunderts waren die wenigen Kleinunternehmen, die noch existierten, dahinsiechende Überlebende einer vergangenen Epoche oder bloße Parasiten der Großunternehmen, oder sie existierten in Nischen, die für die Großkapitalisten zu winzig waren. Kleine Geschäfte, soweit sie noch existierten, vegetierten wie Ratten und Mäuse, lebten in Löchern und Ecken und hofften darauf, nicht entdeckt zu werden. Die Eisenbahnen hatten sich zusammengeschlossen, bis wenige große Syndikate jede Schiene im Land kontrollierten. Die Syndikate kontrollierten die Rohstoffe für alle Unternehmen. Diese Syndikate, Konzerne, Trusts oder wie immer sie hießen, setzten die Preise fest und erstickten jeden Wettbewerb, außer mit Konzernen, die genauso groß waren wie sie selbst. Die Märkte der großen Städte erdrückten die Rivalen auf dem Land mit Zweiggeschäften, und in der Stadt selbst schluckten die größeren die kleineren, bis die Geschäfte eines ganzen Viertels unter einem Dach konzentriert waren und hundert ehemalige Geschäftsinhaber als Schreiber arbeiteten. Da der kleine Kapitalist sein Geld nicht in ein eigenes Unternehmen stecken konnte, mußte er sich bei den Konzernen verdingen und konnte sein Geld nur in deren Aktien und Pfandbriefen investieren und wurde so doppelt abhängig.

Die Tatsache, daß das verzweifelte Aufbegehren der Öffentlichkeit gegen die Konzentration der Industrie in wenigen mächtigen Händen keine Wirkung zeitigte, beweist, daß es einen triftigen ökonomischen Grund dafür gegeben haben muß. Die Kleinkapitalisten mit ihren unzähligen winzigen Firmen hatten in der Tat den großen, kapitalkräftigen Unternehmen das Feld überlassen, weil sie aus einer Zeit stammten, in der alles noch viel kleiner war; sie vermochten die Bedürfnisse eines Zeitalters der Dampfkraft und des Telegraphen und der Großunternehmen nicht mehr zu befriedigen. Die frühere Ordnung wiederherzustellen hätte, falls überhaupt möglich, bedeutet, zu den Tagen der Postkutsche zurückzukehren. So unterdrückerisch und unerträglich das Regime der Großkonzerne auch war, selbst seine Opfer mußten, während sie es verfluchten, gezwungenermaßen zugeben, daß die Industrie nun viel effizienter funktionierte, daß die Wirtschaft aufgrund der Konzentration der Verwaltung und wegen der Einheitlichkeit der Organisation florierte, und daß, seit das neue System das alte ersetzt hatte, der Wohlstand der Welt in ungeahntem Ausmaß gestiegen war. Natürlich hatte dieses rasche Anwachsen zunächst die Reichen noch reicher gemacht und die Kluft zwischen arm und reich vertieft; doch die Tatsache blieb bestehen, daß die Hebung des Wohlstandes und die Konzentration des Kapitals Hand in Hand gingen. Die Wiederherstellung des alten Systems mit seiner Zerstückelung des Kapitals hätte, wenn sie überhaupt möglich gewesen wäre, zwar zu einer größeren Gleichheit der Lebensbedingungen geführt, zu mehr individueller Würde und Freiheit, aber um den Preis allgemeiner Armut und des Stillstandes des materiellen Fortschritts.

Gab es denn nun keine Möglichkeit, die Verdienste des mächtigen, Wohlstand produzierenden vereinten Kapitals zu nutzen, ohne in einer Plutokratie wie jener Karthagos zu enden? Als die Menschen einmal begannen, sich diese Fragen zu stellen, fanden sie sogleich die Antwort. Die Tendenz, daß immer größere Kapitalansammlungen die Geschäfte führten, die Tendenz zu Monopolen, der man sich verzweifelt und vergeblich widersetzt hatte, wurde endlich in ihrer wahren Bedeutung erkannt, nämlich als Prozeß, der nur seine logische Entwicklung beenden mußte, um der Menschheit eine goldene Zukunft zu eröffnen.

Anfang des letzten Jahrhunderts wurde die Entwicklung abgeschlossen, indem das Kapital der ganzen Nation zusammengeführt wurde. Die Industrie und der Handel des Landes wurden nicht mehr nach Gutdünken und zu ihrem eigenen Profit von verantwortungslosen Unternehmern und Syndikaten aus Privatpersonen geleitet, sondern zu einem einzigen Syndikat zusammengeführt, welches das ganze Volk repräsentierte, um im Interesse und zum Nutzen der Allgemeinheit zu arbeiten. Das bedeutet, daß die Nation wie ein einziger großer Konzern organisiert wurde, in dem alle anderen Konzerne aufgingen; die Nation wurde zum einzigen Kapitalisten, der alle anderen Kapitalisten ersetzte, zum einzigen Arbeitgeber, zum letzten Monopol, das alle vorherigen, kleineren Monopole schluckte; ein Monopol, `an dessen Profiten alle Bürger beteiligt waren. Die Epoche der Trusts endete mit der Entstehung des Großen Trusts. Kurz gesagt kam das Volk der Vereinigten Staaten überein, seine Geschäfte selbst in die Hand zu nehmen, wie es einhundert Jahre zuvor die Regierungsgewalt selbst in die Hand genommen hatte, und man organisierte die Industrie nach genau den gleichen Grundsätzen, nach denen auch die Politik organisiert worden war. Endlich und viel zu spät in der Weltgeschichte erkannte man die offensichtliche Tatsache, daß kein Bereich für die Öffentlichkeit so wichtig ist wie Industrie und Handel, von denen der Lebensunterhalt aller Menschen abhängt. Dieses Gebiet Privatpersonen anzuvertrauen, die ihren privaten Profit daraus ziehen, ist eine Narretei, die, wenn auch weitaus folgenreicher, in ihrer Art daran erinnert, die Regierungsgewalt Königen und Adligen zu überlassen, die sie zu ihrem persönlichen Ruhm ausüben.«

»Eine so gewaltige Veränderung, wie Sie sie beschreiben«, sagte ich, »fand doch gewiß nicht ohne großes Blutvergießen und schreckliche Unruhen statt.«

»Ganz im Gegenteil«, erwiderte Dr. Leete. »Es gab überhaupt keine Gewalt. Man hatte die Veränderung lange vorausgesehen. Die öffentliche Meinung war reif dafür, und das ganze Volk stand dahinter. Man konnte sich weder mit Gewalt noch mit Argumenten dagegen sträuben. Andererseits wich die Verbitterung der Öffentlichkeit gegenüber den großen Konzernen und den mit ihnen Identifizierten, da man sie als notwendiges Bindeglied, als Übergangsphase in der Entwicklung eines gerechten Wirtschaftssystems erkannte. Die erbitterten Feinde großer privater Monopole mußten nun erkennen, wie unschätzbar wertvoll deren Hilfe bei der Erziehung der Menschen gewesen war, bis diese einen Punkt erreichten, an dem sie die Kontrolle über ihre Geschäfte selbst übernahmen. Fünfzig Jahre zuvor wäre die Zusammenführung der Industrien des Landes unter nationaler Kontrolle auch dem Optimistischsten wie ein gewagtes Experiment erschienen. Doch eine Reihe einschlägiger Lektionen der Großkonzerne, die alle Menschen studieren und erleben konnten, hatte die Leute eine völlig neue Sichtweise dieses Themas gelehrt. Sie hatten seit Jahren beobachtet, daß die Syndikate Etats besaßen, die größer waren als der Staatshaushalt, während sie die Arbeitskraft von Hunderttausenden mit einer Effizienz und Wirtschaftlichkeit leiteten, die in kleineren Unternehmen undenkbar gewesen wäre. Man hatte das Axiom begriffen, daß die anzulegenden Maßstäbe immer einfacher werden, je größer das Unternehmen wird; denn wie die Maschine genauer arbeitet als die Hand, so führt auch das System, das in einem großen Konzern anstelle des Besitzerauges wirkt, zu exakteren Resultaten. So kam es dank der Konzerne selbst dazu, daß auch der Ängstlichste nichts Gefährliches mehr an dem Vorschlag fand, die Nation solle deren Funktion übernehmen. Natürlich war es ein Schritt, wie man ihn noch nie getan hatte, es war eine gewaltige Verallgemeinerung, aber man erkannte die Tatsache, daß, da die Nation fortan das einzige Unternehmen im Lande wäre, viele Schwierigkeiten, mit denen die Teilmonopole gekämpft hatten, behoben werden konnten.«

Aus: »Ein Rückblick aus dem Jahr 2000 auf das Jahr 1887«
Originaltitel: »Looking Backward, 2000—1887« (1888)
Copyright © 1989 der deutschen Übersetzung
by Wilhelm Heyne Verlag GmbH & Co. KG, München
Aus dem Amerikanischen übersetzt von Jürgen Langowski

NEUE MAGAZINE
NEUE LESER
NEUE AUTOREN

Ambrose Bierce
(1842—1914?)

Als das neunzehnte Jahrhundert langsam, aber sicher zu Ende ging, begannen auch die Autoren anderer literarischer Gebiete, sich mehr und mehr auf das Schreiben wissenschaftlich-technischer Geschichten zu verlegen; ungewohnte Erscheinungsbilder tauchten auf, die offenkundig werden ließen, wieviel die Menschheit noch über das Universum lernen mußte. Die Wissenschaft lieferte neue Einsichten in die Naturgesetze, darunter Pasteurs Arbeit im Bereich der Biologie, Hertz' Beschäftigung mit den Radiowellen, Röntgens Entdeckung der nach ihm benannten Strahlen und Thomsons Entdeckung des Elektrons. Neue Techniken ermöglichten solche Erfindungen wie den Film, die Verbrennungsmaschine, die Glühlampe und den Phonographen. Doch bei all dem wurde immer wieder deutlich, wie unendlich viel es noch zu entdecken oder zu erfinden galt; jeder neue Schritt ins Unbekannte erweiterte den Blick für das, was noch kommen sollte.

Und auch neue Autoren machten Fortschritte. Die wachsende Mittelklasse und die ansteigende Zahl der literarisch Tätigen führte zwangsläufig zur Gründung neuer Magazine, um ihrer Neugier an der Welt und ihrem literarischen Geschmack Ausdruck verleihen zu können. Dies beeinflußte die Autoren nachhaltig, und so schrieben sie Geschichten, die jedem gefielen. Es ging darin um Leben und Verhaltensweisen der Menschen, und um Abenteuer, die niemand jemals in Wirklichkeit erleben würde: Wildwest-, Kriegs-, Spion- oder Piratengeschichten sowie neben anderem auch Geschichten über Erfindungen und die Zukunft. Die meisten dieser Abenteuergeschichten zeigten deutliche Einflüsse der ›Dime Novels‹ (Groschenromane), die etwa ab 1860 veröffentlicht wurden.

Neue Druckverfahren hatten die Herstellung von Zeitungen und Magazinen wesentlich verbilligt, so daß in großen Mengen produziert und verkauft werden konnte: die Erfindung der Rotationspresse im Jahre 1846, 1884 Linotype und Holz als billiger Grundstoff zur Papiergewinnung, 1886 dann die Halbtongravur, darüber hinaus schnellere Transportmittel wie Eisenbahn, Auto und Lastwagen sowie ein landesweites Vertriebssystem; auch die Einführung des allgemeinen Inseratenteils gehörte dazu (wodurch das Bezahlen von Druckrechnungen wesentlich leichter wurde).

Das erste allgemeine Massenmagazin, das auch Fiction enthielt, wurde 1891 in England veröffentlicht; bald folgten andere in ganz Großbritannien und in den Vereinigten Staaten. Die große Zeit des Massenmagazins sollte länger als ein halbes Jahrhundert dauern, bevor ihm das Fernsehen den Rang streitig machen konnte. 1896 kamen die Pulp-Magazine* hinzu, die ausschließlich Fiction enthielten. Diese wiederum ließen die einzelnen Gattungen entstehen: Detektiv-, Western- und Liebesgeschichten. 1926 kam das SF-Magazin dazu, die einzige Gattung, die die fünfziger und sechziger Jahre überdauerte.

Der expandierende Markt für Fiction bot — auch im Zusammenhang mit der zunehmenden Wohlstandsgesellschaft — produktiven Autoren eine Menge Möglichkeiten, mit dem Schreiben den Lebensunterhalt zu verdienen. Unter jenen, die diese Möglichkeiten gut zu nutzen wußten, war auch ein junger, der unteren Mittelklasse angehörender Engländer namens Herbert George Wells, in Amerika waren es Mark Twain, Jack London und Ambrose Bierce. Sie alle schrieben — mehr oder weniger — das, was später als Science Fiction bezeichnet werden sollte.

Ambrose Bierce schrieb hin und wieder auch Ge-

---

* Pulp-Magazin: »Frühere Publikationsform der SF (um 1880—1955). Pulps sind großformatige (etwa DIN A4) Magazine mit schlechtem Papier. Der Name kommt von dem Holzbrei, aus dem das Papier hergestellt wird. Bei Pulp-Magazinen korrespondierte der Inhalt oft mit der Aufmachung; es gab aber auch Ausnahmen (in der SF: ›Astounding‹).« Reclams Science Fiction Führer

schichten, die zur Entwicklung der SF-Literatur beitru-
gen. Während des amerikanischen Bürgerkriegs war er
Soldat, danach Journalist in San Francisco (und eine zen-
trale Figur in der literarischen Szene der Westküste). Seine Geschichten, gesammelt erschienen in den Bänden
TALES OF SOLDIERS AND CIVILIANS (1891, dt. »Geschichten von Soldaten und Zivilisten«), CAN SUCH
THINGS BE?« (1893, dt. »Ist so etwas möglich?«) oder IN
THE MIDST OF LIFE (1898, dt. »Mitten im Leben«) zeigten seine Vorliebe für das Mysteriöse und Makabre.

Bierce wußte die wesentlichen Merkmale des Realisti-
schen gut mit dem Phantastischen zu verquicken, indem
er gewöhnliche Menschen mit den absonderlichsten Erscheinungen und mysteriösen Begebenheiten konfron-
tierte und sich zudem deren Umgangssprache bediente.
Das Spannungsfeld zwischen Realistischem und Phantastischem, das auf diese Weise erzeugt wurde, trug primär zum Effekt seiner Geschichten bei — ein Attribut
handwerklichen Könnens, das nach ihm für lange Zeit
nur wenige ihr eigen nennen konnten. Vieles enthielt
auch psychologische Zwischentöne, was den Wahrschein-
lichkeitscharakter noch unterstrich.

Zu den phantastischen Geschichten von Bierce zählt
»A Horseman in the Sky« (1909, dt. »Ein Reiter am Himmel«), »An Occurrence at Owl Creek Bridge« (1891, dt.
»Der Vorfall an der Eulenbachbrücke« u.a.m.), »A Psy-
chological Shipwreck« (1910, dt. »Ein telepathischer
Schiffbruch«) sowie seine beiden berühmten SF-Ge-
schichten »Moxon's Master« (1893, dt. »Moxons Herr
und Meister«, spätere Titel: »Stärker als Moxon« und
»Moxons Meister«), eine der frühesten mit der Roboter-
Thematik, und »The Damned Thing« (1898, dt. »Das
verfluchte Ding«).

»Das verfluchte Ding« repräsentiert jenen Typ der SF-
Story, die auf einen phantastischen Schluß hin angelegt
ist, jedoch ohne die dazugehörige Erklärung (die von der
Wissenschaft auch noch nicht gefunden worden ist). Die

psychologische Basis liegt in der Tatsache begründet, daß über die Beschaffenheit des Universums fortwährend neue Erkenntnisse gewonnen werden, die stichhaltigsten dieser Erkenntnisse aber unvorhersehbar und für ältere Generationen unverständlich waren. »Eine weit fortgeschrittene Wissenschaft ist von Magie nicht mehr zu unterscheiden«, hat Arthur C. Clarke einmal sehr richtig festgestellt.

»Das verfluchte Ding« war nicht die erste Geschichte über ein unsichtbares Wesen. Fitz-James O'Briens »Was war es?« wurde bereits erwähnt. Guy de Maupassant (1850—1893) schrieb eine ähnliche Geschichte: »L'Horla« (1887, dt. »Der Horla«).

Bierce, der so fasziniert war von mysteriösem Verschwinden, verschwand selbst auf mysteriöse Weise 1913 in Mexiko. Über das genaue Datum seines Todes lassen sich nur Vermutungen anstellen.

AMBROSE BIERCE

Das verfluchte Ding

I

MAN ISST NICHT IMMER DAS,
WAS MAN AUF DEM TISCH HAT

Beim Licht einer Talgkerze, die auf das eine Ende eines einfachen Tisches gestellt worden war, las ein Mann etwas, das in einem Buch geschrieben stand. Es war ein altes Kontobuch, sehr abgenützt, und die Handschrift war offenbar nicht gut lesbar, denn der Mann hielt die Seite manchmal nahe an die Flamme der Kerze, um mehr Licht darauf fallen zu lassen. Dann verdunkelte der Schatten des Buches die eine Hälfte des Raums und mit ihr eine Reihe von Gesichtern und Gestalten. Außer dem Leser waren nämlich noch acht weitere Männer anwesend. Sieben von ihnen saßen schweigend, bewegungslos an den rauhen Holzwänden, und, da der Raum klein war, nicht sehr weit von dem Tisch entfernt. Jeder von ihnen hätte, wenn er den Arm ausstreckte, den achten Mann berühren können, der auf dem Tisch lag, das Gesicht nach oben, teilweise von einem Laken bedeckt, die Arme an den Seiten. Er war tot.

Der Mann mit dem Buch las nicht laut, und niemand sprach; es war, als warteten alle darauf, daß etwas geschehe. Nur der Tote war ohne Erwartungen. Aus der undurchdringlichen Dunkelheit draußen drangen durch die Öffnung, die als Fenster diente, all die niemals vertraut werdenden Geräusche einer Nacht in der Wildnis — das lange, namenlose Geheul eines fernen Kojoten, das ruhig pulsierende Zirpen unermüdlicher Insekten in den Bäumen, seltsame Rufe von Nachtvögeln, die so ganz anders sind als die Vögel des Tages, das Summen

220

großer, krabbelnder Käfer und der ganze geheimnisvolle Chor leiser Laute, die man immer nur mit halbem Ohr hört. Das wird einem erst klar, wenn sie plötzlich verstummen, als seien sie sich einer Indiskretion bewußt geworden. Aber nichts von all dem wurde von dieser Gesellschaft wahrgenommen, denn ihre Mitglieder hatten für Angelegenheiten ohne praktische Bedeutung nicht besonders viel übrig. Das sprach aus jeder Linie ihrer wettergegerbten Gesichter — selbst im matten Licht der einzigen Kerze. Offenbar waren es Männer aus der Nachbarschaft, Farmer und Holzfäller.

Der Mann, der las, unterschied sich ein wenig von ihnen. Man hätte von ihm sagen können, er sei aus der großen Welt, weltlich, dessen ungeachtet, daß seine Kleidung eine gewisse Gemeinschaft mit den Organismen seiner Umgebung verriet. Mit seinem Mantel hätte er in San Francisco keinen Staat machen können, seine Fußbekleidung war nicht städtischen Ursprungs, und hätte jemand den Hut, der neben ihm auf dem Fußboden lag (er war als einziger barhäuptig) lediglich als einen Gegenstand zum Zwecke persönlicher Verschönerung betrachtet, wäre ihm seine Bedeutung entgangen. Die Gesichtszüge des Mannes waren recht einnehmend, mit einer Andeutung von Strenge, die er als jemand, der Autorität ausübt — denn er war Coroner — angenommen oder kultiviert haben mochte. Seines Amtes wegen war er im Besitz des Buches, das er las. Es war unter den Effekten des Toten gefunden worden, in seiner Hütte, wo soeben die Untersuchung seines Todes stattfand.

Der Coroner war fertig mit Lesen und steckte das Buch in die Brusttasche. In diesem Augenblick wurde die Tür aufgedrückt, und ein junger Mann trat ein. Bei ihm war es ganz deutlich, daß er nicht aus den Bergen stammte; er war wie die Leute gekleidet, die in Städten wohnen. Doch waren seine Sachen staubig wie vom Reisen. Tatsächlich hatte er einen harten Ritt auf sich genommen, um der Untersuchung beiwohnen zu können.

Der Coroner nickte. Sonst grüßte keiner den Neuankömmling.

»Wir haben auf Sie gewartet«, sagte der Coroner. »Wir müssen mit diesem Fall heute nacht zum Abschluß kommen.«

Der junge Mann entschuldigte sich: »Es tut mir leid, daß ich Sie aufgehalten habe. Ich bin nicht fortgeritten, um Ihren Fragen auszuweichen, sondern um einen Bericht für meine Zeitung auf die Post zu bringen. Ich nehme an, daß ich zurückgerufen worden bin, um über die in diesem Bericht geschilderten Vorgänge Auskunft zu geben.«

Der Coroner lächelte.

»Der Bericht, den Sie an Ihre Zeitung gesandt haben«, meinte er, »unterscheidet sich wahrscheinlich von dem, den Sie uns hier unter Eid erstatten werden.«

»Dem mag so sein«, erwiderte der andere ziemlich hitzig und mit sichtbarem Erröten, »wie es Ihnen beliebt. Ich habe Blaupapier benutzt und besitze eine Kopie dessen, was ich abgeschickt habe. Es ist nicht als Nachricht geschrieben, denn es ist unglaublich, sondern als erfundene Geschichte. Sie können sie als Teil meiner unter Eid zu leistenden Zeugenaussage nehmen.«

»Sie sagten doch, sie sei unglaublich.«

»Das hat für Sie nichts zu bedeuten, Sir, wenn ich schwöre, daß sie gleichzeitig wahr ist.«

Der Coroner schwieg eine Weile, die Augen auf den Fußboden gerichtet. Die Männer an den Wänden der Hütte sprachen im Flüsterton miteinander, wandten jedoch selten ihren Blick von dem Gesicht des Leichnams ab. Dann hob der Coroner den Kopf und sagte: »Wir wollen die Untersuchung fortsetzen.«

Die Männer nahmen ihre Hüte ab. Der Zeuge wurde vereidigt.

»Wie ist Ihr Name?« fragte der Coroner.

»William Harker.«

»Alter?«

»Siebenundzwanzig.«

»Sie kannten Hugh Morgan, den Verstorbenen?«

»Ja.«

»Sie waren bei ihm, als er starb?«

»In seiner Nähe.«

»Wie kam es dazu — daß Sie anwesend waren, meine ich?«

»Ich hatte ihn besucht, um zu jagen und zu fischen. Dabei hatte ich aber auch vor, ihn und die merkwürdige Art seines einsamen Lebens zu studieren. Ich sah in ihm ein gutes Modell für eine Person in einer Erzählung. Ich schreibe manchmal Geschichten.«

»Ich lese sie manchmal.«

»Ich danke Ihnen.«

»Geschichten im allgemeinen — nicht Ihre.«

Einige der Geschworenen lachten. Vor einem düsteren Hintergrund hebt sich Humor grell ab. In den Kampfpausen einer Schlacht lachen Soldaten leicht, und ein Witz in der Todeszelle besiegt durch Überraschung.

»Berichten Sie die Umstände beim Tod dieses Mannes«, forderte der Coroner den Zeugen auf. »Sie dürfen an Notizen und Gedächtnisstützen gebrauchen, was Sie wollen.«

Harker verstand. Er zog ein Manuskript aus der Brusttasche, hielt es an die Kerze, blätterte, bis er die gewünschte Stelle fand, und begann vorzulesen.

II

WAS AUF EINEM FELD MIT WILDEM HAFER PASSIEREN KANN

»... Wir verließen das Haus gleich nach Sonnenaufgang. Wir hatten jeder eine Schrotflinte und wollten Wachteln schießen, aber wir hatten nur einen Hund. Morgan meinte, das beste Revier sei jenseits von einer bestimmten Hügelkette, die er mir wies, und wir überquerten sie

auf einem Pfad durch den *chaparral.* Auf der anderen
Seite war der Boden verhältnismäßig eben und dicht mit
wildem Hafer bewachsen. Wir verließen den *chaparral,*
Morgan ein paar Yards vor mir. Plötzlich hörten wir ein
kleines Stück zu unserer Rechten vor uns ein Geräusch,
als rumore ein Tier in den Büschen, die, wie wir sehen
konnten, heftig bewegt wurden.

›Wir haben ein Reh erschreckt‹, meinte ich. ›Ich
wünschte, wir hätten ein Gewehr mitgebracht.‹

Morgan war stehengeblieben und beobachtete aufmerksam die peitschenden Zweige. Er antwortete mir
nicht, aber er hatte beide Hähne seiner Flinte gespannt
und hielt sie bereit zum Zielen. Er wirkte auf mich ein
wenig aufgeregt, was mich verwunderte, denn er hatte
den Ruf, außergewöhnlich kaltblütig zu sein, sogar in
Augenblicken plötzlicher Gefahr.

›Oh, kommen Sie‹, sagte ich. ›Sie haben doch nicht
vor, ein Reh mit Schrotkörnern vollzupumpen, wie?‹

Immer noch antwortete er nicht, aber ich bekam sein
Gesicht zu sehen, als er den Kopf ein bißchen in meine
Richtung drehte, und sein angespanntes Aussehen überraschte mich. Dann begriff ich, daß es sich um etwas Ernstes handelte, und mein erster Verdacht war, wir hätten
einen Grizzly aufgestört. Ich trat neben Morgan und
spannte dabei auch meine Flinte.

Die Büsche waren jetzt ruhig, und die Geräusche hatten aufgehört. Trotzdem behielt Morgan die Stelle
ebenso scharf im Auge wie vorher.

›Was ist das? Was, zum Teufel, ist das?‹ fragte ich.

›Das verfluchte Ding!‹ gab er zurück, ohne den Kopf
zu drehen. Seine Stimme klang heiser und unnatürlich.
Er zitterte sichtlich.

Ich wollte gerade weitersprechen, als ich bemerkte,
daß sich der wilde Hafer in der Nähe der Stelle, wo es
die Unruhe gegeben hatte, auf ganz unerklärliche Weise
bewegte. Ich kann es kaum beschreiben. Es sah aus, als
streiche ein Wind darüber hin, der die Halme nicht nur

beugte, sondern niederdrückte — sie so zu Boden preßte, daß sie sich nicht wieder erhoben. Und diese Bewegung lief langsam direkt auf uns zu.

Noch nie in meinem Leben hatte mich eine Erscheinung so seltsam berührt wie dieses unbekannte und unerklärliche Phänomen, aber ich kann mich nicht erinnern, irgendwie Furcht verspürt zu haben. Ich weiß noch, wie ich einmal zufällig aus dem Fenster sah — und ich erwähne das hier, weil es mir merkwürdigerweise damals in den Sinn kam — und für einen Augenblick einen kleinen Baum in der Nähe irrtümlich für einen aus einer Gruppe größerer Bäume in einiger Entfernung hielt. Er sah aus, als habe er die gleiche Größe wie die anderen, war aber außer Harmonie mit ihnen, weil er in Masse und Einzelheiten deutlicher und schärfer definiert war. Es war nichts als eine Verfälschung des Gesetzes der Raumperspektive, aber es erschreckte, ja, entsetzte mich beinahe. Wir verlassen uns dermaßen auf das ordnungsgemäße Funktionieren der uns vertrauten Naturgesetze, daß wir eine Bedrohung unserer Sicherheit, eine Warnung vor einer unvorstellbaren Katastrophe darin sehen, wenn sie einmal scheinbar aufgehoben werden. Auch in diesem Augenblick war die Bewegung der Halme, die, soviel ich erkennen konnte, keine Ursache hatte, und die langsame, unbeirrte Annäherung der Störung entschieden beunruhigend. Mein Gefährte machte einen richtig verängstigten Eindruck, und ich traute meinen Sinnen kaum, als ich sah, wie er plötzlich die Flinte an die Schulter riß und beide Läufe auf die sich beugenden Halme abschoß. Bevor sich der Rauch der Entladungen verzogen hatte, hörte ich einen lauten, wütenden Schrei — einen Schrei wie von einem wilden Tier. Morgan warf seine Waffe weg, sprang zur Seite und rannte schnell von der Stelle fort. Gleichzeitig wurde ich durch den Anprall von etwas, das ich im Rauch nicht sehen konnte, zu Boden geworfen. Mir war, als werde eine weiche, schwere Substanz mit großer Gewalt auf mich geschleudert.

Bevor ich wieder aufstehen und nach meiner Flinte greifen konnte, die mir aus den Händen geschlagen worden war, hörte ich Morgan wie in Todesqual schreien, und in seine Schreie mischten sich heisere, wilde Laute, wie man sie von kämpfenden Hunden hört. In unbeschreiblicher Angst raffte ich mich auf und sah in die Richtung, in die Morgan geflohen war. Möge der Himmel mir in seiner Gnade einen weiteren derartigen Anblick ersparen! In einer Entfernung von weniger als dreißig Yards war mein Freund, auf ein Knie niedergesunken, den Kopf in einem furchterregenden Winkel zurückgeworfen, hutlos, das lange Haar zerzaust. Sein ganzer Körper wand sich heftig von einer Seite zur anderen, vor und zurück. Sein rechter Arm war erhoben, und ihm schien die Hand zu fehlen — wenigstens konnte ich keine sehen. Der andere Arm war unsichtbar. Zuweilen erkannte ich, wie meine Erinnerung diese außergewöhnliche Szene festgehalten hat, nur einen Teil seines Körpers. Es war, als sei er teilweise ausgelöscht worden — anders kann ich es nicht ausdrücken. Dann brachte ihn mir eine Veränderung seiner Position wieder ganz in Sicht.

All das muß sich innerhalb weniger Sekunden abgespielt haben, doch in dieser Zeit nahm Morgan sämtliche Stellungen eines entschlossenen Ringers ein, der von einem ihm an Gewicht und Kraft überlegenen Gegner besiegt wird. Ich sah nichts als ihn und ihn nicht immer deutlich. Während des ganzen Vorfalls mischte sich in seine Rufe und Flüche ein solcher Aufruhr an Lauten des Hasses und der Wut, wie ich sie noch nie aus einer menschlichen oder tierischen Kehle gehört hatte.

Einen Augenblick lang stand ich unentschlossen da. Dann warf ich meine Flinte hin und eilte meinem Freund zu Hilfe. Ich hatte die vage Vorstellung, er erleide einen Anfall oder habe irgendwelche Krämpfe. Bevor ich ihn erreichte, sank er zu Boden und rührte sich nicht mehr. Alle Geräusche waren verstummt, aber mit einem Entsetzen, wie es nicht einmal diese gräßlichen Ereignisse hervorgerufen hatten, sah ich jetzt wieder die geheimnisvolle Bewegung des wilden Hafers, die, von der zertrampelten Stelle um den am Boden liegenden Mann ausgehend, zum Waldrand führte. Erst als sie den Wald erreichte, war ich imstande, meine Augen von ihr abzuwenden und nach meinem Gefährten zu sehen. Er war tot.«

III
AUCH EIN NACKTER KANN ZERFETZT AUSSEHEN

Der Coroner erhob sich von seinem Stuhl und trat zu dem Toten. Er hob eine Ecke des Lakens, zog es weg und enthüllte den ganzen Körper, der, völlig nackt, im Kerzenlicht ein lehmartiges Gelb zeigte. Er trug jedoch große Flecken von bläulichem Schwarz, offensichtlich durch Blutergüsse infolge von Quetschungen hervorgerufen. Brust und Seiten sahen aus, als sei mit einem Knüppel darauf eingeschlagen worden. Die Haut hatte furchtbare Risse; sie hing in Streifen und Fetzen.

Der Coroner ging um den Tisch und löste ein seidenes Taschentuch, das man unter dem Kinn durchgeführt und oben auf dem Kopf zusammengeknotet hatte. Nun lag frei, was die Kehle gewesen war. Einige der Geschworenen, die aufgestanden waren, um besser sehen zu können, bereuten ihre Neugier und wandten die Gesichter ab. Zeuge Harker zog sich an das offene Fenster zurück und beugte sich schwach und elend über die Fensterbank hinaus. Der Coroner ließ das Taschentuch auf den Hals des Toten fallen und wandte sich einer Ecke des Raums zu. Einem Haufen von Kleidern entnahm er ein Stück nach dem anderen und hielt jedes kurz zur Besichtigung hoch. Alle waren zerrissen und steif von Blut. Die Geschworenen verzichteten auf eine genauere Untersuchung. Sie wirkten ziemlich desinteressiert. Tatsächlich hätten sie diese Dinge schon vorher gesehen; neu war ihnen nur Harkers Zeugenaussage.

»Gentlemen«, stellte der Coroner fest, »weitere Beweise haben wir wohl nicht. Ihre Pflicht ist Ihnen bereits erklärt worden. Falls Sie keine Fragen zu stellen wünschen, können Sie nach draußen gehen und Ihren Spruch erwägen.«

Der Obmann, ein großer, bärtiger Mann von Sechzig in derber Kleidung, erhob sich.

»Ich würde gern eine Frage stellen, Mister Coroner. Aus welcher Irrenanstalt ist dieser Euer letzter Zeuge entflohen?«

»Mister Harker«, wandte sich der Coroner ernst und ruhig an diesen, »aus welcher Irrenanstalt sind Sie kürzlich entflohen?«

Wieder stieg Harker das Blut ins Gesicht, doch er blieb stumm, und die sieben Geschworenen standen auf und schritten einer nach dem anderen feierlich aus der Hütte.

»Wenn Sie damit fertig sind, mich zu beleidigen, Sir«, sagte Harker, sobald er und der Beamte mit dem Toten allein waren, »steht es mir vermutlich auch frei, zu gehen?«

»Ja.«

Harker ging zur Tür, doch dann blieb er mit der Hand auf der Klinke stehen. Die Gewohnheiten seines Berufes waren stärker als sein Sinn für persönliche Würde. Er drehte sich um.

»Das Buch, das Sie da haben — ich erkenne es als Morgans Tagebuch. Sie scheinen großes Interesse daran zu nehmen; Sie haben darin gelesen, während ich meine Zeugenaussage machte. Darf ich es sehen? Die Öffentlichkeit würde gern ...«

»Das Buch spielt in dieser Sache keine Rolle.« Der Beamte ließ es in seine Manteltasche gleiten. »Alle Eintragungen darin wurden vor dem Tod des Schreibers gemacht.«

Harker verließ die Hütte, und die Geschworenen traten wieder ein. Sie stellten sich um den Tisch, auf dem sich der jetzt zugedeckte Leichnam deutlich unter dem Laken abzeichnete. Der Obmann setzte sich neben die Kerze, zog einen Bleistift und ein Stück Papier aus der Brusttasche und schrieb ziemlich mühselig den folgenden Spruch, den alle mit einem unterschiedlichen Grad von Anstrengung unterzeichneten:

»Wir, die Geschworenen, sind der Ansicht, daß die sterblichen Überreste den Tod durch einen Berglöwen gefunden haben, aber einige von uns glauben, daß der Tote davon abgesehen einen Anfall hatte.«

IV

EINE ERKLÄRUNG AUS DEM GRAB

In dem Tagebuch des verstorbenen Hugh Morgan finden sich gewisse interessante Eintragungen, die möglicherweise wissenschaftlichen Wert als Anregungen haben. Bei der Leichenschau war das Buch nicht als Beweismittel verwendet worden. Vielleicht hielt der Coroner es nicht für der Mühe wert, die Geschworenen zu verwirren. Das Datum der ersten dieser Eintragungen kann nicht mehr festgestellt werden, denn der obere Teil der Seite ist abgerissen. Der noch erhaltene Text lautet wie folgt:

... lief in einem Halbkreis herum, den Kopf immer dessen Mittelpunkt zugewendet, und dann blieb er stehen und bellte wütend. Schließlich rannte er ins Gebüsch, so schnell er konnte. Ich dachte zuerst, er sei verrückt geworden, aber als er nach Hause zurückkehrte, fand ich an seinem Benehmen keine anderen Veränderungen als solche, die offensichtlich auf seine Angst vor Strafe zurückzuführen waren.

Kann ein Hund mit der Nase sehen? Beeindrucken Gerüche das Gehirnzentrum mit Bildern des Dinges, das sie aussendet? ...

2. Sept. — *Gestern abend, als ich die Sterne betrachtete, die über die Hügelkette östlich des Hauses aufstiegen, sah ich sie nacheinander von links nach rechts verschwinden. Jeder wurde nur für einen Augenblick ausgelöscht und immer nur einige wenige zur selben Zeit, aber auf der ganzen Länge des Kammes widerfuhr es allen, die ein oder zwei Grad darüber standen. Es war, als ziehe etwas zwischen mir und den Sternen vorüber, aber ich konnte es nicht sehen, und die Sterne standen nicht dicht genug, daß sein Umriß zu erkennen gewesen wäre. Puh, das gefällt mir nicht ...*

Die Eintragungen von mehreren Tagen fehlten. Drei Seiten waren aus dem Buch herausgerissen worden.

27. Sept. — *Es hat sich wieder hier herumgetrieben — jeden Tag finde ich Spuren seiner Anwesenheit. Die ganze letzte Nacht lag ich in derselben Deckung auf der Lauer, die Flinte in der Hand, beide Läufe mit Rehposten geladen. Am Morgen waren frische Fußabdrücke da, wie zuvor. Und doch könnte ich beschwören, daß ich nicht geschlafen habe. Tatsächlich schlafe ich überhaupt kaum noch. Es ist gräßlich, unerträglich! Wenn diese unglaublichen Erlebnisse real sind, werde ich wahnsinnig, und wenn sie nichts als Einbildung sind, bin ich es bereits.*

3. Okt. — *Ich werde nicht weggehen — es soll mich nicht vertreiben. Nein, dies ist* mein *Haus, mein* Land. *Gott haßt die Feiglinge ...*

5. Okt. — *Ich habe die Lösung des Rätsels gefunden. Ich kam gestern abend darauf, plötzlich, wie durch eine Offenbarung. Wie einfach — wie schrecklich einfach!*

Es gibt Geräusche, die wir nicht hören können. An beiden Enden der Tonskala liegen Noten, die keine Saite dieses unvollkommenen Instruments, des menschlichen Ohrs, zum Schwingen bringen. Sie sind zu hoch oder zu tief. Ich habe einmal eine Schar von Amseln beobachtet, die einen ganzen Baumwipfel, nein, mehrere Baumwipfel, besetzt hielten und alle aus voller Kehle sangen. Plötzlich — in einem Augenblick — und vollkommen gleichzeitig heben sie sich in die Luft und fliegen davon. Wie war das möglich? Sie konnten sich nicht alle gegenseitig sehen, weil ganze Baumwipfel dazwischenlagen. Unmöglich, daß ein an irgendeiner Stelle sitzender Anführer für alle sichtbar gewesen wäre. Es muß ein Signal erklungen sein, eine Warnung oder ein Befehl, hoch und schrill über dem allgemeinen Lärm, aber für mich unhörbar. Dieses gleichzeitige Auffliegen habe ich ebenso beobachtet, wenn alle Vögel still waren, und nicht nur bei Amseln, sondern auch bei anderen, Wachteln zum Beispiel, die durch Büsche weit voneinander getrennt waren, und sogar dann, wenn sie auf den entgegengesetzten Hängen eines Hügels weilten.

Dem Seemann ist es bekannt, daß eine Schule von Walen, die sich auf der Meeresoberfläche sonnen oder spielen, manchmal gleichzeitig taucht. Im Nu sind sämtliche Tiere außer Sicht verschwunden, selbst wenn sie meilenweit voneinander getrennt waren und sich die Krümmung der Erde zwischen ihnen befand. Das Signal ist ein zu tiefer Ton für das Ohr des Seemanns im Mastkorb und seine Kameraden auf Deck, und trotzdem spüren sie seine Schwingungen im Schiff, wie die Steine einer Kathedrale unter dem Baß der Orgel vibrieren.

Wie mit den Tönen ist es auch mit den Farben. An beiden Enden des kontinuierlichen Spektrums entdeckt der Chemiker die als ›aktinisch‹ bekannten Wellen. Sie stellen Farben dar, integrale Bestandteile in der Zusammensetzung des Lichts, die wir unfähig sind zu erkennen. Das menschliche Auge ist ein unvollkommenes In-

strument; seine Reichweite beträgt nur wenige Oktaven der wirklichen ›chromatischen Skala‹. Ich bin nicht wahnsinnig; es gibt Farben, die wir nicht sehen können. Und Gott helfe mir! Das verfluchte Ding ist von einer solchen Farbe!

Originaltitel: »The Damned Thing« (1898)
Copyright © 1989 der deutschen Übersetzung
by Wilhelm Heyne Verlag GmbH & Co. KG, München
Aus dem Amerikanischen übersetzt von Rosemarie Hundertmarck

EIN
FLIEGENDER
START

Rudyard Kipling
(1865—1936)

In den ersten Jahren des zwanzigsten Jahrhunderts wurde der Einfluß der Technik auf das tägliche Leben immer deutlicher, und aufmerksame Autoren erkannten nicht nur das daraus resultierende, einen allgemeinen Wandel fördernde Potential, sondern waren sich zugleich auch der Tatsache bewußt, daß eben dieser Wandlungsprozeß gerade erst begonnen hatte. Nur übersahen auch selbst die Aufmerksamsten bisweilen das Nächstliegende.

1885 war von Karl Benz das Automobil mit Verbrennungsmotor erfunden worden; dieses wurde von Gottlieb Daimler noch weiter verbessert und dann von einer Reihe von Männern — darunter auch Henry Ford — in den neunziger Jahren des vorigen Jahrhunderts in den Vereinigten Staaten gebaut. Und nur wenige Autoren — wenn überhaupt — machten sich eine Vorstellung vom überraschenden Siegeszug des Automobils, das das Leben in der gesamten westlichen Welt vollständig veränderte, ganz besonders aber in den Vereinigten Staaten.

Mit der Erfindung des Flugzeugs verhielt es sich anders. Die Verwirklichung des langgehegten Menschheitstraums, fliegen zu können wie die Vögel, sorgte für derart große Aufregung, daß zumindest ein paar weitsichtigere Autoren in der Lage waren, diese großartige Errungenschaft entsprechend zu würdigen. Doch machte — berechtigterweise, wie man glaubte — das lenkbare Luftschiff eines Ferdinand von Zeppelin einen weitaus größeren Eindruck auf sie als der Flugapparat der Gebrüder Wright.

Im Gegensatz dazu war Jules Verne begeistert vom Flugzeug. In ROBUR LE CONQUÉRANT (1886, dt. »Robur, der Eroberer«) sagt der Held des Romans: »Die Zukunft der Luftfahrt gehört dem ›aeronef‹ (Flugzeug) und nicht dem ›aerostat‹ (Luftschiff).« Hierbei beachtete Verne jedoch nicht die Entwicklungen, die mittels einfachster Experimente mit angetriebenen Luftschiffen durchgeführt wurden, seit 1786 ständig verbessert worden waren und 1852 schließlich in Frankreich zum ersten bemannten Flug geführt hatten. Roburs ›aeronef‹ wurde — nebenbei bemerkt — durch vierundsiebzig, auf siebenunddreißig senkrechten Bolzen montierten Flügelschrauben in die Luft gehoben und dann mit den elektrisch betriebenen waagrechten Propellern an Bug und Heck des Flugapparats vorwärtsbewegt.

Tatsache ist, daß das Luftschiff bereits drei Jahre vor dem Flugzeug fertiggestellt war und zudem auf Anhieb die besseren Aussichten auf Erfolg hatte. Der erste Zeppelin erhob sich im Jahre 1900 in die Lüfte; von 1910—1914 diente er in Deutschland zur Personenbeförderung, mit Beginn des Ersten Weltkriegs aber primär zu militärischen Zwecken. Der Flug der Gebrüder Wright im Jahr 1903 blieb in der Presse weitgehend unerwähnt, wohl in erster Linie wegen der angezweifelten Durchführbarkeit des Unternehmens infolge vermeintlichen Überladens der Maschine. Erst 1908 unterzeichnete die amerikanische Regierung einen Vertrag; infolgedessen verzögerte sich die gesamte Entwicklung des Flugzeugbaus bis zum Ende des Ersten Weltkriegs, und bis in die dreißiger Jahre hinein spielte das Flugzeug als Personenverkehrsmittel kaum eine Rolle. Das dramatische Ende des deutschen Zeppelins ›Hindenburg‹ in Lakehurst, New Jersey, im Jahr 1937 machte auch zugleich dem Luftschiff als Verkehrsmittel ein Ende. Es erscheint wie eine Ironie des Schicksals, daß das Luftschiff dennoch etliche Vorzüge aufweist dem Flugzeug gegenüber, vor allem hinsichtlich der Frachtenbeförderung, möglicherweise aber erst irgendwann in der Zukunft als weitverbreitetes Transportmittel wieder interessant wird.

In diesem Zusammenhang verwundert es nicht, daß H. G. Wells in THE WAR IN THE AIR (1908, dt. »Der Luftkrieg«) das Luftschiff als ›Flugzeug der Zukunft‹ bezeichnete; überraschend war auch seine Vorahnung von der Wirkung, die das Flugzeug auf die Kriegsführung haben sollte. Wells war allerdings nicht der erste Autor, der den Einfluß des Flugzeugs auf das gesamte menschliche Leben beschrieb.

Rudyard Kipling (1865—1936), geboren im indischen Bombay, ging in England zur Schule, kehrte aber, nachdem seine ersten Bücher verlegt worden waren, als Journalist nach Indien zurück. 1889 ging er wiederum nach England, wurde dort berühmt als Dichter und Romancier und bekam schließlich auch den ersten Nobelpreis für Literatur in England. Seine ersten Romane waren DEPARTMENTAL DITTIES (1886, dt. »Fachliedchen«) und PLAIN TALES FROM THE HILLS (1888, dt. »Schlichte Geschichten aus den indischen Bergen); diesen folgte BARRACK-ROOM BALLAD (1890/92, dt. »Soldatenballaden«) sowie noch eine ganze Reihe von Romanen und Kurzgeschichten, darunter auch JUNGLE BOOKS I, II (1894/95, dt. »Das Dschungelbuch«), CAPTAINS COURAGEOUS (1897, dt. »Fischerjungs«), STALKEY AND CO. (1899, dt. »Staaks und Genossen«), PUCK OF POOK'S HILL (1906, dt. »Puck vom Buchsberg«) und KIM (1906, dt. »Kim«).

Unter seinen vielen Kurzgeschichten gibt es einige, die sich der Fantasy zuordnen lassen, darunter »Wireless« (1902), »The Mark of the Beast« (1890) und »The Finest Story in the World« (1891, dt. »Die schönste Geschichte der Welt«). Doch zwei Geschichten waren eindeutig SF und deuteten bereits hin auf die SF der späten dreißiger und der vierziger Jahre: »With the Night Mail« (1905, dt. »Mit der Nachtpost«) und »As easy as A.B.C.« (1912).

Kipling betrachtete das Luftschiff als Möglichkeit, das alltägliche Leben zu revolutionieren, da durch die Verkürzung von Reisezeit und Entfernung die Kommunikationsmöglichkeiten weltweit zunahmen und so auch seiner Meinung nach die Notwendigkeit, diese neue Art der Beförderung unter Kontrolle zu halten. Er erdachte sich eine in der Luft operierende Kontrollbehörde (A.B.C. = Aerial Board of Control), durch deren Arbeit schließlich alle Lebensbereiche kontrolliert werden sollten. »Easy as A.B.C.« ist eine Art Fortsetzung von »With the Night Mail«, in der besagte A.B.C. extrem vergrößert wird und schmerzverursachende Strahlen und Töne aussenden kann, um aufsässige Gebiete wieder unter Kontrolle zu bringen und Verbindungswege offenzuhalten.

In diesen beiden Geschichten bedient Kipling sich etlicher SF-Techniken, die erst später allmählich wiederentdeckt werden sollten, vor allem nachdem John W. Campbell 1937 Herausgeber von ›Astounding Stories‹ geworden war. Eine vergleichbare Qualität des Erzählerischen sollte erst wieder erreicht werden, als Robert A. Heinlein 1939 mit dem Schreiben begann.

RUDYARD KIPLING

Mit der Nachtpost

EINE GESCHICHTE AUS DEM JAHR
2000 A.D.

Um neun Uhr eines stürmischen Winterabends stand ich auf der unteren Station der G.P.O.-Türme* für die abgehende Post. Ich hatte vor, mit dem »Paketschiff 162 oder einem anderen, noch zu bestimmenden« nach Quebec mitzufahren, und der Postminister persönlich hatte den Befehl gegengezeichnet. Dieser Talisman öffnete alle Türen, sogar jene in dem Abfertigungscaisson am Fuß des Turms, wo die sortierte Post für Kanada gepackt wurde. Die Säcke lagen dicht wie Heringe in den langen grauen Gondeln, die unser G.P.O. immer noch »Wagen« nennt. Ich sah zu, wie fünf solcher Wagen gefüllt und die Gleitbahnen hinaufgeschossen wurden, um dreihundert Fuß näher an den Sternen an die wartenden Luftschiffe angekoppelt zu werden.

Von dem Abfertigungscaisson führte mich ein höflicher und wundervoll gebildeter Beamter — es war Mister L. L. Geary, Zweiter Fahrdienstleiter der Westroute — in den Kapitänsraum (das rief ein Echo alter Romantik zurück), wo die Postkapitäne sich bei Dienstbeginn melden. Er stellte mich Captain Purnall, dem Kapitän der »162«, und Captain Hodgson, seiner Ablösung, vor. Der eine ist klein und dunkel, der andere groß und rothaarig, aber beide haben den brütenden, verschleierten Blick, der für Adler und Aeronauten charakteristisch ist. Man kann ihn auf Bildern von unseren Profi-Rennfahrern sehen, von L. v. Rautsch bis zu der kleinen Ada Warrleigh, diese bodenlose Versunkenheit von Augen, die es gewohnt sind, den nacken Raum zu durchdringen.

---

* G.P.O = General Post Office (Hauptpostamt)

Auf der Anzeigetafel im Kapitänsraum geben mehr als zwanzig pulsierende Pfeile, Grad um geographischen Grad, die Fahrt von ebensovielen heimkehrenden Paketschiffen an. Das Wort »Kap« erscheint quer über einem Zifferblatt; ein Gong ertönt: Das Mitte der Woche fällige südafrikanische Paketschiff hat an den Highgate-Landetürmen angelegt. Das ist alles. Es erinnert einen auf komische Weise an die verräterischen Glöckchen, die den Brieftaubenzüchtern ankündigen, daß eine Taube in den Schlag zurückgekehrt ist.

»Es wird Zeit für uns«, sagt Captain Purnall, und wir werden mit dem Passagierlift an die Spitze eines der Abfertigungstürme hinaufgeschossen. »Unser Wagen koppelt sich an, wenn er gefüllt ist und die Beamten an Bord sind.«

»Nr. 162« wartet auf uns in Slip E der obersten Ebene. Die große Kurve seines Rückens schimmert frostig unter den Scheinwerfern, und eine winzige Abweichung der Trimmung läßt es ein bißchen in seinen Halterungen schwanken.

Captain Purnall runzelt die Stirn und taucht hinein. Mit leisem Zischen kommt »162« zur Ruhe, liegt jetzt absolut gerade wie ein Lineal. Von seiner Nordatlantik-Winter-Nasenkappe (die sich durch so unzählige Meilen von Hagel, Schnee und Eis gebohrt hat, daß sie glänzend poliert ist wie ein Diamant) bis zu der Stelle, wo sich die drei Masten ihrer Außenpropeller erheben, mißt sie über zweihundertundvierzig Fuß. Der größte Durchmesser, der ziemlich weit vorn liegt, beträgt siebenunddreißig. Vergleichen Sie das mit den neunhundert zu fünfundneunzig eines erstklassigen Linienschiffes, und Sie können sich die Kraft vorstellen, die ein Fahrzeug mit mehr als der Notgeschwindigkeit der *Cyclonic* durch jedes Wetter treibt!

Das Auge entdeckt keine Fuge in der äußeren Verkleidung, ausgenommen die haarfeine geschwungene Linie des Bugruders — Magniacs Ruder, das uns die Herrschaft über die instabile Luft ermöglicht und seinen Erfinder halbblind und ohne einen Penny gelassen hat. Es ist nach Castellis »Möwenflügel«-Kurve berechnet. Hebe ein paar Fuß dieser so gut wie unsichtbaren Platte um drei Achtel Zoll an, und das Schiff weicht um fünf Meilen nach Backbord oder Steuerbord ab, ehe man es wieder unter Kontrolle bekommt. Nimm es hart ins Ruder, und es kehrt wie eine Peitschenschnur auf seinen Kurs zurück. Neige den Bug — eine Berührung des Steuerrades genügt —, und es schlägt die gewünschte Richtung nach oben oder unten ein. Öffne den ganzen Kreis, und es hebt einen Pilzkopf in die Luft, der es während einer halben Meile Fahrt in senkrechte Position bringen wird.

»Ja«, beantwortet Captain Hodgson meinen Gedanken, »Castelli glaubte, er habe das Geheimnis entdeckt, wie man Flugzeuge kontrolliert, während er doch nur herausgefunden hatte, wie man Freiballons steuert. Magniac erfand sein Ruder, um Kriegsschiffen zu helfen, sich gegenseitig zu rammen. Dann kam der Krieg aus der Mode, und Magniac verlor den Verstand, weil er, wie er sagte, seinem Land nicht mehr dienen konnte. Ich frage mich, ob einer von uns wirklich weiß, was wir tun.«

»Wenn Sie sehen wollen, wie sich der Wagen ankoppelt, sollten Sie an Bord gehen«, rät Mr. Geary. »Er muß gleich kommen.« Ich nehme die Tür mittschiffs. Hier dient nichts der Dekoration. Die Innenhaut des Gastanks reicht bis ein oder zwei Fuß über meinem Kopf herunter. Bei Linienschiffen und Yachten sind die Tanks gefällig verkleidet, aber das G.P.O. bedeckt sie mit nichts anderem als einer dünnen Schicht Farbe in amtlichem Grau. Die Innenhaut schneidet fünfzig Fuß vom Bug und ebensoviel vom Stern ab, aber das Bugschott ist ein Stück zurückgesetzt, um Platz für die Auftriebsregler zu lassen, ebenso wie der Stern für die Masttunnel durchbohrt ist. Der Maschinenraum liegt fast genau mittschiffs. Davor erstreckt sich bis an die Reihe der Bugtanks eine Öffnung — im Augenblick eine bodenlose Luke —, in die sich unser Wagen einfügen wird. Man blickt über die Lukenkimming dreihundert Fuß hinab auf den Abfertigungscaisson, von wo Stimmen nach oben schallen. Dann verdunkelt sich das Licht unten, ein donnerndes Geräusch ertönt, und unser Wagen schießt an seinen Gleitbahnen herauf. Schnell vergrößert er sich von einer Briefmarke zu einer Spielkarte, dann zu einem Stakkahn und schließlich zu einem Ponton. Er fügt sich in seinen Platz ein. Die beiden Beamten, die seine Crew bilden, sehen nicht einmal auf. Die Quebec-Briefe fliegen unter ihren Fingern und springen in die etikettierten Fächer, während beide Kapitäne und Mister Geary sich überzeugen, daß der Wagen sicher arretiert ist. Ein Beamter reicht den Begleitschein über die Lukenkimming. Captain Purnall versieht ihn mit seinem Daumenabdruck und gibt ihn an Mr. Geary weiter. Die Empfangsbestätigung ist gegeben und angenommen worden. »Angenehme Fahrt«, wünscht Mr. Geary und verschwindet durch die Tür, die ein fußhoher pneumatischer Kompressor hinter ihm verschließt.

»A-ah!« seufzt der Kompressor befreit. Die Klammern, die uns unten halten, öffnen sich mit einem metallischen Klingen. Wir haben uns losgelöst.

Captain Hodgson öffnet das große Kolloid-Bullauge der Gondel, durch das ich das strahlend erhellte London ostwärts gleiten sehe. Der Sturm packt uns. Die erste der niedrigen Winterwolken schneidet die wohlbekannte Aussicht ab und verdunkelt Middlesex. Ich kann an ihrem Südrand erkennen, wie das Licht eines Paketschiffs durch das weiße Vlies pflügt. Einen Augenblick lang schimmert es wie ein Stern, und dann fällt es auf die Landetürme von Highgate zu. »Das Schiff aus Bombay«, sagt Captain Hodgson und sieht auf seine Uhr. »Es hat vierzig Minuten Verspätung.«

»Wie hoch sind wir?« erkundige ich mich.

»Viertausend Fuß. Möchten Sie mit nach oben auf die Brücke kommen?«

Die Brücke (Laßt uns das G.P.O. als Hort uralter Traditionen preisen!) zeigt sich im Rahmen von Captain Hodgsons Beinen. Er steht auf der Kontrollplattform, die oben quer durch das Schiff läuft. Das Kolloid-Bullauge im Bug ist frei, und Captain Purnall ertastet, eine Hand am Steuerrad, einen günstigen Aufstieg. Auf der Anzeige ist zu lesen: 4300 Fuß.

»Heute abend müssen wir steil nach oben«, murmelt er, während Reihe auf Reihe von Wolken unter uns wegfällt. »Im allgemeinen erwischen wir zu dieser Jahreszeit unter dreitausend Fuß eine östliche Strömung. Ich hasse es, durch diesen Schaum aufzusteigen.«

»Van Cutsem auch. Sieh ihn dir an, wie er sucht«, bemerkt Captain Hodgson. Ein Nebellicht durchbricht hundert Faden tiefer die Dunstschicht. Die Antwerpener Nachtpost gibt ihr Signal ab und steigt weit nach Backbord zwischen zwei dahinrasenden Wolken auf. Blutrot schimmern ihre Flanken im Doppellicht von Sheerness. Der Sturm wird uns in einer halben Stunde auf die Nordsee getrieben haben, aber Captain Purnall hat die Ruhe weg — läßt das Schiff beim Aufsteigen die Nase auf jeden Punkt des Kompasses richten.

»Fünftausend — sechs, sechstausendachthundert« zeigt der Höhenmesser an, ehe wir die östliche Strömung finden, angekündigt von einem Schneegestöber auf der Tausend-Faden-Ebene. Captain Purnall gibt dem Maschinenraum ein Klingelzeichen und stellt den Regler auf der Schalttafel vor sich zurück. Es hat keinen Sinn, Motoren einzusetzen, wenn Aeolus persönlich einem eine hohe Geschwindigkeit umsonst gibt. Jetzt sind wir im Ernst unterwegs — haben die Nase auf den erwählten Stern gerichtet. In dieser Höhe haben sich die niedrigeren Wolken verteilt; sie sind von den trockenen Fingern des Ostwinds ordentlich durchgekämmt worden. Darunter wieder bläst die starke westliche Strömung, durch die wir aufgestiegen sind. Über uns zieht ein südwärts treibender Nebel einen theatralischen Schleier über das Firmament. Das Mondlicht verwandelt die unteren Schichten in Silber, das nur da Flecken zeigt, wo unser Schatten hinter uns herläuft. Die Doppellichter von Bristol und Cardiff (jene majestätisch über die Severnmündung geneigten Strahlen) liegen genau vor uns, denn wir halten uns an die südliche Winterroute. Coventry Central, der Angelpunkt des englischen Systems, sticht einmal in zehn Sekunden seinen Speer diamantenen Lichts nach Norden und einen oder zwei Punkte steuerbords von unserem Bug. Der Leek, der große Wolkenbrecher von Saint David Head, schwingt seinen unverwechselbaren grünen Strahl um fünfundzwanzig Grad nach beiden Richtungen. Bei diesem Wetter muß eine halbe Meile Dunst darüberliegen, aber das hat keine Wirkung auf den Leek.

Cardiff und Bristol gleiten unter uns hinweg. »Wir haben auf unserem Planeten zuviel Beleuchtung«, sagt Captain Purnall am Steuerrad. »Ich erinnere mich an die alten Zeiten der einfachen weißen senkrechten Strahlen, die im Nebel bis in zwei- oder dreihundert Fuß Höhe zu sehen waren, wenn man wußte, wo man danach Ausschau zu halten hatte. Bei wirklich diesigem Wetter hätte man sie ebensogut unter dem Hut haben können. Es war durchaus drin, daß man sich auf dem Heimweg verirrte. Dann hatte man wenigstens ein bißchen Aufregung. Jetzt ist es, als fahre man Picadilly hinunter.«

Er zeigt auf die Lichtsäulen, die den Wolkenfußboden durchbohren. Wir sehen nichts von Englands Umrissen, nur ein weißes Pflaster, in allen Richtungen von diesen Mannlöchern aus verschiedenfarbigem Feuer besetzt — Weiß und Rot von Holy Island, unterbrochenes Weiß von St. Bee und so fort, so weit das Auge reicht. Gesegnet seien Sargent, Ahrens und die Dubois-Brüder, die die Wolkenbrecher der Welt erfanden, mit deren Hilfe wir in Sicherheit reisen!

»Willst du vom Shamrock aus aufsteigen?« fragt Captain Hodgson. Das Licht von Cork (grün, stetig) wird größer, während wir ihm entgegenrasen. Captain Purnall nickt. Hier herum herrscht dichter Verkehr — die Wolkenbank unter uns ist gestreift von flammenden Rissen, wo die Atlantik-Schiffe dicht unterhalb des Dunstes London entgegeneilen. Nach den Regeln der Abmachungen sollen die Fünftausend-Fuß-Wege für die Post freibleiben, aber dem eiligen Ausländer ist zuzutrauen, daß er sich Freiheiten mit der englischen Luft herausnimmt. Mit einem langgezogenen Heulen des Windes im Vorflansch des Ruders steigt »Nr. 162« weiter auf, und wir passieren Valencia (weiß, grün, weiß) in der sicheren Höhe von 7000 Fuß. Mit einem Dippen unseres Strahls grüßen wir ein uns entgegenkommendes Paketschiff aus Washington.

Über dem Atlantik gibt es keine einzige Wolke. Schwache Sahnestreifen rund um Dingle Bay zeigen, wo die gepeitschten Wellen gegen die Küste hämmern. Ein großes Linienschiff der S.A.T.A. *(Société Anonyme des Transport Aëriens)* steigt eine halbe Meile unter uns auf der Suche nach einer Lücke in dem soliden Westwind auf und nieder. Noch tiefer liegt ein manövrierunfähiger Däne: Er teilt dem Linienschiff alles über sein Mißgeschick auf International mit. Unsere Kommunikationsanlage hat das Gespräch aufgefangen und beginnt zu lauschen. Captain Hodgson macht eine Bewegung, als wolle er abschalten, überlegt es sich jedoch anders. »Vielleicht möchten Sie zuhören«, meint er.

»*Argol* von St. Thomas«, wimmert der Däne. »Berichten Sie unserm Reeder, daß an Steuerbord drei Achslager ausgeschlagen sind. Bis Flores können wir es in unserem Zustand noch schaffen, aber weiter auf keinen Fall. Sollen wir in Fayal Ersatzteile kaufen?«

Das Linienschiff bestätigt die Meldung und empfiehlt, die Lager umzudrehen. Der *Argol* antwortet, das sei bereits geschehen, ohne daß es etwas genützt habe, und macht seinem Herzen zum Thema billigen deutschen Emails für Achslager Luft. Der Franzose pflichtet ihm herzlich bei, ruft: »*Courage, mon ami!*« und schaltet ab.

Ihre Lichter versinken unter der Krümmung des Ozeans.

»Das ist eins der Boote von Lundt & Bleamer«, sagt Captain Hodgson. »Geschieht ihnen recht, wenn sie deutsche Zubehörteile in ihre Drucklager stecken. Das schaffen die heute nacht nie mehr nach Fayal! Übrigens, würden Sie sich gern einmal im Maschinenraum umsehen?«

Ich habe sehnsüchtig auf diese Einladung gewartet. Jetzt folge ich Captain Hodgson von der Kontrollplattform, wobei ich mich tief bücke, um nicht gegen die ausladenden Tanks zu stoßen. Wir wissen, daß Fleurys Gas alles in die Höhe bringen kann, wie die weltberühmten Versuche von 1889 zeigten, aber sein beinahe unbegrenztes Ausdehnungsvermögen erfordert eine riesige Tankkapazität. Sogar in dieser dünnen Luft nehmen die Regler eifrig ein Drittel seiner normalen Auftriebskraft weg, und trotzdem muß die Höhe von »162« durch ein gelegentliches Hinuntersteuern reguliert werden, oder wir würden zu den Sternen hochsteigen. Captain Purnall zieht ein Schiff mit Überauftrieb einem mit Unterauftrieb vor, aber es gibt keine zwei Kapitäne, die ihr Schiff gleich trimmen. »Wenn *ich* die Brücke übernehme«, sagte Captain Hodgson, »werden Sie sehen, wie ich vierzig Prozent des Auftriebs wegnehme und das Schiff mit dem oberen Ruder lenke. Sozusagen mit einem Aufschwung statt mit einem Abschwung. Man kann es so oder so machen, das ist nur Gewohnheitssache. Behalten Sie unseren Höhenmesser im Auge! Tim läßt das Schiff so regelmäßig wie das Atmen alle dreißig Knoten sinken.«

Tatsächlich, der Höhenmesser zeigt es. Fünf oder sechs Minuten lang kriecht der Pfeil bis auf 6700 oder 6300. Dann ist das schwache Seufzen des Ruders zu hören, und der Pfeil rutscht während eines Abstiegs über zehn oder fünfzehn Knoten auf 6000 zurück.

»Bei schlechtem Wetter steuert man das Schiff dazu auch noch mit den Schrauben.« Captain Hodgson löst die Gelenkstange, die den Maschinenraum von dem bloßen Deck trennt, und führt mich auf die Plattform.

Hier finden wir Fleurys Paradoxon des abgeschotteten Vakuums — das wir heute ohne Nachdenken akzeptieren — buchstäblich auf vollen Touren. Die drei Motoren sind Fleury-Turbinen mit einer Umdrehungszahl von 3000 bis zum Limit — das heißt, bis zu dem Punkt, wo die Austrittsschaufeln die Luft »läuten« lassen. Sie schneiden für sich ein Vakuum aus, gerade wie es übersteuerte Schiffsschrauben zu tun pflegten. Das Limit von »162« liegt niedrig wegen der geringen Größe seiner neun Schrauben, die, wenn auch handlicher als die alten Kolloid-Thelussons, früher »läuten«. Der Mittschiffsmotor, der im allgemeinen als Verstärkung benutzt wird, läuft nicht. Deshalb ziehen die Turbinen-Vakuumkammern auf Backbord und Steuerbord das Gas direkt in die U-förmigen Hauptleitungen.

Die Turbinen pfeifen nachdenklich. Von den tief nach unten ausgebuchteten Expansionstanks zu beiden Seiten der Ventile senken sich Pfeiler zu den Turbinengehäusen, und von da rast das gehorsame Gas mit einer Kraft, die einer Motorsäge die Zähne ausschlagen würde, durch die Spiralen der Austrittsschaufeln. Dahinter wird der Gasdruck von den Antriebsreglern zurückgehalten oder angespornt, davor tanzt im Vakuum der Fleury-Strahl in violett-grünen Streifen und Flammenwirbeln. Die gegliederten U-Rohre der Vakuumkammer bestehen aus druckgetempertem Kolloid (Glas würde die Belastung nicht einen einzigen Augenblick lang aushalten). Einer der rangjüngeren Ingenieure mit einer dunklen Brille behält den Strahl ständig im Auge. Dieser Strahl ist das Herz der Maschine, und bis zu diesem Tag ein Geheimnis. Nicht einmal Fleury, der ihn erzeugte und, im Gegensatz zu Magniac, als Multimillionär starb, konnte erklären, wie der ruhelose kleine Kobold, der in dem U-Rohr zittert, es fertigbringt, in dem Bruchteil eines Sekundenbruchteils den wütenden Gasausbruch in eine kühle, gräulich-grüne Flüssigkeit zu verwandeln. Sie tröpfelt aus dem hinteren Ende der Vakuumkammer in die Entweichungsrohre (man kann es hören) und kehrt durch die Hauptleitungen in die Bilgen zurück. Hier nimmt sie wieder ihren gasförmigen Zustand an, steigt auf und macht sich von neuem an die Arbeit. Bilgentank, oberer Tank, Rückentank, Expansionskammer, Vakuum, Hauptleitung, Rückkehr als Flüssigkeit und wiederum Bilgentank ist der vorgeschriebene Zyklus. Der Fleury-Strahl achtet sorgsam darauf, und der Ingenieur mit der dunklen Brille achtet sorgsam auf den Fleury-Strahl. Wenn ein Ölfleck, wenn auch nur das natürliche Fett eines menschlichen Fingers an die Gehäuse kommt, wird der Fleury-Strahl flackern und verschwinden und muß dann mühsam wiederaufgebaut werden. Das kostet sämtliche Besatzungsmitglieder einen halben Tag Arbeit und das G.P.O. mehr als einhundertundsiebzig Pfund für Radiumsalze und andere Kleinigkeiten.

Der Ingenieur reguliert die Öffnung einer Kappe, und Captain Hodgson sagt: »Sehen Sie sich unsere Druckringe an. Darin werden Sie keine deutschen Zubehörteile finden! Unsere Achslager bestehen aus Steinen, die die C.M.C. (Commercial Minerals Company) mit ebensoviel Sorgfalt wie die Linsen eines Teleskops geschliffen hat. Sie kosten 37 Pfund pro Stück. Bisher haben wir ihr Lebensende noch nicht erreicht. Diese Lager stammen von ›Nr. 97‹, die sie von der alten *Dominion of Light* übernahm, und diese wiederum bekam sie in den Jahren, als Männer noch hölzerne Kisten über Ölmotoren flogen, aus dem Wrack des *Peseus*-Flugzeugs.«

Sie sind ein schimmernder Vorwurf für alle minderwertigen deutschen »Rubin«-Emails und die gefährlichen und ihre Aufgabe nicht erfüllenden Zubehörteile aus Aluminium, die dividendenhungrige Aktionäre erfreuen und Skipper wahnsinnig machen.

Der Rudermechanismus und die Antriebsregler, die Seite an Seite unter den Anzeigen des Maschinenraums sitzen, sind die einzigen Maschinen mit sichtbaren beweglichen Teilen. Ersterer seufzt von Zeit zu Zeit, wenn der Ölkolben um einen halben Zoll steigt oder fällt. Letzterer, ummantelt und geschützt wie das U-Rohr achtern, zeigt einen weiteren Fleury-Strahl, aber umgekehrt und mehr grün als violett. Seine Funktion ist es, dem Gas den Auftrieb wegzunehmen, und er tut es, ohne daß man ihn beaufsichtigen muß. Das ist alles! Ein kleines Pumpengestänge, das neben einer flimmernden grünen Lampe vor sich hin pfeift und schnauft. Hundertundfünfzig Fuß den oben abgeflachten Tunnel der Tanks hinunter nach achtern ein violettes Licht, ruhelos und schwankend. Zwischen den beiden betonen drei weißgestrichene Turbinenkammern, wie Aalreusen auf der Seite liegend, die Leere. Man hört das Tröpfeln des verflüssigten Gases, das vom Vakuum in die Bilgentanks fließt, und das leise »Gluckgluck«, mit dem sich die Gassperren schließen, wenn Captain Purnall den Bug von »162« nach unten senkt. Das Summen der Turbinen und das Geräusch, mit dem die Luft über unsere Außenhaut streicht, sind nicht mehr als eine Watteumhüllung der universellen Stille. Und dabei fahren wir mit zweiundachtzig Meilen die Stunde!

Ich spähe vom vorderen Ende des Maschinenraums über die Lukenkimming in den Wagen. Die Postbeamten sortieren die Säcke für Winnipeg, Calgary und Medicine Hat, aber ein Päckchen Spielkarten liegt schon auf dem Tisch bereit.

Plötzlich schrillt eine Glocke. Die Ingenieure laufen zu den Turbinenventilen und halten sich bereit, aber der bebrillte Sklave des Strahls im U-Rohr hebt nicht einmal den Kopf. Er muß da wachen, wo er ist. Wir werden hart gebremst und rucken zurück. Von der Kontrollplattform ist eine Stimme zu hören.

»Tim regt sich über irgend etwas schrecklich auf.« Captain Hodgson ist nicht aus der Ruhe zu bringen. »Sehen wir einmal nach.«

Captain Purnall ist nicht mehr der verbindliche Mann, den wir vor einer halben Stunde verlassen haben, sondern die verkörperte Autorität des G.P.O. Vor uns schwebt ein kleines, altes, mit Aluminiumplatten geflicktes Zwillingsschrauben-Trampschiff, das auf den 5000-Fuß-Korridor ebensowenig ein Recht hat wie ein Pferdekarren auf eine moderne Straße. Es trägt einen längst nicht mehr gebräuchlichen Barbette-Kommandoturm — ein Ding von sechs Fuß, das vorn eine Plattform mit Geländer hat —, und unser Warnlicht spielt darüber hin wie die Taschenlampe eines Polizisten über einen ertappten Einbrecher. Ganz wie ein Einbrecher taucht auch ein strubbelköpfiger Luftschiffer in Hemdsärmeln auf. Captain Purnall reißt das Kolloid-Bullauge auf, um mit ihm von Mann zu Mann zu sprechen. Es gibt Gelegenheiten, da befriedigt einen die Wissenschaft nicht.

»Was unter den Sternen tun Sie hier, Sie himmelkratzender Schornsteinfeger?« ruft er, als wir Seite an Seite treiben. »Wissen Sie nicht, daß dies der Postkorridor ist? Nennen Sie sich einen Aeronauten, Sir? Sie sind nicht einmal geeignet, Kinderluftballons an Eskimos zu verhökern. Ihr Name und Ihre Nummer! Machen Sie Meldung und gehen Sie nach unten und seien Sie ...«

»Ich bin nun einmal nach oben geblasen worden«, schreit der strubbelköpfige Mann heiser. Es klingt, als belle ein Hund. »Mich interessiert es einen Dreck, was *Sie* tun können, Sie Briefträger.«

»Ach ja, Sir? Ich werde schon dafür sorgen, daß es Sie interessiert. Ich lasse Sie mit dem Stern voran nach Disko schleppen und abwracken. Sie können keine Versicherungssumme kassieren, wenn Sie wegen Verkehrsbehinderung abgewrackt werden. Verstehen Sie *das*?«

Der Fremde brüllt: »Sehen Sie sich meine Propeller an! Da unten hat es einen Wirbelsturm gegeben, der von uns nicht mehr übriggelassen hat als von einem Regenschirmgestell! Wir wurden rund vierzigtausend Fuß in die Höhe geschleudert! Da drinnen sieht es aus wie nach einer geschlagenen Schlacht! Mein Maat hat den Arm gebrochen, mein Ingenieur hat ein Loch im Kopf, mein Strahl ist ausgegangen, als die Motoren zerschmettert wurden, und ... und ... um Himmels willen, sagen Sie mir, wie hoch ich bin, Captain! Wir wissen nicht, ob wir fallen.«

»Sechstausendachthundert. Können Sie die Höhe halten?« Captain Purnall übersieht alle Beleidigungen, beugt sich halb aus dem Kolloid-Bullauge, mustert das andere Schiff und schnüffelt. Es strömt einen stechenden Geruch aus.

»Mit etwas Glück müßten wir St. John's erreichen können. Wir versuchen jetzt, den vorderen Tank zu flicken, aber das Gas strömt aus wie verrückt«, jammert der fremde Captain.

»Ihr Schiff sinkt wie Blei«, stellt Captain Purnall mit gedämpfter Stimme fest. »Ruf das Nordbank-Bakenboot, George!« Unser Höhenmesser zeigt, daß wir, indem wir uns neben dem Tramp gehalten haben, in den letzten paar Minuten fünfhundert Fuß gesunken sind.

Captain Purnell drückt einen Knopf, und unser Signalscheinwerfer beginnt durch die Nacht zu schwingen. Speichen aus Licht ziehen sich über die Unendlichkeit.

»Das wird irgend etwas herbeiholen«, bemerkt Captain Purnall, während Captain Hodgson an der Kommunikationsanlage beschäftigt ist. Er hat das Nordbank-Bakenboot ein paar hundert Meilen weiter westlich angerufen und berichtet den Vorfall.

»Ich werde bei Ihnen bleiben«, ruft Captain Purnall der einsamen Gestalt auf dem Kommandoturm zu.

»Steht es so schlimm?« schallt die Antwort zurück. »Das Schiff ist nicht versichert. Es gehört mir.«

»Hätte ich mir denken können«, murmelt Hodgson. »Das Eigentümerrisiko ist das größte von allen!«

»Kann ich den St. John's nicht mehr erreichen — nicht einmal mit diesem Wind?« jammert die Stimme.

»Halten Sie sich bereit, das Schiff zu verlassen! Haben

Sie überhaupt keinen Auftrieb mehr, weder vorn noch achtern?«

»Nichts als die Mittschifftanks, und ganz dicht sind sie auch nicht mehr. Mein Strahl ist ausgegangen, verstehen Sie, und ...« Der Gestank des entweichenden Gases zwingt ihn zum Husten.

»Armer Teufel!« Dies erreicht unseren Freund nicht. »Was sagt das Bakenboot, George?«

»Will wissen, ob Gefahr für den Verkehr besteht. Man hat dort selbst ein bißchen Schwierigkeiten mit dem Wetter und kann die Position nicht verlassen. Ich schicke einen Ruf an alle hinaus, also wird auch dann, wenn man unseren Scheinwerfer nicht sieht, jemand zu Hilfe kommen — andernfalls müssen wir es selbst tun. Soll ich unsere Tauschlingen klarmachen? Moment? Da ist schon einer, und noch dazu ein Planetenlinienschiff! Es wird im Handumdrehen hier sein.«

»Sag ihm, er soll seine Tauschlingen bereithalten!« ruft sein Bruder-Kapitän. »Viel Zeit bleibt nicht mehr... Binden Sie Ihren Maat fest«, brüllt er zu dem Tramp hinüber.

»Mein Maat ist in Ordnung. Mein Ingenieur hat den Verstand verloren.«

»Drosseln Sie den Auftrieb mit einem Schraubenschlüssel! Beeilung!«

»Aber ich kann St. John's noch erreichen, wenn Sie in meiner Nähe bleiben.«

»Sie werden in zwanzig Minuten den tiefen, nassen Atlantik erreichen. Ihre Höhe beträgt jetzt nicht einmal mehr fünf-acht. Holen Sie Ihre Papiere!«

Ein Planetenlinienschiff, nach Osten unterwegs, taucht in einer wundervollen Spirale nach oben und setzt sich summend über uns. Das Bullauge in seinem Bauch steht offen, und seine Transportschlingen hängen wie Tentakel herunter. Wir schalten unseren Scheinwerfer aus. Das Linienschiff manövriert sich auf Haaresbreite genau über den Kommandoturm des Tramps. Der Maat kommt herauf, den Arm an die Seite geschnallt, und stolpert in den

Korb. Ihm folgt ein Mann mit einem grauenhaft roten Kopf. Er schreit, er müsse umkehren und seinen Strahl aufbauen. Der Maat versichert ihm, er werde im Maschinenraum des Linienschiffes einen feinen neuen Strahl vorfinden. Der bandagierte Kopf wackelt aufgeregt hin und her. Ein Junge und eine Frau folgen. Von dem Linienschiff über uns kommt ein hohles »Hurra!«, und wir sehen die Gesichter der Passagiere am Bullauge des Salons.

»Das ist ein hübsches Mädchen. Auf was wartet der Trottel denn noch?« fragt Captain Purnall.

Der Skipper kommt nach oben und fleht uns von neuem an, bei ihm zu bleiben und ihm nach St. John's zu helfen. Er verschwindet nach unten und kehrt mit der Schiffskatze zurück, bei welchem Anblick wir kleinen menschlichen Wesen in der Leere lauter als zuvor Hurra rufen. Zischend fliegen die Tauschlingen in das Bullauge, es kracht zu, und das Linienschiff setzt seinen Weg fort. Der Höhenmesser zeigt weniger als 3000 Fuß.

Das Bakenboot signalisiert, wir müßten bei dem Wrack bleiben, das jetzt, seinen Todesgesang pfeifend, in langen, kranken Zickzacks unter uns wegfällt.

»Richte unseren Scheinwerfer auf das Wrack und laß eine allgemeine Warnung hinausgehen«, sagt Captain Purnall und folgt dem aufgegebenen Schiff nach unten.

Notwendig wäre es nicht. Es gibt kein Luftschiff, dem die Bedeutung dieses senkrechten Lichtstrahls nicht klar wäre und das nicht um uns und unser Opfer einen weiten Bogen schlagen würde.

»Es wird ins Wasser fallen, nicht wahr?« frage ich.

»Nicht unbedingt«, lautet die Antwort. »Ich weiß von einem Wrack, aus dem die Motoren herausgebrochen waren und das sich hochkant gestellt hatte, und es trieb allein auf seinen vorderen Tanks noch drei Wochen auf den unteren Wegen herum. Wir werden kein Risiko eingehen. Gib ihr den Todesstoß, George, und paß gut auf! Voraus ist ein Unwetter.«

Captain Hodgson öffnet das Bullauge im Bauch, schwingt das schwere eiserne Werkzeug aus seinem Gestell, das bei Linienschiffen im allgemeinen als Rauchzimmer-Sofa verkleidet ist, und löst bei zweihundert Fuß die Arretierung. Wir hören das Schwirren, mit dem sich die sichelförmigen Arme im Niederfallen öffnen. Die Stirn des Wracks wird durchbohrt, sternförmig eingeritzt und diagonal aufgerissen. Es fällt, gefolgt von unserem Scheinwerfer, mit dem Stern voran, gleitet wie eine verlorene Seele diese gnadenlose Lichtleiter hinunter, und der Atlantik verschlingt es.

»Eine schmutzige Arbeit«, sagt Hodgson. »Wie mag das wohl in der alten Zeit gewesen sein?«

Der Gedanke war mir auch schon durch den Kopf geschossen. Wenn diese schwankende Leiche nun voll von Männern der alten Zeit gewesen wäre, von denen jeder einzelne gelehrt worden war (*das* ist das Schreckliche daran!), er werde nach dem Tod sehr wahrscheinlich auf ewig namenlosen Qualen unterworfen werden!

Und vor noch kaum einer Generation haben wir (heute weiß man, daß wir nur unsere auf die Erde zurückgeschickten Väter sind) — *wir,* sage ich, mit Begeisterung aufgerissen und gerammt und angebohrt.

In diesem Augenblick ruft uns Tim von der Kontrollplattform zu, wir sollen unsere Gummianzüge anziehen und ihm sofort seinen bringen.

Wir beeilen uns, die schweren Kleidungsstücke anzulegen — die Ingenieure tragen sie bereits — und stellen die Luftpumpen an. G.P.O.-Gummianzüge sind dreimal so dick wie die, die von Rennfahrern getragen werden, und kneifen abscheulich in den Achselhöhlen. George übernimmt das Steuer, bis Tim sich zu extremer Rundung aufgeblasen hat. Würde man ihn mit einem Tritt von der Kontrollplattform aufs Deck schleudern, er würde zurückhüpfen. Aber »162« wird die Tritte austeilen.

»Die auf dem Bakenboot sind verrückt — einfach verrückt«, schnaubt er und übernimmt das Kommando wieder. »Sie sagen, voraus sei eine schlimme Windhose, und ich soll den Umweg über Grönland nehmen. Lieber will ich das Schiff aufgerissen sehen! Wir haben eine halbe Stunde damit vergeudet, diese tote Ente zu versenken, und jetzt mutet man mir zu, mir den Rücken rings um den Nordpol zu scheuern? Was meinen die, woraus ein Paketschiff gemacht ist? Aus gummierter Seide? Sag ihnen, wir kommen auf geradem Weg, George!«

George schnallt ihn in dem Rahmen fest und schaltet die direkte Kontrolle ein. Jetzt liegt der Beschleuniger für den Backbordmotor unter Tims linker Fußspitze und der Rückwärtsgang unter seiner linken Ferse. Ebenso ist es mit dem anderen Fuß. Die Auftriebsreglerklappen ragen aus dem Rand des Steuerrades hervor, wo die Finger seiner linken Hand auf ihnen spielen können. Zu seiner Rechten wartet der Hebel des Mittschiffsmotors darauf, jeden Augenblick umgelegt zu werden. Tim beugt sich in seinem Gürtel vor, die Augen fest auf das Bullauge gerichtet und das eine Ohr in Richtung der Kommunikationsanlage gespitzt. Von nun an ist er Kraft und Richtung von »162« durch alles, was sich uns in den Weg stellen mag.

Das Nordbank-Bakenboot sendet seitenweise allgemeine Richtlinien für den Luftverkehr. Wir sollen alle »losen Gegenstände« sichern, unsere Fleury-Strahlen abdecken und »unter keinen Umständen versuchen, unsere Kommandotürme von Schnee zu befreien, bevor der Sturm nachläßt«. Fahrzeuge, die nur einen Hilfsmotor haben, dürfen bis an die Grenze ihrer Auftriebsfähigkeit steigen, und dementsprechend werden Postpaketschiffe angewiesen, nach ihnen Ausschau zu halten. Auf den unteren Wegen nach Westen sieht es ziemlich übel aus »mit häufigen Windhosen, Wirbeln, Seitenwinden usw.«.

Noch ist der dunkle Himmel ohne Makel. Die einzige Warnung ist die elektrische Spannung (ich fühle sie auf der Haut, als sei diese das Kissen einer Spitzenklöpplerin) und eine Reizbarkeit, die durch das Gequassel der Kommunikationsanlage beinahe zur Hysterie gesteigert wird.

Wir sind um achttausend Fuß gestiegen, seit wir den Tramp versenkt haben, und unsere Turbinen geben uns ehrliche zweihundertundzehn Knoten.

Sehr weit im Westen zeigt uns ein langer roter Streifen tief unten das Nordbank-Bakenboot. Ringsherum steigen und fallen Feuerfunken wie bestürzte Planeten um eine unstabile Sonne — hilflose Schiffe, die sich um der Gesellschaft willen an sein Licht halten. Kein Wunder, daß das Boot seine Position nicht verlassen konnte.

Es warnt uns vor den Ausläufern des heftigen Wirbelsturms, in dem es selbst (wie das Licht seiner Scheinwerfer zeigt) im Augenblick tanzt.

Die dunklen Abgründe um uns füllen sich langsam mit ganz schwach leuchtenden Nebeln — sich windenden, unruhigen Gebilden. Eines verschlingt sich zu einer Kugel aus blassem Feuer, die uns zitternd erwartet. Sie vollführt monströse Sprünge durch die Schwärze, setzt sich »162« genau auf die Nasenspitze, dreht dort für einen Augenblick Pirouetten und schwingt sich davon. Unser Bug sinkt, als sei dieses Licht aus Blei — sinkt und fängt sich wieder und macht einen Satz und stolpert von neuem unter dem nächsten Ansturm. Tims Finger auf den Auftriebsreglern tippen Nummern — 1:4:7: — 2:4:6 — 7:5:3 und so weiter, denn er manövriert nur noch mit Hilfe der Tanks und läßt das Schiff gegen die unruhige Luft steigen oder sinken. Alle drei Motoren laufen, denn je eher wir über dieses dünne Eis geschlittert sind, um so besser. Höher zu gehen, wagen wir nicht. Das ganze obere Himmelsgewölbe ist geladen mit blassen Krypton-Dämpfen, die durch Reibung an unserer Außenhaut zu unheimlichen Manifestationen erregt werden könnten. Zwischen der oberen und der unteren Ebene — 5000 und 7000, meint das Bakenboot — können wir uns vielleicht durchschlängeln, wenn ... Unser Bug kleidet sich in blaue Flammen und fällt wie ein Schwert. Keine menschliche Geschicklichkeit kann mit den wechselnden Spannungen Schritt halten. Ein Wirbel hat uns gefaßt, und wir schießen in einem Winkel von fünfunddreißig Grad (wie der Höhenmesser und mein aufprallender Körper vermelden) zweitausend Fuß nach unten. Unsere Turbinen kreischen schrill; die Propeller finden keinen Halt in der dünnen Luft. Tim nimmt aus allen fünf Tanks mit einem Schlag den Auftrieb weg und treibt das Schiff allein mittels seines Gewichtes wie eine Kanonenkugel durch den Mahlstrom, bis es dreitausend Fuß tiefer mit einem Ruck auf dem Kissen eines Aufwindes liegenbleibt.

»Wir haben es geschafft«, sagt George in mein Ohr. »Die Reibung an unserer Außenhaut hat bei diesem letzten Rutsch eine gewaltige Aufladung erzeugt. Gib auf die Seitenwinde acht, Tim; du wirst Mühe haben, das Schiff zu halten.«

»Ich habe es im Griff«, lautet die Antwort. »Hoch mit dir, Alte!«

»162« erhebt sich wacker, aber die Seitenwinde ohrfeigen es links und rechts wie die Flügel zorniger Engel. Es wird auf vier verschiedene Weisen gleichzeitig vom Kurs abgedrängt und wieder zurückgeschleudert, nur um in ein neues Chaos zu geraten. Nie verläßt uns das Elmsfeuer, das von unserem Bug grinst oder kopfüber kopfunter von der Nase bis mittschiffs rollt. Zu dem Knattern der Elektrizität um uns und in uns gesellt sich ein- oder zweimal das Prasseln von Hagel — Hagel, der niemals auf irgendein Meer fallen wird. Wir müssen unsere Fahrt verlangsamen, sonst könnten wir uns das Rückgrat brechen.

»Die Luft ist eine perfekt elastische Flüssigkeit«, brüllt George durch den Tumult. »Ungefähr so elastisch wie eine Gegensee vor Fastnet, stimmt's?«

Er verlangt zuviel von dem guten Element. Wenn man in den Himmel eindringt, während dort die Volt-Konten ausgeglichen werden, wenn man die Marktraten der hohen Götter stört, indem man mit neunzig Knoten stählerne Schiffe durch elektrische Spannungen jagt, die in einem prekären Gleichgewicht gehalten werden, darf man sich nicht über den unhöflichen Empfang beklagen. Tim begegnete ihm mit unbeweglicher Miene, die Unterlippe leicht zwischen die Zähne genommen, die Augen auf die Schwärze zwanzig Meilen voraus gerichtet. Bei jeder Bewegung seiner Hand flogen ihm Feuerfunken von den Knöcheln. Hin und wieder schüttelte er den Kopf, um den Schweiß loszuwerden, der ihm von den Augenbrauen tröpfelte. Dann schob George, den richtigen Augenblick abpassend, das Sicherheitsgeländer hinunter und wischte ihm das Gesicht schnell mit einem großen roten Taschentuch ab. Ich hätte nie gedacht, daß ein menschliches Wesen so ununterbrochen arbeiten und so konzentriert denken könnte, wie Tim es in jener höllischen halben Stunde tat, als das Unwetter am fürchterlichsten tobte. Wir wurden von warmen oder eisigen Strömungen hierhin und dahin gezerrt, von Aufwinden hochgerülpst, von Wirbeln hinuntergedreht und von Seitenwinden aus der Bahn geschlagen, während die Sterne in Gesellschaft eines betrunkenen Mondes schwindelerregend umhertanzten. Ich hörte das gehetzte Klicken des ein- und ausrastenden Hebels für den Mittschiffsmotor, das tiefe Grollen der Auftriebsregler, und, lauter als das Tosen des Windes, das Kreischen des Bugruders, wenn es sich in jede Windstille hineinbohrte, die für einen Augenblick Ruhe versprach. Schließlich begannen wir, mit Hilfe sowohl des Bugruders als auch des Backbord-Propellers in die Höhe zu klettern; nur die genaueste Ausbalancierung der Tanks bewahrte uns davor, daß wir uns wie eine Gewehrkugel der alten Zeit um uns selbst drehten.

»Wir müssen uns irgendwie ins Luv von diesem Bakenboot mogeln!« rief George.

»Es gibt kein Luv«, protestierte ich schwach von der

Stelle aus, wo ich mich an eine Strebe klammerte. »Wie könnte es eins geben?«

Er lachte! Während wir in eine Tausend-Fuß-Windhose hineinschossen, lachte dieser rothaarige Mann unter seinem aufgeblasenen Helm!

»Sehen Sie sich das an«, forderte er mich auf. »Wir müssen mit großem Abstand über diese Flüchtlinge wegfahren.«

Das Bakenboot war ein bißchen in südwestlicher Richtung unter uns. Es schaukelte im Mittelpunkt seiner verzweifelten Galaxis. Die Luft war voll von sich auf allen Ebenen bewegenden Lichtern. Ich nehme an, die meisten von ihnen versuchten, sich mit dem Kopf gegen den Wind zu drehen, doch da sie keine Hydras waren, mißlang es ihnen. Ein Moghrabi-Boot mit kleinem Tank war bis an die Grenzen seines Auftriebs gestiegen und dann, da es oben kein besseres Wetter fand, zweitausend Fuß gefallen. Dort traf es auf einen gewaltigen Wirbelwind, der es wie ein welkes Blatt hochwirbelte. Statt abzuschalten, stellte es sich auf den Stern und wurde natürlich, als pralle es von einer Wand ab, beinahe gegen das Bakenboot geschleudert, dessen Ausdrucksweise (unsere Kommunikationsanlage fing sie auf) von ergreifender Schlichtheit war.

»Wenn sie den Sturm einfach abreiten würden, wäre es besser«, bemerkte George in einem windstillen Augenblick, während wir wie eine Fledermaus über alle anderen Fahrzeuge hochstiegen. »Aber es gibt immer wieder Skipper, die ohne ausreichenden Auftrieb navigieren wollen. Was hat diese Nußschale eigentlich vor, Tim?«

»Sie spielt Drittenabschlagen«, antwortete Tim gleichmütig. Ein transasiatisches Non-Stop-Linienschiff hatte eine ruhige Stelle gefunden und sich mit aller Kraft hineingedrängt. Aber am Ende dieser ruhigen Stelle war ein Wirbel, so daß das Non-Stop-Schiff wie eine Erbse von einem Fingernagel hinausgeschnippt wurde. Wie wahn-

sinnig bremsend floh es nach unten und hätte sich um
ein Haar überschlagen.

»Ich hoffe, jetzt ist er zufrieden«, sagte Tim. »Nur gut,
daß ich kein Bakenboot bin ... Ob ich Hilfe brauche?«
Das bezog sich auf die Kommunikationsanlage. »George, du kannst diesem Gentleman mit meinen herzlichsten Grüßen bestellen — den herzlichsten, vergiß das
nicht, George —, daß ich *keine* Hilfe brauche! Wer ist
die aufdringliche Sardinenbüchse überhaupt?«

»Ein Rimouski-Schlepper, der Ausschau hält, ob jemand seine Dienste benötigt.«

»Sehr freundlich von diesem Rimouski-Schlepper,
aber dieses Paketschiff wird im Augenblick nicht ins
Schlepptau genommen.«

George erklärte: »Diese Schlepper fahren in der Hoffnung auf eine Bergung überallhin. Wir nennen sie Lei-
chenfledderer.«

Ein stählern schimmerndes Neunzig-Fuß-Boot mit langem Bug trieb in Rufweite gemächlich an uns vorbei, die
Tauschlingen bereit für eine Rettungsaktion, ein einziger
Mann in dem offenen Turm. Er rauchte. Sich dem Aufruhr der Lüfte hingebend, durch die wir unseren Weg er-
kämpften, lag er in absolutem Frieden. Ich sah den
Rauch seiner Pfeife ungestört aufsteigen, bis sein Boot,
so wirkte es, wie ein Stein in einen Brunnen fiel.

Wir waren soeben an dem Bakenboot und seinen
ordnungswidrigen Nachbarn vorüber, als der Sturm sich
so plötzlich legte, wie er begonnen hatte. Im Nordwe-
sten überzog eine Sternschnuppe den Himmel mit dem
grünen Gefunkel eines Meteoriten, der sich in unserer
Atmosphäre auflöst.

»Vielleicht bügelt das all die Spannungen aus«, sagte
George.

Noch während er sprach, beendeten die Winde ihren
Streit. Die Ebenen füllten sich auf, die Seitenwinde er-
starben in langen, langsamen Dünungen, die vor uns liegenden Luftwege glätteten sich. In weniger als drei Minu-

ten hatte der Schwarm um das Bakenboot Fahrt aufgenommen und war in eigenen Geschäften davongeschwirrt.

»Was ist geschehen?« keuchte ich. Die Nervenanspannung innen und das Voltprickeln außen waren zu Ende, und mein Gummianzug bekam ein Gewicht wie Blei.

»Das weiß Gott allein«, antwortete Captain George ernst. »Die Reibung, die diese alte Sternschnuppe erzeugt hat, wird die verschiedenen Ebenen entladen haben. Ich habe es früher schon erlebt. Puh! Ist das eine Erleichterung!«

Wir fielen von zehn- auf sechstausend und entledigten uns unserer klammen Anzüge. Tim schaltete ab und stieg aus dem Rahmen. Das Bakenboot kam hinter uns her. Er öffnete das Bullauge in dieser himmlischen Stille und wischte sich das Gesicht ab.

»Hallo, Williams!« rief er. »Sind Sie nicht ein oder zwei Grad von Ihrer Position abgekommen?«

»Mag sein«, kam die Antwort von dem Bakenboot. »Ich habe heute abend eine Menge Gesellschaft gehabt.«

»Das habe ich bemerkt. War das nicht ein netter kleiner Sturm?«

»Ich hatte Sie gewarnt. Warum sind Sie nicht nach Norden ausgewichen? Die Paketschiffe auf dem Weg nach Osten haben es getan.«

»Ich? Erst dann, wenn ich mit einem Sanatoriumsschiff für Schwindsüchtige um den Pol gondele. Ich habe schon durch ein Bullauge gelinst, als Sie noch in der Wiege gelegen haben, mein Sohn.«

»Ich bin der Letzte, der das leugnen würde«, antwortet der Kapitän des Bakenbootes friedlich. »Die Art, wie Sie eben mit Ihrem Schiff umgegangen sind — ich bin ein recht guter Beurteiler des Verkehrs in einem Voltsturm —, das war tausend Umdrehungen jenseits von allem, was *ich* schon gesehen habe.«

Tims Rücken wird unter dieser Ölung sichtbar geschmeidiger. Captain George auf der Kontrollplattform zwinkert und zeigt auf das Porträt eines ganz besonders attraktiven jungen Mädchens, das an Tims Teleskophalterung oberhalb des Steuerrades klebt.

Ich verstehe. Und ob ich verstehe!

Über meinem Kopf ist die Rede davon, jemand solle »am Freitag zum Tee vorbeikommen«. Dann wird kurz über das Schicksal des Wracks berichtet, und als Tim dann herunterkommt, meint er: »Für einen A.B.C.-Mann* ist der junge Williams kein ganz so hochgestochener Narr wie manch anderer... Möchtest du jetzt übernehmen, George? Dann werde ich mal einen Blick auf den Backbord-Propellerzug werfen — mir scheint, er ist ein bißchen warm —, und dann traben wir weiter.«

Das Bakenboot summt fröhlich davon und hängt sich in seinem angestammten Horst auf. Dort wird es als fensterladenloses Observatorium bleiben, eine Rettungsbootstation, ein Hafen für Bergungsschlepper, auf dreihundert Meilen in der Runde die mit Wetterwarte kombinierte höchste juristische Instanz, bis nächsten Mittwoch die Ablösung über die Sterne gleitet, um diesen stark beanspruchten Platz einzunehmen. Seine schwarze Hülle, der doppelte Kommandoturm und die stets bereiten Tauschlingen stellen alles dar, was dem Planeten von jener seltsamen alten Weltautorität geblieben ist. Es ist nur dem Aerial Board of Control, dem A.B.C., verantwortlich, von dem Tim so respektlos spricht. Aber diese halb gewählte, halb nominierte Körperschaft von ein paar Dutzend Angehörigen beider Geschlechter kontrolliert die Erde. »Transport ist Zivilisation« lautet unser Motto. In der Theorie tun wir, was uns gefällt, solange dies keine Störung für den Verkehr *und alles, was damit zusammenhängt* bedeutet. In der Praxis bestätigt oder annulliert das A.B.C. alle internationalen Abmachungen, und geht man nach seinen letzten Berichten,

---

* A.B.C. = Aerial Board of Control (Luftfahrtaufsichtsbehörde)

findet es unseren toleranten, humorvollen, faulen kleinen Planeten nur zu bereit, die ganze Bürde der öffentlichen Verwaltung auf seine Schultern abzuladen.

Das diskutiere ich mit Tim, während wir Mate trinkend auf der Kontrollplattform sitzen und George das Schiff in schönen aufwärtsgerichteten Schwüngen von je fünfzig Meilen über die Banks steuert. Der Höhenmesser überträgt sie in fließende Freihandzeichnungen auf das Band.

Tim greift sich ein Knäuel davon und studiert die letzten paar Fuß, die den Pfad von »162« durch den Voltsturm zeigen.

»In fünf Jahren habe ich keine solche Fieberkurve gehabt«, stellt er trübsinnig fest.

Der Höhenmesser eines Paketschiffes zeichnet jedes Yard der Fahrt auf. Die Bänder gehen dann an das A.B.C., das sie vergleicht und Fotomontagen zur Unterrichtung der Kapitäne davon herstellt. Tim studiert seine unwiderrufliche Vergangenheit und schüttelt den Kopf.

»Hallo! Hier sind wir in einem Winkel von fünfundfünfzig Grad um 1500 Fuß gefallen! Dabei müssen wir ja auf dem Kopf gestanden haben, George.«

»Was du nicht sagst«, gibt George zurück. »Genau die Vorstellung hatte ich auch, als es passierte.«

George hat vielleicht nicht Captain Purnalls katzenartige Geschwindigkeit, aber er ist durch und durch Künstler bis in die Spitzen seiner breiten Finger, die auf den Auftriebsreglerklappen spielen. Die wundervollen Fahrtkurven erscheinen auf dem Band ohne das geringste Schwanken. Die helle Spindel des Bakenbootes geht an dem Sternenhimmel im Osten unter. Westwärts, wo nicht damit zu rechnen ist, daß ein Planet aufgehen wird, erzeugen die drei senkrechten Lichtbalken von Trinity Bay (wir halten uns noch immer an die Südroute) einen tiefliegenden Nebel. Wir scheinen am Himmel das einzige ruhige Element zu sein, treiben gemächlich dahin, bis die Drehung der Erde unsere Landetürme heranträgt.

Und Minute für Minute verlängert unsere schweigende Uhr die Nacht um eine Sechzehn-Sekunden-Meile.

»Eines schönen Tages«, sagt Tim, »werden wir mit der großen Mutteruhr gleichziehen.«

»Sie kommt gleich«, bemerkt George über die Schulter. »Ich jage die Nacht nach Westen.«

Die Sterne vor uns werden ein klein wenig blasser, nur so, als habe sich unbemerkt ein Dunstschleier über sie gelegt, aber das tiefe Dröhnen der Luft auf unserer Außenhaut verwandelt sich in ein freudiges Jauchzen.

»Die Morgenbrise«, sagt Tim. »Sie weht der Sonne entgegen. Seht! Seht! Die Dunkelheit wird über unseren Bug zurückgedrängt. Kommt ans Bullauge achtern, dann werde ich euch etwas zeigen!«

Im Maschinenraum ist es heiß und stickig; die Postbeamten im Wagen sind eingeschlafen, und der Sklave des Strahls ist bereit, ihrem Beispiel zu folgen. Tim schiebt das Kolloid-Bullauge achtern auf und enthüllt die Kurve der Welt — das tiefdunkle Purpur des Ozeans, gesäumt mit Weiß und gleißendem Gold. Dann geht die Sonne auf, scheint in das Bullauge und löscht unsere Lampen. Tim sieht sie finster an.

»Eichhörnchen in einem Käfig«, murmelt er. »Mehr sind wir nicht. Eichhörnchen in einem Käfig! Sie ist zweimal so schnell wie wir. Warte nur noch ein paar Jahre, meine leuchtende Freundin, und wir werden Schritte machen, über die du staunen wirst. Wie Josua werden wir dich stillstehen lassen!«

Ja, das ist unser Traum, die ganze Erde in das Tal von Ajalon umzuwandeln, wie es uns beliebt. Bis jetzt können wir die Morgendämmerung in diesen Breiten auf das Doppelte ihrer normalen Länge ausdehnen. Aber eines Tages werden wir — sogar am Äquator — die Sonne auf ihrer Bahn anhalten.

Auf dem Meer unter uns herrscht dichter Verkehr. Plötzlich durchbricht ein großes Unterseeboot die Wasseroberfläche. Ein zweites und ein drittes folgen mit Platschen und Schmatzen und dem wilden Blubbern nachlassenden Druckes. Die Tiefseefrachter steigen nach der langen Nacht auf, um Luft zu schöpfen, und der stille Ozean ist überall mit Pfauenaugen aus Schaum gemustert.

»Wir wollen auch einmal richtig Atem holen«, sagt Tim, und als wir auf die Kontrollplattform zurückkehren, schaltet George ab, die Bullaugen werden geöffnet, und frische Luft fegt durch das Schiff. Wir brauchen uns nicht zu beeilen. Die alten Verträge (sie werden Ende des Jahres revidiert werden) gestatten zwölf Stunden für eine Fahrt, die jedes Paketschiff in zehn bewältigen könnte. Also frühstücken wir in den Armen einer östlichen Brise, die uns mit gemütlichen zwanzig Knoten voranschiebt.

Wenn Sie das Leben (und den Tabak) genießen wollen, müssen Sie mit beiden an einem sonnigen Morgen beginnen, so eine halbe Meile über den getupften atlantischen Wolkengürteln und nach einem Voltsturm, der Ihre Nerven geläutert und gestählt hat. Während wir mit der Überlegenheit, die ein höheres, uns allein vorbehaltenes Niveau mit sich bringt, den stärker werdenden Verkehr diskutierten, hörten wir (ich zum ersten Mal) den Morgenchoral auf einem Hospitalluftschiff.

Es fuhr, eingehüllt in weiße Wattefasern, unter uns, und wir hörten den Gesang, bevor es ins Sonnenlicht aufstieg. »Oh, ihr Winde Gottes«, sangen die unsichtbaren Stimmen, »lobet den Herrn! Lobt und preist Ihn in Ewigkeit!«

Wir nahmen unsere Mützen ab und stimmten ein. Als unser Schatten auf die großen offenen Plattformen des Hospitalschiffes fiel, blickten die Leute auf und streckten uns beim Singen nachbarlich die Hände entgegen. Wir sahen die Ärzte und die Krankenschwestern und die wie weiße Knöpfe wirkenden Gesichter der bettlägerigen Patienten. Das Schiff fuhr langsam in nördlicher Richtung unter uns dahin, und seine Hülle, naß vom Tau der Nacht, brannte im Sonnenlicht. Dann verschwand es unter einer Wolke, doch der Choral erklang weiter: »*Oh, ihr heiligen und demütigen Menschen guten Willens, lobet den Herrn! Lobt und preist Ihn in Ewigkeit.*«

»Das ist ein Wohlfahrtsschiff für Lungenkranke, sonst hätten sie das *Benedicite* nicht gesungen, und es ist ein Grönländer, sonst hätte es keine Schneeblenden über den Bullaugen«, stellte George schließlich fest. »Sicher fährt es für einen Monat nach Frederikshavn oder in eins der anderen Gletscher-Sanatorien. Wäre es ein Hospitalschiff für Unfälle, würde es auf der Achttausend-Fuß-Ebene hängen. Ja — Schwindsüchtige.«

»Komisch, wie die neuen Dinge die alten Dinge sind«, erwiderte Tim. »Ich habe in Büchern gelesen, daß die Wilden ihre Kranken und Verwundeten auf Berggipfel schafften, weil es dort weniger Mikroben gibt. Wir bringen sie für eine Weile in sterilisierte Luft. Die gleiche Idee. Wieviel haben wir der durchschnittlichen Lebenserwartung des Menschen nach Meinung der Doktoren hinzugefügt?«

»Dreißig Jahre«, sagte George mit einem Augenzwinkern. »Sollen wir sie völlig hier oben verbringen, Tim?«

»Dann zisch los. Zisch los! Wer hindert dich daran?« lachte der Senior-Kapitän.

Wir blieben hoch genug, um ein gutes Stück über dem Luftverkehr an der Küste und auf dem Festland zu bleiben, und das war auch notwendig. Obwohl unsere Route in keinem Sinn eine bevölkerte genannt werden kann, gibt es auf diesem Weg doch ein ständiges Verkehrströpfeln. Wir begegneten vor Neufundland Hudson-Bay-Pelzhändlern, die Eile hatten, Zobel und Silberfuchs von Bonavista auf die unersättlichen Märkte zu schaffen. Wir überkreuzten Keewatin-Linienschiffe, klein und überfüllt, aber ihre Kapitäne, die zwischen Trepassy und Blanco kein Land sehen, wissen, welches Gold sie von Westafrika zurückbringen. Wir trafen transasiatische Non-Stop-Schiffe, die die Welt auf dem 50. Meridian mit ehrlichen siebzig Knoten umkreisen. Weißgestrichene

265

Obsttransporter von Ackroyd & Hunt, die aus dem Süden kamen, sausten unter uns dahin, und ihre ventilierten Hüllen pfiffen wie chinesische Papierdrachen. Ihr Absatzgebiet ist der Norden mit seinen Sanatorien, wo man ihre Grapefruits und Bananen über dem kalten Schnee riechen kann.

Auch argentinische Fleischschiffe sahen wir mit ihrem gewaltigen Fassungsvermögen und plumpen Umrissen. Sie beliefern ebenfalls die nördlichen Gesundheitsstationen in vereisten Häfen, wo Unterseeboote es nicht wagen, aufzutauchen.

Gelbbäuchige Erzwagen und Ungava-Erdöltanks kamen wie Ketten wilder Enten, die keine Angst kennen, gemütlich aus dem Norden herangeschwebt. Es zahlt sich nicht aus, Minerale und Öl eine Meile weiter zu verschiffen, als notwendig ist, aber ein Transport mit Unterseebooten durch das Packeis von Nain oder Hebron ist so riskant, daß diese schweren Frachter direkt nach Halifax hinunterfahren und unterwegs die Luft parfümieren. Sie sind die größten Tramp-Luftschiffe mit Ausnahme der Athabasca-Kornwannen. Aber letztere sind jetzt, wo der Weizen weggebracht ist, eifrig mit Holztransporten in Sibirien beschäftigt.

Wir hielten uns an den St.-Lorenz-Strom (erstaunlich, wie die alten Wasserwege uns Kinder der Luft immer noch anziehen) und folgten seiner breiten schwarzen Linie zwischen den treibenden Eisschollen durch den ganzen Park, den die Weisheit unserer Väter — aber jeder kennt die Quebec-Route.

Zwanzig Minuten vor der fahrplanmäßigen Ankunftszeit stiegen wir zu den Heights-Türmen hinunter und hingen da, bis das Mittelstrecken-Paketschiff nach Yokohama ablegen konnte und den für uns vorgesehenen Slip freimachte. Es war interessant zu sehen, wie die Halteklammern entlang dem ganzen vereisten Flußufer arbeiteten, wenn Schiffe sich ablösten oder zur Ruhe kamen.

Ein großer Hamburger verließ Pont Levis, und seine Crew, die die Plattform-Reling abbaute, begann »Elsinor« zu singen — das älteste unserer Shantys. Sie kennen es natürlich:

Am Ostseestrand steht Mutter Rugens Teehaus —
   Lebt wohl, ihr Freunde, denn ich habe vor,
Den Strahl schnell aufzubauen,
Hier schleunigst abzuhauen
   Zum Tanz mit Ella Sweyn in Elsinor!

Dann, während sie die Deckplatten festschweißten, erklang es:

Mit neunzig Knoten geht's von Surabaya
   Nordwestlich bis Kap Skagen jetzt empor.
Ganz außer Rand und Band
Bin ich am Ostseestrand
   Beim Tanz mit Ella Sweyn in Elsinor!

Die Klammern teilten sich mit einer Geste entrüsteter Entlassung, als werfe das unter seinem Schnee glitzernde Quebec diese leichtfertigen und unwürdigen Liebhaber hinaus. Von den Heights kam das Signal für uns. Tim wendete und schwebte nach oben, und jetzt sah es wirklich und wahrhaftig so aus, als öffneten sich die großen Turmarme mit einem leidenschaftlichen Willkommen — oder kam es mir nur so vor, weil auf der oberen Station eine kleine Gestalt in einem Kapuzenmantel stand und ebenfalls die Arme ausbreitete, um ihren Vater zu begrüßen?

In zehn Sekunden rasselte der Wagen mit den Postbeamten zu dem Abfertigungscaisson hinunter. Kanadische Arbeiter ersetzten die Ingenieure an den stillstehenden Turbinen, und Tim, stolzer darauf als auf alles andere, stellte mich dem jungen Mädchen vor, dessen Foto auf dem Brett stand. »Und übrigens«, sagte er zu ihr und schritt in den Sonnenschein unter den Hut des zivilen Lebens, »ich habe den jungen Williams in dem Bakenboot gesehen. Ich habe ihn auf Freitag zum Tee eingeladen.«

Originaltitel: »With the Night Mail« (1905)
Copyright © 1988 der deutschen Übersetzung
by Wilhelm Heyne Verlag GmbH & Co. KG, München
Aus dem Amerikanischen übersetzt von Rosemarie Hundertmarck

DER VATER
DER MODERNEN
SCIENCE FICTION

Herbert George Wells
(1866—1946)

*Die Fähigkeiten früherer Autoren und die im Wandel be-
griffenen wissenschaftlichen und sozialen Kräfte schienen sich in der Person eines kleinen, scharfsichtigen Eng-
länders namens Herbert George Wells zu vereinen. Er
wurde 1866 in Bromley, Kent, geboren, nur wenige Jahre
nach der Veröffentlichung von Jules Vernes erstem SF-
Roman, und er starb 1946, als berühmter und wohlha-
bender Mann, der miterleben konnte, wie sich die SF
zum Genre entwickelt hatte und einige ihrer Träume und
Ängste Wirklichkeit geworden waren.*

*Sein Vater war Gärtner und zeitweilig professioneller
Kricketspieler, die Mutter war Zimmermädchen. Nach
der Hochzeit kauften die Eltern einen schlechtgehenden
Töpferladen in der Nähe von London, der Atlas-Haus
genannt wurde. Hier kam Wells zur Welt und wuchs unter der Obhut der Mutter auf, die sich für ihre Kinder ein
Sicherheit bietendes Gewerbe erhoffte und deshalb
Wells zweimal bei einem Tuchwarenhändler und einmal
bei einem Apotheker in die Lehre gab.*

*Nach eigenen Worten verdankte Wells die Möglich-
keit, aus der engen viktorianischen Welt seiner Mutter
ausbrechen zu können, zwei gebrochenen Beinen: als
er im jugendlichen Alter einen Beinbruch erlitt, lernte er
die Welt der Bücher kennen; der Beinbruch des Vaters
beendete dessen Karriere als Kricketspieler und den Verkauf von Kricketausrüstungen im Töpferladen. Doch damit verschwand auch die eigentliche Einnahmequelle,
deshalb wurde die Mutter Hauswirtschafterin. Nun war
genügend Geld vorhanden, Wells die Schule besuchen
zu lassen.*

*Wells hatte eine gute Auffassungsgabe und begann
recht bald selbst als Autor tätig zu werden, wobei er sich
wissenschaftlichen, historischen und wirtschaftlichen
Themen widmete. Sein Drang zum Schreiben kam zur
rechten Zeit; wie er in seiner Autobiographie selbst sagt,
»erreichte die Lesegewohnheit nun auch jene Kreise, die
in dieser Hinsicht ausgesprochen bedürftig und wißbe-*

gierig waren ... Neue Bücher wurden verlangt, und gefragt waren junge Autoren mit frischen Ideen.«

Wells erhielt ein Stipendium an der Wissenschaftlichen Hochschule von South Kensington, an der er drei Jahre verbrachte. Im ersten Jahr studierte er Biologie unter Thomas H. Huxley, dem großen Verfechter des Darwinismus. Mit ORIGIN OF SPECIES (1859, dt. »Vom Ursprung der Arten«) erregte Darwin großes Aufsehen in der westlichen Welt, und durch Huxley übten seine Theorien erheblichen Einfluß auf Wells aus. Im zweiten und dritten Jahr studierte Wells Physik und Geologie. Darauf legte er eine Prüfung ab und erhielt einen Grad in Biologie. Neben anderen Tätigkeiten verfaßte er auch ein biologisches Handbuch, bevor er sich ausschließlich dem Schreiben widmete.

Zunächst — 1891 — waren es Artikel, eine Reihe von metaphysischen Spekulationen, bevor er erkannte, daß nur mit dem Schreiben über allgemeinverständliche Themen Erfolg verbunden war. 1894 begann er mit dem Schreiben von — wie er es nannte — ›single sitting stories of science‹*, wobei ihm seine fundierten wissenschaftlichen Kenntnisse sehr zugute kamen. Ein erster Höhepunkt seines Schaffens war THE TIME MACHINE (1895, dt. »Die Zeitmaschine«), woran er so lange gearbeitet hatte. Das Buch war sofort ein Erfolg. Außer seinen Kurzgeschichten schrieb er künftig einen Roman im Jahr: THE ISLAND OF DR. MOREAU (1896, dt. »Die Insel des Dr. Moreau«), THE INVISIBLE MAN (1897, dt. »Der Unsichtbare«), THE WAR OF THE WORLDS (1898, dt. »Der Krieg der Welten«), WHEN THE SLEEPER WAKES (1899, dt. »Wenn der Schläfer erwacht«) und THE FIRST MEN ON THE MOON (1901, dt. »Die ersten Menschen im Mond«, späterer Titel: »Die ersten Menschen auf dem Mond«).

Mit diesen Romanen — insbesondere »Der Krieg der

---

* Etwa: ›Außergewöhnliche Geschichten aus der Wissenschaft‹

Welten« — machte er sich einen Namen. Besagtes Werk wurde weltweit immer wieder nachgedruckt und erschien oft als Fortsetzung in Zeitungen, wobei als Ort der Handlung stets der jeweilige Erscheinungsort der Zeitung eingesetzt wurde. Auch Orson Welles hatte 1938 den Handlungsort in seinem berühmten Hörspiel nach New York verlegt, und George Pal verlegte ihn 1953 in seiner Filmversion nach Los Angeles. Aufgrund dieser persönlichen Erfolge konnte Wells es sich auch erlauben, andere Bücher zu schreiben: zeitgenössische Romane wie KIPPS (1905, dt. »Kipps«), TONO BUNGAY (1909, dt. »Tono Bungay«) oder MR. BRITLING SEES IT THROUGH (1915, dt. »Mr. Britlings Weg zur Erkenntnis«); enzyklopädische Werke wie THE OUTLINE OF HISTORY (1919, dt. »Die Geschichte unserer Welt«), THE SCIENCE OF LIFE (1930) und THE WORK, WEALTH, AND HAPPINESS OF MANKIND (1931, dt. »Arbeit, Wohlstand und Glück der Menschheit«).

Sein Hauptanliegen aber galt der Verbesserung der Lebensbedingungen der Menschen. Während seiner Studienzeit hatte er Versammlungen der Sozialisten besucht, als erfolgreicher Autor wurde er Mitglied der Fabian Society. Die Angehörigen dieser Partei waren der Meinung, daß der durch die Industrialisierung erreichte Reichtum besser verteilt sein sollte, um Hunger und Armut aus der Welt zu schaffen. In seinen Werken propagierte Wells »eine offene Verschwörung«, um mit gutem Willen eine neue Weltordnung herbeizuführen. Hierzu gehören Bücher wie A MODERN UTOPIA (1905, dt. »Jenseits des Sirius«), THE WORLD SET FREE (1914), oder MEN LIKE GODS (1923, dt. »Menschen, Göttern gleich«).

Wells glaubte nicht, mit seinen Romanen in der Tradition Vernes zu stehen, und wehrte sich gegen die Versuche, aus ihm den »englischen Jules Verne« zu machen. Vernes Werk, sagte er, »behandelt fast immer die Möglichkeiten im Bereich der Erfindungen und Entdeckungen ... Doch meine Geschichten ... sollen nicht den Eindruck erwecken, als ginge es darin um das, was möglich und machbar ist; sie erproben die Vorstellungskraft auf einer ganz anderen Ebene und stehen in der Tradition von Werken wie ›Der goldene Esel des Apuleius‹, die ›Wahren Geschichten‹ Lukians, ›Peter Schlemihl‹ und ›Frankenstein‹.« Wells' Lieblingsbuch war ›Gullivers Reisen‹.

Wells ging dergestalt vor, daß er zunächst ein phantastisches Element, eine fremde Welt oder ein fremdes Land in die Story einbrachte und dann beschrieb, wie gewöhnliche Leute darauf reagierten. Er schrieb: »Der Grund für die Faszination solcher Vorstellungen liegt darin, sie mit alltäglichen Worten zu beschreiben und dabei auf Elemente des Wunderbaren rigoros zu verzichten. Dann nimmt die Story menschliche Züge an. (...) Um den Leser nicht zu verwirren, muß der Autor phantastischer Geschichten ihm möglichst unauffällige Hilfestellung geben, die unwahrscheinliche Hypothese in den Griff zu bekommen. Er muß den Leser so weit bringen, daß dieser unbedacht Zugeständnisse macht an die Glaubwürdigkeit solcher Hypothesen, und dann in der Geschichte fortfahren, solange dieser trügerische Zustand anhält.«

Einige seiner Ideen, die in seinen Geschichten überreichlich vorhanden sind, übernahm Wells aus den Werken anderer Autoren, obwohl die meisten sicherlich von ihm selbst stammen: Zeitreise, Unsichtbarkeit infolge chemischer Prozesse oder sehr hoher Geschwindigkeit, Angriffe Außerirdischer, biologische Versuche, Parallelwelten, Luftkriege, Atombombe, globale Katastrophen, fremde Einwirkungen auf die Entwicklung der Menschheit, menschenfressende Pflanzen, prähistorische Völker, Unterwerfung durch Riesenameisen, Angriffe von Seeungeheuern. Sein besonderes Anliegen galt der Evolution. Vielleicht ist die Evolution der Menschheit noch nicht abgeschlossen, oder es werden andere Geschöpfe wie Ameisen oder Riesenkraken zu Konkurrenten. ·

Durch seine stilistische Vielfalt und seinen Ideenreichtum gelang es Wells, den Leserkreis für SF zu erweitern, wie schon Verne dies vor ihm getan hatte. Mit seiner kritischen Haltung und seinen hervorragenden schriftstellerischen Fähigkeiten verhalf Wells der SF zu einem Höhepunkt, der vorher nie erreicht worden war und in der Folgezeit nur selten erreicht werden sollte.

Er war der dritte jener Autoren, auf die Hugo Gernsback verwies bei seinem Versuch, zu beschreiben, was er in seinem neuen Magazin veröffentlichen wollte: »Unter ›Scientifiction‹ verstehe ich die mustergültigen Geschichten eines Jules Verne, H. G. Wells oder Edgar Allan Poe — eine reizvolle Handlung, geprägt von wissenschaftlichem Faktum und seherischer Kraft.«

H. G. WELLS

Der Stern

Am ersten Tag des neuen Jahres gaben drei Sternwarten fast gleichzeitig bekannt, daß die Bahn des Planeten Neptun unregelmäßig geworden sei. Diese Neuigkeit war kaum dazu angebracht, eine Welt zu interessieren, deren Bewohner zum größten Teil nichts von einem Planeten Neptun wußten, und auch die darauf folgende Entdeckung eines schwachen Lichtscheins in der Gegend des unruhig gewordenen Planeten verursachte außerhalb des astronomischen Berufsstandes keine große Aufregung. Wissenschaftler jedoch fanden die Nachricht wichtig genug, selbst ehe bekannt wurde, daß der neue Himmelskörper schnell größer und heller wurde, daß seine Bewegung sich deutlich von den regelmäßigen Laufbahnen der Planeten unterschied und die Abweichung des Neptun und seiner Satelliten von einer noch nie vorgekommenen Art war.

Wenige Leute ohne wissenschaftliche Bildung können sich einen Begriff von der ungeheuren Leere des Weltalls machen. Jenseits der Bahn des Pluto liegt ein völlig leerer Raum, bis zum nächsten Stern, der Lichtjahre weit entfernt ist. Und außer wenigen Kometen hat nach menschlichem Wissen nichts diese Leere durchkreuzt, bis im zwanzigsten Jahrhundert dieser seltsame Wanderer in das Sonnensystem eindrang. Am zweiten Tag war er durch jedes gute Fernrohr als Fleck von kaum erkennbarem Durchmesser im Sternbild des Löwen zu beobachten. Nach kurzer Zeit genügte dazu ein Opernglas.

Am dritten Tage des neuen Jahres erfuhren die Zeitungsleser beider Hemisphären zum erstenmal etwas von der Bedeutsamkeit der ungewöhnlichen Himmelserscheinung. »Ein planetarischer Zusammenstoß«, schrieb eine Londoner Zeitung über ihren Bericht und erklärte, daß der neue Planet nach Duchaines Ansicht wahrscheinlich mit dem Neptun kollidieren würde. Die führenden Autoren verbreiteten sich über dieses Thema, so daß am dritten Januar in den meisten Hauptstädten der Welt ein Phänomen am Himmel erwartet wurde, und als dem Sonnenuntergang die Nacht folgte, richteten überall Tausende von Menschen die Augen himmelwärts und sahen — die alten, vertrauten Sternbilder, wie sie immer zu sehen gewesen waren.

Bis es in London dämmerte und die Sterne verblaßten. Die patrouillierenden Polizisten sahen es, die geschäftige Menge auf den Märkten stand gaffend, Männer, die früh zur Arbeit gingen, Zeitungsfahrer, Bummler auf dem Nachhauseweg, Posten, die Wache hielten, Landarbeiter und Fischer — einen großen weißen Stern, der plötzlich am Westhimmel auftauchte.

Er war heller als jeder andere Stern, weiß glühend und groß, kein glitzernder Lichtfleck, sondern eine kleine, runde, glänzende Scheibe, eine Stunde nach Tagesanbruch. Die Menschen starrten und fürchteten sich, sprachen von Kriegen und Krankheiten, für die solche feurigen Erscheinungen am Himmel Vorzeichen waren. Buren, Hottentotten, Goldküstenneger, Franzosen, Spanier, Portugiesen standen und warteten auf den Untergang dieses sonderbaren neuen Sterns.

Und in hundert Sternwarten herrschte unterdrückte Aufregung, die ihren Höhepunkt erreichte, als zwei weit entfernte Körper ineinanderstürzten, und hastig wurde mit Fotoapparaten, Spektroskopen und anderen Geräten gearbeitet, um diesen erstaunlichen Anblick, die Zerstörung einer Welt, zu registrieren. Denn es war eine Welt, ein Schwesterplanet unserer Erde, der plötzlich aufloderte. Neptun war von dem Wanderer aus dem Weltenraum getroffen worden, und die bei diesem Zusammenprall erzeugte Hitze hatte zwei feste Kugeln zu einer weißglühenden Masse verschmolzen. Der neue, weiße

Stern verblaßte erst, als er im Westen unterging und die Sonne höher stieg.

Als er das nächstemal über Europa aufging, standen überall Gruppen von Menschen, auf Hügeln, Hausdächern, auf offenem Felde, und starrten nach Osten, um den Aufgang des neuen Sterns zu sehen. Weißglühend ging er auf, und die Menschen, die ihn auch in der Nacht zuvor gesehen hatten, schrien bei seinem Anblick auf. »Er ist größer geworden!« riefen sie. »Und heller!« Und tatsächlich war der Mond, der eben im Westen unterging, nicht so hell wie der neue Stern.

In den Sternwarten aber starrten die beobachtenden Astronomen atemlos einer den anderen an. *»Er ist näher!«* sagten sie. *»Näher!«*

Stimme auf Stimme wiederholte: »Er ist näher!«; der Telegraf nahm es auf, es lief durch die Telefondrähte, und in tausend Städten tippten Setzer auf ihren Maschinen. »Er ist näher.« In tausend Orten kamen Menschen, die darüber sprachen, durch die Worte »Er ist näher« auf den Gedanken an eine phantastische Möglichkeit. Die Nachricht eilte durch erwachende Straßen, wurde in ruhigen Dörfern über hartgefrorene Wege geschrien, Männer, die sie eben gelesen hatten, riefen sie Vorübergehenden zu. »Er ist näher!«

Einsame Landstreicher murmelten in der Winternacht die Worte, während sie zum Himmel hinaufblickten. »Er soll näher kommen — die Nacht ist bitter kalt. Aber viel Wärme scheint er auch nicht zu geben, wenn er näher ist.«

»Was interessiert mich ein neuer Stern?« rief die weinende Frau, die neben ihrem toten Mann kniete.

Der Schuljunge, der früh aufstand, um sich auf eine Prüfung vorzubereiten, fand es für sich heraus, während der große, weiße Stern hell durch die Eisblumen des gefrorenen Fensters schien. »Zentrifugal, zentripetal«, sagte er und stützte sein Kinn auf die Faust. »Halte einen Planeten in seinem Lauf an, nimm ihm seine Zentrifugalkraft, was ist dann? Dann siegt die Zentripetalkraft, und er stürzt in die Sonne.«

»Ob wir ihm in den Weg kommen? Ich möchte wissen ...«

Das Licht dieses Tages ging den Weg seiner Brüder, und die Beobachter sahen in der kalten Dunkelheit den Stern abermals aufsteigen, und jetzt war er so hell, daß der zunehmende Mond dagegen wie ein blasser Schemen erschien. In einer südafrikanischen Stadt hatte ein berühmter Mann geheiratet, und in den Straßen drängten die Menschen sich, um ihn und seine junge Frau zu empfangen. »Sogar der Himmel hat illuminiert!« sagte ein Schmeichler. Und ein Neger-Liebespaar in einem Gebüsch flüsterte: »Das ist unser Stern!« und fühlte sich glücklich durch den strahlenden Glanz.

Ein berühmter Mathematiker schob die Papiere zurück, die vor ihm lagen. Er hatte seine Berechnungen beendet. In einer kleinen Flasche war noch ein bißchen von der Droge, die ihn vier lange Nächte hindurch wachgehalten hatte. Täglich hatte er klar und gelassen wie immer seine Vorlesungen gehalten und war dann sofort zu diesen wichtigen Berechnungen zurückgekehrt. Er sah erschöpft aus. Eine Weile saß er in Gedanken versunken. Dann ging er zum Fenster und zog den Vorhang hoch. Über den Dächern, Schornsteinen und Türmen der Stadt hing der Stern.

Er sah zu ihm auf. »Du kannst mich töten«, sagte er, »aber ich habe dich und das ganze Universum trotzdem in meinem Gehirn.«

Er warf einen Blick auf die kleine Flasche. »Jetzt brauche ich keinen Schlaf mehr«, sagte er. Am nächsten Tag betrat er pünktlich auf die Minute den Hörsaal und nahm ein großes Stück Kreide in die Hand. Er blickte unter seinen grauen Augenbrauen auf die ansteigenden Sitzreihen voll junger Gesichter und sprach so ruhig wie stets. »Es haben sich Umstände ergeben — Umstände, gegen die ich machtlos bin, die verhindern, daß ich diese Vorlesungsreihe beende. Es scheint, meine Damen und Herren, wenn ich es klar und kurz aussprechen darf, daß — der Mensch vergebens gelebt hat.«

Die Studenten sahen einander an. Hatten sie recht gehört? »Es wird interessant sein«, fuhr er fort, »zu überlegen, wie ich zu diesem Schluß gekommen bin. Lassen Sie uns annehmen ...«

Er wandte sich zur Tafel und fing an, Zahlen zu schreiben. »Was bedeutet das, ›vergebens gelebt‹?« flüsterte ein Student einem anderen zu. »Hör zu!« sagte der andere und nickte zur Tafel hin.

Und dann begannen sie zu verstehen.

In dieser Nacht ging der Stern später auf, und seine Helligkeit war so stark, daß der Himmel leuchtend blau wurde und die meisten anderen Sterne verblaßten. Er war merklich größer geworden; an dem klaren Himmel über den Tropen schien er fast ein Viertel der Mondgröße erreicht zu haben. Über England lag noch Frost, aber trotzdem war es so hell wie in einer Mittsommernacht im hohen Norden.

Die ganze Welt wachte in dieser Nacht; in den Städten und Dörfern läuteten von Millionen von Kirchtürmen die Glocken und riefen die Menschen auf, nicht mehr zu schlafen, nicht mehr zu sündigen, sondern sich in ihren Kirchen zu versammeln und zu beten. Und über der Erde zog, immer größer und heller werdend, der blendende Stern seine Bahn.

In allen Städten waren Straßen und Häuser erleuchtet, und in den Straßen drängten sich die Menschen. Denn die Warnung des berühmten Mathematikers war in der ganzen Welt verbreitet worden. Der neue Planet und Neptun, feurig miteinander verschmolzen, wirbelten immer schneller und schneller auf die Sonne zu. So, wie sie jetzt flogen, hätten sie in hundert Millionen Meilen Entfernung an der Erde vorüberziehen müssen und ihr kaum schaden können. Aber nahe ihrer Bahn — wenn bisher auch nur wenig beeinflußt — umkreise der

279

mächtige Planet Jupiter mit seinen Monden die Sonne. In jedem Augenblick wurde die Anziehungskraft zwischen dem Feuerstern und dem größten aller Planeten stärker. Und die Wirkung dieser Anziehungskraft? Unvermeidlich würde Jupiter von seiner Bahn, der brennende Stern von seinem Weg zur Sonne abgelenkt werden, einen Bogen beschreiben und vielleicht mit der Erde zusammenstoßen, bestimmt aber in großer Nähe an ihr vorbeifliegen. »Erdbeben, Vulkanausbrüche, Wirbelstürme, Seebeben, Flutwellen und ein starker Temperaturanstieg, dessen Grenze ich nicht kenne, werden die Folge sein«, sagte der große Mathematiker voraus.

Vielen, die in dieser Nacht zu dem Stern hinaufstarrten, kam es vor, als ob er sichtbar näher käme. In jener Nacht schlug auch das Wetter um, und wo vorher alles gefroren war, taute es jetzt.

Aber obwohl viele Menschen beteten oder auf Schiffe gingen oder in Gebirge flohen, war nicht etwa die ganze Welt von Schrecken besessen. Immer noch regierten Herkommen und Gewohnheit die Welt, und von zehn Menschen gingen neun wie sonst ihrer gewohnten Beschäftigung nach. Fast alle Läden öffneten und schlossen zu den üblichen Zeiten, die Arbeiter kamen in die Fabriken, Soldaten exerzierten, Schüler lernten, Liebespaare trafen sich, Diebe lagen auf der Lauer, Politiker schmiedeten Pläne. Die Rotationsmaschinen der Zeitungen liefen, und viele Geistliche hielten ihre Kirchen geschlossen, um nicht zu fördern, was sie als unbegründete Panik ansahen. Die Zeitungen erinnerten an das Beispiel im Jahre 1000, als die Menschheit auch ihr Ende für gekommen hielt. Der Stern war kein Stern — nur Gas — ein Komet; und wenn es ein Stern wäre, brauchte er nicht die Erde zu treffen.

An jenem Abend mußte der Stern um sieben Uhr fünfzehn dem Jupiter so nahe kommen, daß die Welt erkennen konnte, welche Wendung die Dinge nehmen würden. Die ernsten Warnungen des großen Mathematikers wurden von vielen für einen geschickten Versuch gehalten, Aufsehen auf sich zu lenken. Die Leute mit gesundem Menschenverstand bewiesen ihre unabänderliche Überzeugung, indem sie zu Bett gingen. Barbaren und Wilde hatten sich an die neue Erscheinung gewöhnt und trieben, was sie sonst getrieben hatten, und bis auf ein paar heulende Hunde ließ auch die Welt der Tiere den Stern unbeachtet.

Als Beobachter in den europäischen Staaten den Stern aufgehen sahen und er nicht größer war als in der vergangenen Nacht, lachten viele über den großen Mathematiker und glaubten, die Gefahr wäre vorüber.

Bald danach hörte das Lachen auf. Der Stern wuchs, Stunde für Stunde, und wurde immer heller, bis er aus der Nacht einen zweiten Tag gemacht htte. In der nächsten Nacht war er bis zu einem Drittel des Mondumfanges gewachsen. Als er über Amerika schwebte, hatte er schon fast die volle Größe des Mondes erreicht, war blendend weiß geworden, und man spürte seine Hitze deutlich. Ein heißer Wind fing an zu wehen, wurde stärker, dichte Gewitterwolken zogen auf, violette Blitze zuckten, und ein noch nie dagewesener Hagel fiel. In Manitoba tobten verheerende Flutwellen. Auf allen Bergen der Erde schmolzen in dieser Nacht Schnee und Eis, und alle Flüsse schwollen an, wurden trübe und führten herumwirbelnde Baumstämme und Leichen von Menschen und Tieren mit sich. Sie traten über ihre Ufer und Dämme und zwangen die Bevölkerung des Flachlandes zur Flucht.

An den Küsten Südamerikas stiegen die Fluten höher als seit Menschengedenken, und Stürme trieben das Wasser landeinwärts und überschwemmten ganze Städte. Die Hitze wurde immer stärker; Erdbeben fingen an und breiteten sich vom nördlichen Polarkreis bis nach Kap Hoorn aus; Berghänge stürzten herab; Erdspalten öffneten sich; Häuser und Mauern fielen in sich zusammen. Eine ganze Seite des Cotopaxi brach mit einer ungeheuren Erschütterung ab, und der herausstürzende Lavastrom war so schnell, daß er innerhalb eines einzigen Tages das Meer erreichte.

Der Stern zog über den Pazifik, schleppte die Gewitterstürme hinter sich her, und die schäumende Flutwelle brauste über Insel auf Insel und fegte sie menschenleer. Bis sie schließlich auf die asiatische Küste traf und über die Ebenen Chinas lief. Für kurze Zeit ließ der Stern, der nun heißer, größer und heller als die Sonne war, das weite, bevölkerte Land erkennen; Städte und Dörfer mit Pagoden, Bäumen, Straßen, bebauten Feldern, Millionen von Menschen, die in hilflosem Schrecken zum weißglühenden Himmel hinaufstarrten. Dann kam die Flutwelle — und der Tod für alle Millionen des volkreichen Landes.

China war weißglühend erleuchtet, doch über Japan, Java und allen Inseln Ostasiens erschien der Stern als dunkelroter Feuerball, weil Dampf und Rauch und Vulkanasche ihn begleiteten. Oben war Lava, heißes Gas und Asche, unten die schäumende Flut, und die ganze Erde schwankte und dröhnte. Bald schmolz der ewige Schnee in Tibet und auf dem Himalaja, und das Wasser strömte durch Millionen von Furchen und Spalten über die Ebenen von Burma und Hindostan. Die Wipfel der indischen Dschungel brannten an Tausenden von Stellen, und darunter wanden sich im Wasser dunkle Gegenstände. In ratloser Verwirrung flohen Männer und Frauen ihrer letzten Hoffnung entgegen — der offenen See.

Noch größer und heißer und heller wurde der Stern. Der tropische Ozean hatte sein Leuchten eingebüßt, und wirbelnde Strömungen wanden sich durch die schwarzen Wellen, auf denen hier und da Schiffe vom Sturm hin und her geworfen wurden.

Und dann geschah ein Wunder. Den Menschen, die in Europa das Aufgehen des Sterns erwarteten, kam es vor, als ob die Erde aufgehört hätte, sich zu drehen. Überall

282

im Lande warteten die Menschen vergebens auf den Stern. Stundenlang dauerte die schreckliche Spannung — der Stern ging nicht auf. Dann sah man wieder die alten Sternbilder, die man für immer verloren zu haben glaubte. In England war es heiß und klar, wenn auch der Erdboden ständig bebte; in den Tropen sah man die Sterne nur wie durch einen Nebelschleier. Und als der große Stern schließlich fast zehn Stunden zu spät erschien, ging die Sonne dicht neben ihm auf und hatte in der Mitte eine schwarze Scheibe.

Über Asien hatte der Stern seine Bewegung verlangsamt, und über Indien war sein Licht plötzlich verschleiert. Die ganze indische Ebene vom Indus bis zum Ganges war in jener Nacht eine seichte Wasserwüste, aus der Tempel und Paläste, Hügel und Bäume aufragten, schwarz von Menschen. Jedes Minarett hing voller Menschen, die, einer nach dem anderen, von Hitze und Schrecken übermannt, ins Wasser fielen. Plötzlich jagte ein Schatten über die Stätten der Verzweiflung, ein Hauch kalten Windes, und Wolken sammelten sich am Himmel. Man sah eine schwarze Scheibe über das Licht des Sterns gleiten. Es war der Mond, der sich zwischen Stern und Erde schob. Und eben, als die Menschen Gott für diesen Aufschub dankten, sprang aus dem Osten mit unerklärlicher Geschwindigkeit die Sonne. Und dann rasten Stern, Sonne und Mond zusammen über den Himmel.

Für europäische Beobachter gingen Sonne und Stern dicht nebeneinander auf, rasten eine Weile am Himmel hoch, wurden langsamer, und dann verschmolzen Stern und Sonne in einem Flammenglanz. Der Mond verschwand in der blendenden Helligkeit des Himmels. Und die Menschen, die noch am Leben waren, betrachteten es zum größten Teil mit der dumpfen Benommenheit, die Hunger, Erschöpfung, Hitze und Verzweiflung hervorbringen. Immerhin gab es einige, die begriffen, was diese Vorgänge bedeuteten. Stern und Erde waren sich sehr nahe gekommen, hatten sich umeinander gedreht, und der Stern war vorbeigezogen, schneller und schneller seinen Weg geradeaus in die Sonne verfolgend.

Und dann verhüllten Wolken den Himmel; Donner und Blitze gingen über die ganze Erde, und überall stürzten Wolkenbrüche herab, wie kein Mensch sie je erlebt hatte. Tagelang strömte das Wasser, nahm Erde, Bäume und Häuser mit, die ihm im Wege standen, warf große Deiche auf oder riß riesige Schluchten. Das geschah in den dunklen Tagen, die dem Stern und der Hitze folgten. Und immer noch, viele Wochen und Monate lang, hielten die Erdbeben an.

Aber der Stern war verschwunden, und die Menschen konnten, von Hunger getrieben und nur langsam wieder Mut schöpfend, in ihre zerstörten Städte zurückkehren, zu ihren verschütteten Lebensmittelspeichern und ihren verschlammten Feldern. Die wenigen Schiffe, die den Stürmen jener Zeit entgangen waren, kamen als halbe Wracks zurück und mußten sich vorsichtig durch neu entstandene Untiefen zu den sonst so vertrauten Häfen hindurchloten.

Als die Stürme sich legten, stellten die Menschen fest, daß es überall heißer war als je. Die Sonne war größer geworden, und der Mond brauchte jetzt achtzig Tage von einem zum anderen Wechsel.

Diese Geschichte soll nichts über die neue Brüderlichkeit berichten, die unter den Menschen erwuchs, nichts davon, wie Bücher und Maschinen gerettet wurden, nichts von der seltsamen Veränderung, die Island, Grönland und Baffins Bay betroffen hatte, die von den Seeleuten jetzt grün und anmutig vorgefunden wurden, so daß keiner seinen Augen zu trauen wagte. Auch nicht von den Zügen der Menschheit, nun, da die Erde so viel wärmer war, nach Norden und Süden bis zu den Polen. Sie wollte nur über das Kommen und Gehen des Sterns berichten.

Die Mars-Astronomen — denn es gibt Astronomen auf dem Mars, obwohl sie ganz andere Wesen als die Menschen sind — hatten natürlich das größte Interesse an diesen Ereignissen, die sie selbstverständlich von ihrem eigenen Standpunkt aus betrachteten. »Wenn man Maße und Temperatur des kosmischen Geschosses in Rechnung stellt, das durch unser Sonnensystem in die Sonne geschleudert wurde«, schrieb einer, »ist es erstaunlich, wie wenig Beschädigungen die Erde erlitten hat, an der es so dicht vorbeigeflogen ist. Alle uns bekannten Kennzeichen auf den Kontinenten und die vielen Meere sind unversehrt geblieben, und die einzige Veränderung scheint tatsächlich nur ein Zusammenschrumpfen der weißen Stellen um die Erdpole zu sein, die wir für gefrorenes Wasser halten.«

Was nur zeigt, wie klein die ungeheuerlichste menschliche Katastrophe in einer Entfernung von einigen Millionen Meilen erscheinen kann.

Originaltitel: »The Star« (1913)
Copyright © 1964 by Wilhelm Heyne Verlag, München
Aus dem Englischen übersetzt von Werner Kortwich

BIBLIOTHEK DER SCIENCE FICTION LITERATUR

Die Heyne-Taschenbuchreihe
BIBLIOTHEK DER SCIENCE FICTION LITERATUR
umfaßt herausragende Werke dieser Literaturgattung, die als
Meilensteine ihrer Geschichte gelten. Die gediegen
ausgestattete Collection ist nicht nur für den Liebhaber guter SF
gedacht, sie bietet durch ihre repräsentative Auswahl
auch das Rüstzeug für jeden, der sich mit diesem Zweig
der Literatur auseinandersetzen möchte.

- Bd. 1: Kate Wilhelm, **Hier sangen früher Vögel** 06/1
- Bd. 2: Joe Haldeman, **Der ewige Krieg** 06/2
- Bd. 3: Hal Clement, **Schwere Welten** 06/3
- Bd. 6: John W. Campbell jr., **Der unglaubliche Planet** 06/6
- Bd. 9: Thomas M. Disch, **Camp Concentration** 06/9
- Bd. 10: George R. Stewart, **Leben ohne Ende** 06/10
- Bd. 11: James Graham Ballard, **Karneval der Alligatoren** 06/11
- Bd. 12: Richard Matheson, **Ich bin Legende** 06/12
- Bd. 14: Frank Herbert, **Hellstrøms Brut** 06/14
- Bd. 15: David G. Compton, **Das elektrische Krokodil** 06/15
- Bd. 16: Daniel F. Galouye, **Simulacron – Drei** 06/16
- Bd. 17: Brian W. Aldiss, **Tod im Staub** 06/17
- Bd. 18: Thomas M. Disch, **Angoulême** 06/18
- Bd. 19: Iwan A. Jefremow, **Andromedanebel** 06/19
- Bd. 20: Isaac Asimov, **Meine Freunde, die Roboter** 06/20
- Bd. 21: Olaf Stapledon, **Die letzten und die ersten Menschen** 06/21
- Bd. 22: Richard Matheson, **Die seltsame Geschichte des Mr. C** 06/22
- Bd. 23: Curt Siodmak, **Das dritte Ohr** 06/23
- Bd. 25: Ursula K. LeGuin, **Die zwölf Striche der Windrose** 06/25
- Bd. 26: Harry Harrison, **New York 1999** 06/26
- Bd. 28: Karl Michael Armer/Wolfgang Jeschke, **Die Fußangeln der Zeit** 06/28
- Bd. 29: Karl Michael Armer/Wolfgang Jeschke, **Zielzeit** 06/29
- Bd. 30: Philip K. Dick, **Eine andere Welt** 06/30
- Bd. 31: Oliver Lange, **Vandenberg oder Als die Russen Amerika besetzten** 06/31
- Bd. 33: Ray Bradbury, **Fahrenheit 451** 06/33
- Bd. 34: Curt Siodmak, **Donovans Gehirn** 06/34
- Bd. 35: Carl Amery, **Das Königsprojekt** 06/35
- Bd. 37: Olaf Stapledon, **Sirius** 06/37

BIBLIOTHEK DER SCIENCE FICTION LITERATUR

Bd. 39: Sterling E. Lanier, **Hieros Reise**   06/39
Bd. 41: Christopher Priest, **Der steile Horizont**   06/41
Bd. 43: Ursula K. LeGuin, **Planet der Habenichtse**   06/43
Bd. 44: Theodore Sturgeon, **Baby ist drei**   06/44
Bd. 45: Roger Zelazny, **Herr des Lichts**   06/45
Bd. 46: Karel Ćapek, **Der Krieg mit den Molchen**   06/46
Bd. 47: Ursula K. LeGuin, **Die Kompaßrose**   06/47
Bd. 48: Algis Budrys, **Projekt Luna**   06/48
Bd. 49: Walter M. Miller jr., **Lobgesang auf Leibowitz**   06/49
Bd. 51: Brian W. Aldiss, **Helliconia: Sommer**   06/51
Bd. 52: Brian W. Aldiss, **Helliconia: Winter**   06/52
Bd. 53: David Lindsay, **Die Reise zum Arcturus**   06/53
Bd. 54: Jack Williamson, **Wing 4**   06/54
Bd. 55: Harry Harrison, **Todeswelten**   06/55
Bd. 57: Daniel Keyes, **Charly**   06/57
Bd. 58: A. E. van Vogt, **Null – A**   06/58
Bd. 59: James Blish, **Der Gewissensfall**   06/59
Bd. 60: Kit Pedler/Gerry Davis, **Mutant 59: Der Plastikfresser**   06/60
Bd. 61: Brian W. Aldiss, **Der lange Nachmittag der Erde**   06/61
Bd. 62: Edgar Pangborn, **Der Spiegel des Beobachters**   06/62
Bd. 63: Michael Moorcook, **I.N.R.I. oder die Reise mit der Zeitmaschine**   06/63
Bd. 64: Stanley G. Weinbaum, **Mars-Odyssee**   06/64
Bd. 65: James Tiptree jr., **10 000 Lichtjahre von zu Haus**   06/65
Bd. 66: Philip K. Dick, **Irrgarten des Todes**   06/66
Bd. 67: Eric Koch, **C.R.U.P.P.**   06/67
Bd. 68: Daniel Keyes, **Kontakt radioaktiv**   06/68
Bd. 69: Ian Watson, **Der programmierte Wal**   06/69
Bd. 70: Ward Moore, **Der große Süden**   06/70
Bd. 71: Isaac Asimov, **Die Stahlhöhlen**   06/71
Bd. 72: Isaac Asimov, **Die nackte Sonne**   06/72
Bd. 73: A. E. van Vogt, **Ischer**   06/73
Bd. 91: James Gunn (Hrsg.), **Von Poe bis Wells**   06/91
Bd. 92: James Gunn (Hrsg.), **Von Wells bis Stapledon**   06/92
Bd. 93: James Gunn (Hrsg.), **Von Huxley bis Heinlein**   06/93

Programmänderungen vorbehalten.

WILHELM HEYNE VERLAG MÜNCHEN

HEYNE SCIENCE FICTION

Romane und Erzählungen internationaler SF-Autoren im Heyne-Taschenbuch.

06/4444

06/4550

06/4544

06/4533

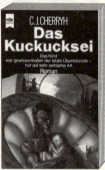

06/4496

06/4589

06/4528

06/4500